普通高等教育机电类系列教材

 河南省"十四五"普通高等教育规划教材

现代机床数控技术

主　编　裴旭明
副主编　闫存富　何文斌　费致根
参　编　肖艳秋　冯振伟　刘晓丽　李亚敏
　　　　王国虎　赵亚利　张秀丽

U0255848

机械工业出版社

本书遵循"工程教育"新理念，基于应用型人才培养要求，跟踪数控技术最新发展趋势，以现代数控机床的组成和加工工件过程为主线，全面阐述计算机数控系统及控制、数控系统轨迹控制原理及方法、数控机床机械本体、数控机床伺服系统、现代数控机床加工程序的编制等相关基础知识，注重内容的先进性、系统性和实用性，重点突出，形式新颖。每章均有知识拓展和一定数量的思考与练习，书后还附有数控技术常用术语中英文对照表，为学生进一步阅读英文资料打下基础。

本书可作为高等院校机械设计制造及其自动化、机械电子工程等本科专业的教材，也可供其他有关专业的师生和工程技术人员参考。

图书在版编目（CIP）数据

现代机床数控技术/裴旭明主编. —北京：机械工业出版社，2020.4
（2025.1 重印）

普通高等教育机电类系列教材

ISBN 978-7-111-64606-8

Ⅰ.①现…　Ⅱ.①裴…　Ⅲ.①数控机床-高等学校-教材　Ⅳ.①TG659

中国版本图书馆 CIP 数据核字（2019）第 298870 号

机械工业出版社（北京市百万庄大街 22 号　邮政编码 100037）
策划编辑：舒　恬　责任编辑：舒　恬　赵亚敏
责任校对：张　薇　封面设计：张　静
责任印制：单爱军
北京虎彩文化传播有限公司印刷
2025 年 1 月第 1 版第 5 次印刷
184mm×260mm · 16.25 印张 · 401 千字
标准书号：ISBN 978-7-111-64606-8
定价：48.00 元

电话服务　　　　　　　　　　网络服务
客服电话：010-88361066　　机 工 官 网：www.cmpbook.com
　　　　　010-88379833　　机 工 官 博：weibo.com/cmp1952
　　　　　010-68326294　　金 　书 　网：www.golden-book.com
封底无防伪标均为盗版　　机工教育服务网：www.cmpedu.com

前言

现代数控机床是"中国制造 2025"十大重点发展领域之一，随着数控技术内涵与外延的进一步丰富和扩展，现代装备技术水平将进一步提高，应用将更加广泛。

本书依据工程教育认证新理念，结合现代数控技术最新发展趋势，遵从高等学校应用型人才培养规律，以提升学生创新思维和工程能力为导向，力求体系完整、重点突出、形式新颖。

本书以数控机床应用为背景，紧密围绕数控加工各基本组成系统及工作原理这一脉络主线，将实用性、系统性和先进性理念融入书的六大章节之中，其特色主要表现为以下几个方面：一是章节安排清晰，每章均代表数控加工技术功能组成之一，具有模块化特点；二是体现工程应用性，强调数控机床的系统设计和工程计算；三是内容阐述直观，图文并茂，选用各种图片、制作各种图表，将各种信息、相关知识要点直接展现，使学生易于理解抽象的技术描述，便于学习、理解和记忆；四是选用先进和应用广泛的 FANUC 系统展开数控编程教学，针对性强，容易把知识讲透，避免广而不精；五是为拓展本课程内容，在每章后面增加了"知识拓展"内容，以扩展学生的知识面，提高学习兴趣，增强创新意识；六是书后附有数控技术常用术语中英文对照表，方便学习者阅读相关数控资料和国外数控产品的相关手册。另外，依托于该教材内容，所建设的《数控技术》课程获河南省精品在线开放课程称号，并在中国大学 MOOC（慕课）国家精品课程在线学习平台上对外共享开放，以方便学习者在线学习。

全书由郑州轻工业大学裴旭明教授担任主编，并负责全书的统稿工作，中原工学院闫存富、郑州轻工业大学何文斌、费致根担任副主编。河南农业大学张秀丽、郑州轻工业大学肖艳秋、冯振伟、刘晓丽、中原科技学院李亚敏、赵亚利和郑州工业应用技术学院王国虎参与了本书的编写工作。其中闫存富编写第 1 章、第 5 章的 5.1 和 5.2 节，冯振伟编写第 2 章，刘晓丽编写第 3 章，裴旭明编写第 4 章的 4.1~4.5 节、4.7 节，费致根编写第 4 章的 4.6 节、第 5 章的 5.3 和 5.4 节，李亚敏编写第 4 章中的 4.8~4.9 节、第 6 章的 6.1~6.6 节及知识拓展，王国虎编写第 6 章 6.7~6.9 节和思考与练习，何文斌、肖艳秋、赵亚利和张秀丽参与了附录、参考文献等相关内容的编写及稿件的整体策划和内容审核工作。此外，郑州轻工业大学曹宁承担了与教材相关的省级精品在线开放课程的主要建设工作；郑州轻工业大学硕士研究生李旭、刘迪做了很多绘图和图片整理工作；郑州宇通重工有限公司的雷雪松高级工程师，郑州煤矿机械集团股份有限公司张濛工程师对本书的编写内容提出了许多宝贵意见；机械工业出版社、郑州轻工业大学机电工程学院以及相关的兄弟院校，对本书的编写和出版给予了积极的支持和帮助，在此一并表示衷心的感谢！本书在编写中参阅了大量相关文献与资料，在此向有关作者表示谢意。

由于数控技术发展很快，限于作者的水平与经验，虽然竭尽全力，但难免有欠妥和错误之处，恳请广大读者批评指正或提出宝贵建议（联系 Email：1985011@ zzuli.edu.cn）。

编　者

目录

第1章

绪论

工程背景

　　随着科学技术的发展，数控技术开始广泛应用于各行各业。在机械制造业中，数控加工人员从业面非常广，目前数控编程、数控加工等已成为我国各人才市场招聘频率最高的职位中的一类。数控加工专业岗位要求从业人员有过硬的实践能力和系统而扎实的理论知识。因此，既有学历，又有很强操作能力的数控加工人才更是成为社会较紧缺、企业最急需的人才。

学习目标

　　能够分析数控机床的工作原理及数控加工过程，掌握数控机床的组成、分类及数控机床加工方法，提高分析问题、解决问题的能力。

知识要点

　　要求学生掌握数控机床的组成、分类和工作原理等重要知识点；了解数控技术的基本概念，数控加工特点、应用和数控技术的发展趋势。

1.1 概　　述

　　数控技术是用数字信息对机械运动和工作过程进行控制的技术，是综合微电子技术、自动控制技术、信息处理、传输技术、伺服驱动技术、电气传动、传感器技术、测量、监控、机械制造等学科领域最新成果而形成的一门交叉和综合学科技术。国家标准《工业自动化系统　机床数值控制　词汇》（GB/T 8129—2015）将机床数控技术定义为"用数字化信息对机床运动及其加工过程进行控制的一种方法"，简称数控（Numerical Control，NC）。

　　数控技术是20世纪制造技术的重大成就之一，随着社会经济的飞速发展，理论和应用对数控装置和数控加工提出了更高的要求，而计算机、自动控制技术及互联网技术的飞速发展，为数控技术的发展奠定了技术基础。当前数控技术已广泛用于机械制造和自动化领域，如数控机床、机器人以及各类机电一体化等设备上，较好地解决了多品种、小批量和精密复杂零件加工以及生产过程自动化的问题。在现代机械制造领域中，数控技术已成为核心技术之一。计算机辅助设计与制造（CAD/CAM）、柔性制造单元（FMC）、柔性制造系统（FMS）、计算机集成制造系统（CIMS）、敏捷制造（AM）、智能制造（IM）及工厂自动化（FA）等先进制造技术均建立在数控技术的基础上。

1.2　数控机床的组成与工作过程

数控机床（Numerical Control Machine Tools）是指用计算机通过数字信息来自动控制机械产品加工过程的一类机床，图1-1为三种常见的数控机床。

a) 数控车床　　　　　　　b) 数控加工中心　　　　　　c) 并联机床

图1-1　常见数控机床外形图

国际信息处理联盟（International Federation of Information Processing）对数控机床做如下定义："数控机床是一个装有程序控制系统的机床，该系统能够按逻辑处理具有使用代码或其他符号编码指令规定的程序。"换言之，数控机床是一种采用计算机并利用数字信息进行控制的高效、自动加工的机床，它能够按照程序规定的数字化代码，将各种机械位移量、工艺参数、辅助功能（如刀具交换、冷却液开与关等）表示出来，经过数控系统的逻辑处理与运算，发出各种控制指令，实现要求的机械动作，自动完成零件加工。在被加工零件或加工工序变换时，只要改变控制的指令程序，就可以实现新的加工，体现了高精度、高柔性和高自动化等加工特点。

1.2.1　数控机床的组成

数控机床能按照事先编制好的程序来实现加工动作，它由控制介质、输入/输出装置、数控装置、伺服系统、位置反馈系统和机床本体和其他辅助装置组成，如图1-2所示。

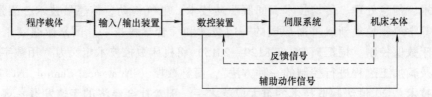

图1-2　数控机床的组成

1. 程序载体

程序载体又称为控制介质，数控机床是按照输入的零件加工程序对零件进行加工的。零件加工程序包括机床上刀具和工件的相对运动轨迹、工艺参数（进给量、主轴转速等）和辅助运动等。

将零件加工程序以一定的格式和代码，存储在一种载体如穿孔纸带、录音磁带或软磁盘等介质上，就得到控制介质，又称为信息介质。控制介质主要用于记录数控机床加工时所需要的各种信息，加工信息由按一定规则排列的文字、数字和代码所组成。数控机床常用的控制介质有标准穿孔带、磁带和磁盘等。目前国际上通常使用 EIA 代码以及 ISO 代码来表示加工信息，这些代码经输入装置送给数控装置。常用的输入装置有光电纸带输入机、磁带录音机、磁盘驱动器、优盘和光盘等。通过数控机床的输入装置，将程序信息输入到数控装置内。

2. 输入/输出装置

输入/输出设备是 CNC 系统与外部设备进行信息交换的桥梁，主要用于零件数控程序的编译、打印和显示等。通过输入/输出设备可进行信息交换，现代数控系统一般都具有利用通信方式进行信息交换的能力，是实现 CAD/CAM 集成、FMS 和 CIMS 的基本技术。

现代数控机床，还可以不用任何程序载体将零件加工程序通过数控装置上的键盘用手工方式（MDI 方式）输入，或者将加工程序由编程计算机用通信方式传送到数控装置。

3. 数控装置

数控装置是数控机床的核心，是实现数控技术的关键。它用来接受并处理控制介质的信息，对输入的程序和数据进行编辑及修改，完成数值计算、逻辑判断、输入输出控制等功能，并将代码加以识别、存储、运算，实现信息存储、数据交换、代码转换、插补运算以及各种控制功能，输出相应的命令脉冲，经过功率放大驱动伺服系统，使机床按规定要求动作。数控装置一般由专用（或通用）计算机、输入/输出接口板及机床控制器（可编程序控制器）等部分组成输入接口、存储器、中央处理器、输出接口和控制电路等部分，如图 1-3 所示。机床控制器主要用于对数控机床辅助功能、主轴转速功能和换刀功能的控制。

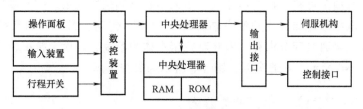

图 1-3 数控装置组成

4. 伺服系统

伺服系统接收数控装置发来的各种动作命令，驱动数控机床进给机构产生运动。伺服系统是数控系统的执行部分，伺服系统包括驱动装置和执行装置两大部分，主要由主轴伺服单元（转速控制）、进给驱动单元（位置和速度控制）、回转工作台伺服控制装置、伺服电动机、驱动控制系统及位置检测反馈装置等组成，并与机床上的执行部件和机械传动部件组成数控机床的进给系统。常用的位移执行机构有功率步进电动机、直流伺服电动机和交流伺服电动机等，驱动控制系统则是伺服电动机的动力源。数控系统发出的指令信号与位置反馈信号比较后作为位移指令，再经过驱动系统的功率放大后，驱动电动机运转，通过机械传动装置带动工作台或刀架运动，以加工出符合要求的零件。伺服系统有开环、半闭环和闭环之分。在半闭环和闭环伺服系统中，还要使用位置检测反馈装置来间接或直接测量执行部件的实际进给位移，并与指令位移进行比较，按闭环原理，将其误差转换放大后控制运动部件的进给。伺服精度和动态响应是影响数控机床加工精度、表面质量和生产率的重要因素之一，因此要求伺服驱动系统具有良好的快速响应性能，能准确而迅速地跟踪数控装置的数字指令信号，伺服系统的性能决定了数控机床的精度与响应性。

5. 位置反馈系统

位置反馈系统的作用是通过传感器将伺服电动机的角位移和数控机床执行机构的直线位移转换成电信号输送给数控装置，与指令位置进行比较并由数控装置发出指令，纠正所产生的误差。常用的测量元件有光栅尺、脉冲编码器、旋转变压器、感应同步器等。

6. 辅助装置

辅助装置是把计算机送来的辅助控制指令（M、S、T等）经机床接口转换成强电信号，用来控制主轴电动机起、停和变速，冷却液的开、关及分度工作台的转位和自动换刀等动作。它主要包括储备刀具的刀库、自动换刀装置（Automatic Tool Changer，ATC）、自动托盘交换装置（Automatic Pallet Changer，APC）、回转工作台、卡盘、工件接收器、液压及气动装置以及冷却、润滑、排屑装置等，辅助装置是保证充分发挥数控机床功能所必须的配套装置。

7. 机床本体

机床本体通常是指数控机床上的机械部件，主要包括主运动部件（如主轴组件、变速箱等）、进给运动执行部件（如工作台、拖板、丝杠、导轨及其传动部件）和支承部件（床身、立柱等），此外，还有冷却、润滑、转位和夹紧等辅助装置。对于能同时进行多道工序加工的加工中心类的数控机床，还有存放刀具的刀库、交换刀具的机械手等部件。

数控机床机械部件的功能与普通机床机械部件的功能相似，用来实现运动的传递，使机床产生相应的动作。但由于控制方式不同，在结构和性能方面也有所差异。一方面数控机床采用数字化信息对加工过程进行自动控制，多采用变频调速方式来改变运动速度，其传动结构更为简单，如电主轴传动方式则使主轴实现了"零"传动；另一方面数控机床的加工速度、加工精度都比普通机床要求高，因此对机床本体的精度、刚度、抗振性及动态特性等方面要求更高。图 1-4 所示为普通车床，图 1-5 所示为数控车床。

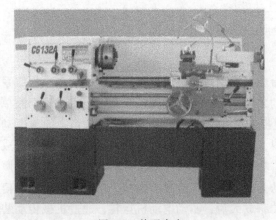

图 1-4　普通车床

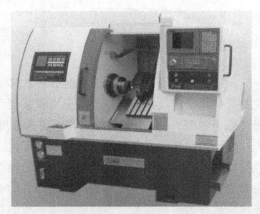

图 1-5　数控车床

1.2.2　数控机床的工作过程

数控机床加工零件时，首先应将加工零件的几何信息和工艺信息编制成加工程序，由输入部分送入数控装置，经过数控装置的处理、运算，按各坐标轴的分量送到各轴的驱动电路，经过转换、放大去驱动伺服电动机，带动各轴运动，并进行反馈控制，使刀具与工件及其他辅助装置严格地按照加工程序规定的顺序、轨迹和参数有条不紊地工作，从而加工出零件的全部轮廓。

数控机床的加工过程如图 1-6 所示。

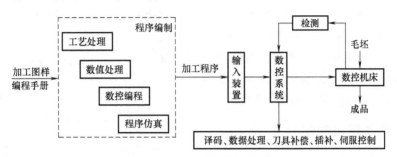

图 1-6　数控机床的加工过程

1. 数控加工程序的编制

在零件加工前，首先根据被加工零件图样所规定的零件形状、尺寸、材料及技术要求等，确定零件的工艺过程、工艺参数、几何参数以及切削用量等，然后根据数控机床编程手册规定的代码和程序格式编写零件加工程序单。对于较简单的零件，通常采用手工编程；对于形状复杂的零件，则在编程机上进行自动编程，或者在计算机上用 CAD/CAM 软件自动生成零件加工程序。

2. 输入

输入的任务是把零件程序、控制参数和补偿数据输入到数控装置中去。输入的方法有纸带阅读机输入、键盘输入、磁带和磁盘输入以及通信方式输入等。

3. 译码

数控装置接受的程序是由程序段组成的，程序段中包含零件轮廓信息、加工进给速度等加工工艺信息和其他辅助信息。由于计算机不能直接识别它们，因此需要按照一定的语法规则将上述信息解释成计算机能够识别的数据形式，并按一定的数据格式存放在指定的内存专用区域，该过程被称为"译码"。在译码过程中对程序段还要进行语法检查，有错则立即报警。

4. 刀具补偿

零件加工程序通常是按零件轮廓轨迹编制的。刀具补偿的作用是把零件轮廓轨迹转换成刀具中心轨迹运动，从而加工出所需要的零件轮廓。刀具补偿包括刀具半径补偿和刀具长度补偿。

5. 插补

插补的目的是控制加工运动，使刀具相对于工件做出符合零件轮廓轨迹的相对运动。具体地说，插补就是数控装置根据输入的零件轮廓数据，通过计算把零件轮廓描述出来，边计算边根据计算结果向各坐标轴发出运动指令，使机床在相应的坐标方向上移动，将工件加工成所需的轮廓形状。插补只有在辅助功能（换刀、换档、冷却液控制等）完成之后才能进行。

6. 位置控制和机床加工

插补的结果是产生一个周期内的位置增量。位置控制的任务是在每个采样周期内，将插补计算出的指令位置与实际反馈位置相比较，用其差值去控制伺服电动机，电动机使机床的运动部件带动刀具按规定的轨迹和速度进行加工。在位置控制中通常还应完成位置回路的增量调整、各坐标方向的螺距误差补偿和方向间隙补偿，以提高机床的定位精度。

1.3 数控机床的分类

数控机床从诞生至今已发展成为品种齐全、规格繁多的能满足现代化生产的主流机床。在数控机床的发展进程中，人们从不同的角度分类、评价数控机床，以便充分发挥数控机床的作用。常见的分类方法有按运动控制轨迹分类、按伺服系统分类、按工艺方法分类等，如图 1-7 所示。

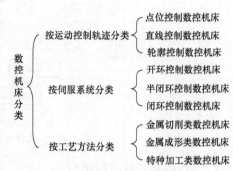

图 1-7 数控机床分类

1.3.1 按运动控制轨迹分类

按运动控制轨迹，数控机床可分为点位控制数控机床、直线控制数控机床和轮廓控制数控机床三类。

1. 点位控制数控机床

这类控制系统只控制刀具相对于工件定位点的位置精度，不控制点与点之间的运动轨迹，在移动过程中刀具不进行切削。机床工作台（或刀架）移动时采用机床设定的最高进给速度移动，在接近终点前进行分级或连续降速，低速趋近定位点，减少因运动部件惯性引起的定位误差。点位控制数控机床用于加工平面内的孔系，如图 1-8a 所示，主要有数控钻床、印制电路板钻孔机床、数控镗床、数控压力机和三坐标测量机等。这类机床的特点是在刀具相对于工件移动过程中，不进行切削加工，只控制刀具相对于工件定位点的位置精度，不控制点与点之间的运动轨迹，对运动的轨迹没有严格的要求，但要求坐标位置有较高的定位精度。

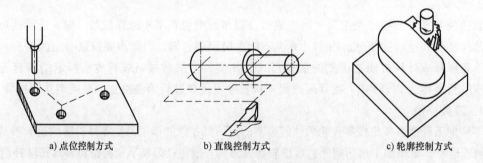

a) 点位控制方式　　　　b) 直线控制方式　　　　c) 轮廓控制方式

图 1-8 数控机床按运动控制轨迹分类

2. 直线控制系统

直线控制数控机床是指控制机床工作台或刀具（刀架）以要求的进给速度，沿着平行坐标轴的方向进行直线移动和切削加工，如数控车床、某些数控镗铣床和加工中心等都具有直线控制功能，如图 1-8b 所示。这一类数控机床不仅要求具有准确的定位功能，而且还要控制位移的速度和运动轨迹。由于在移动过程中需要进行切削，所以对于不同的刀具和工件，需要选用不同的切削用量。一般情况下这些数控机床有两个到三个可控制的轴。为了能在刀具磨损或更换刀具后仍可加工出合格的零件，这类机床的数控系统常常要求具有刀具补偿功能和主轴转速的控制功能。

3. 轮廓控制系统（又称连续轨迹控制系统）

轮廓控制数控机床在控制刀具进给运动的起点和终点位置的同时，还能够控制刀具沿着指定的运动规律从起点运动到终点，而且在刀具从起点进给到终点的同时能够进行切削加工。这里的指定运动规律可能是直线、圆弧、二次曲线或样条曲线。轮廓控制数控机床有数控铣床、可以加工复杂回转面的数控车床、加工中心等。现代数控机床绝大部分都能够控制一种以上的曲线运动规律，如图 1-8c 所示。

1.3.2 按伺服系统分类

根据数控机床伺服驱动控制方式的不同，可将数控机床分成开环控制、闭环控制和半闭环控制三种类型。

1. 开环控制数控机床

无位移检测反馈装置的数控机床称为开环控制数控机床。数控装置发出的控制指令直接通过驱动装置控制步进电动机的运转，然后通过机械传动转化成刀架或工作台的位移，如图 1-9 所示。开环控制数控机床结构简单，制造成本较低，价格便宜，在我国有广泛的应用。但是，由于这种控制系统没有检测反馈装置，无法通过反馈自动进行误差检测和校正，因此精度一般不高。

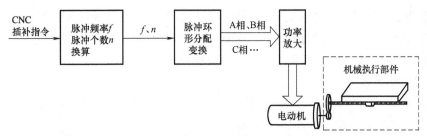

图 1-9　开环伺服系统结构图

2. 闭环控制数控机床

闭环控制数控机床带有位置检测装置，而且检测装置安装在机床刀架或工作台等执行部件上，用以随时检测这些执行部件的实际位置，如图 1-10 所示。插补得到的指令位置值与

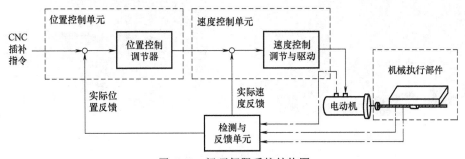

图 1-10　闭环伺服系统结构图

反馈的实际位置值相比较，根据差值控制电动机的转速，进行误差修正，直到位置误差消除为止。这种闭环控制方式可以消除由于机械传动部件误差给加工精度带来的影响，因此可以得到很高的加工精度，但由于它将丝杠螺母副、工作台导轨副等这些大惯量环节放在闭环之内，系统稳定性受到影响，调试困难，且结构复杂、价格昂贵。

3. 半闭环控制数控机床

半闭环控制数控机床也带有位置检测装置，它的检测装置安装在伺服电动机的轴上或丝杠的端部，通过检测伺服电动机或丝杠的角位移，间接计算出机床工作台等执行部件的实际位置值，并与指令位置值进行比较，进行差值控制，如图1-11所示。这种机床的闭环控制环内不包括丝杠螺母副及机床工作台导轨副等大惯量环节，因此可以获得稳定的控制特性，而且调试比较方便，价格也比闭环系统便宜。

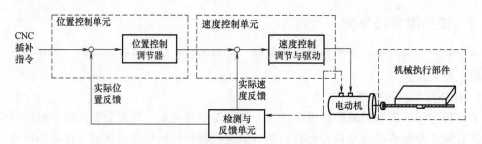

图1-11　半闭环伺服系统结构图

1.3.3　按工艺方法分类

按工艺方法，数控机床可分为：金属切削类数控机床、金属成形类数控机床、特种加工类数控机床，也可分成普通数控机床（指加工用途、加工工艺单一的机床）和加工中心（指带有自动换刀装置、能进行多工序加工的机床）。

1. 金属切削类数控机床

这类机床和传统的通用机床品种一样，有数控车床、数控铣床、数控钻床、数控磨床、数控镗床以及加工中心等，如图1-12所示。

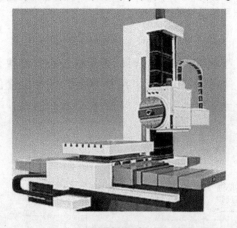

a) 数控镗铣床　　　　　　　　　　b) 卧式加工中心

图1-12　金属切削类数控机床

2. 金属成形类数控机床

金属成形类数控机床指使用挤、冲、压、拉等成形工艺的数控机床，如数控压力机、折弯机、弯管机、旋压机等，如图1-13所示。

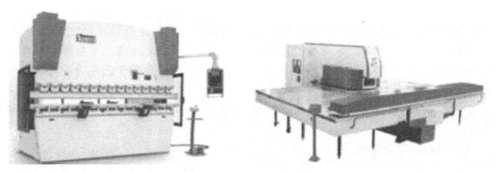

图1-13　金属成形类数控机床

3. 特种加工类数控机床

特种加工类数控机床主要指数控线切割机、电火花成形机、火焰切割机、激光加工机等，如图1-14所示。

图1-14　特种加工类数控机床

1.4　数控机床的性能指标

数控机床从诞生至今已发展成为品种齐全、功能强大、规格繁多的，能满足现代化生产的主流机床。随着数控机床的发展，数控机床的主要性能指标也在不断地变化，评价数控机床的性能指标如图1-15所示。

数控机床性能指标
- 规格指标：行程范围、摆角范围、主轴功率、进给轴扭矩、轴数、刀库容量、换刀时间等
- 精度指标：分辨率、脉冲当量、定位精度、重复定位精度、分度精度等
- 运动指标：主轴转速、进给速度等
- 可靠性指标：平均无故障时间、平均修复时间、平均有效度等

图1-15　数控机床性能指标

1.4.1　数控机床的规格指标

规格指标是指数控机床的基本功能，主要有以下几方面。

1. 行程范围和摆角范围

行程范围是指坐标轴可控的运动区间，通常指数控机床在坐标轴 X、Y、Z 方向上的行程大小构成的空间加工范围。它是直接体现数控机床加工零件大小能力的指标。摆角范围则是指摆角坐标轴可控的摆角区间，是反映数控机床加工零件空间部位的能力的指标。

2. 主轴功率和进给轴扭矩

主轴功率和进给轴扭矩反映数控机床的加工能力，同时也可以间接反映该数控机床的刚度和强度。

3. 控制轴数和联动轴数

控制轴数是指机床数控装置能够控制的坐标数目，即运动轴数。联动轴数是指机床数控装置控制的各坐标轴同时达到空间某一点的坐标数目，它反映数控机床的曲面加工能力。

4. 刀库容量及换刀时间

刀库容量是指刀库能存放加工所需要的刀具数量，刀库容量是反映机床加工复杂零件能力的指标，刀库容量越大，表明机床加工能力越强。换刀时间是指带有自动交换刀具系统的数控机床，将主轴上使用的刀具与装在刀库上的下一工序需用的刀具进行交换所需要的时间，对数控机床的生产率有直接影响。

1.4.2　数控机床的精度指标

1. 分辨率和脉冲当量

分辨率是指两个相邻的分散细节之间可以分辨的最小间隔。脉冲当量是指数控系统每发出一个脉冲信号，机床机械运动机构就产生一个相应的位移量，通常称其为脉冲当量。脉冲当量是设计数控机床的原始数据之一，其数值的大小决定数控机床的加工精度和表面质量。

2. 定位精度和重复定位精度

定位精度是指数控机床工作台等移动部件所达到的实际位置的精度。实际运动位置与指令位置之间的差值称为定位误差。引起定位误差的因素包括伺服系统、检测系统、进给系统误差以及移动部件导轨的几何误差等。重复定位精度是指在相同的条件下，采用相同的操作方法，重复进行同一动作时，所得到结果的一致程度。重复定位精度受伺服系统特性、进给系统的间隙与刚性以及摩擦特性等因素的影响。

7. 分度精度

分度精度是指分度工作台在分度时，理论要求回转的角度值和实际回转的角度值的差值。分度精度既影响零件加工部位在空间的角度位置，也影响孔系加工的同轴度等。

1.4.3　数控机床的运动指标

1. 主轴转速

数控机床的主轴一般均采用直流或交流主轴电动机驱动，选用高速精密轴承支承，保证主轴具有较宽的调速范围和足够高的回转精度、刚度及抗振性。

2. 进给速度

数控机床的进给速度是影响零件加工质量、生产效率以及刀具寿命的主要因素，它受数控装置的运算速度、机床动特性及工艺系统刚度等因素的限制。

1.4.4　数控机床的可靠性指标

1. 平均无故障时间和平均修复时间

平均无故障时间是指一台数控机床在使用中平均两次故障间隔的时间，即数控机床在寿命范围内总工作时间和总故障次数之比：

$$平均无故障时间 = \frac{总工作时间}{总故障次数}$$

显然，平均无故障时间越长越好。

平均修复时间指一台数控机床从开始出现故障直到能正常工作所用的平均修复时间，即

$$平均修复时间 = \frac{总故障停机时间}{总故障次数}$$

平均修复时间越短越好。

2. 平均有效度

如果把平均无故障时间视作设备正常工作的时间，把平均修复时间视作设备不能工作的时间，那么正常工作时间与总时间之比称为设备的平均有效度，即

$$平均有效度 = \frac{平均无故障时间}{平均修复时间 + 平均无故障时间}$$

平均有效度反映了设备提供正常使用的能力，是衡量设备可靠性的一个重要指标。

1.5　数控机床的加工特点及应用范围

社会经济与科学技术的发展与竞争，使机械产品日趋精密、复杂，而且产品的生命周期缩短、改型频繁。这不仅对机床设备提出精度与效率的要求，也提出了通用性与灵活性的要求。特别是航空、造船、武器、模具生产等工业部门，所加工的零件具有精度高、形状复杂、经常变动的特点，刚性自动化生产线很难满足这些领域的制造要求，以数控机床为基础的柔性加工和柔性自动化便应运而生。

1.5.1　数控机床的加工特点

与通用机床、专用机床相比，数控机床的加工特点主要表现在以下方面：

1. 提高零件的加工精度，稳定产品的质量

数控机床是按数字形式给出的指令进行加工的，极大地减少了人为因素对加工精度的影响，设计上使传动链之间的间隙得到了有效补偿。同时数控机床的传动装置与床身结构具有很高的刚度和热稳定性，容易保证零件尺寸的一致性。采用闭环控制能有效减少运行过程中的误差。因此数控机床不仅具有较高的加工精度，而且质量稳定。

2. 适应性好，可加工复杂零件

当被加工零件经过改型设计后，在数控机床上只需要重新编写新零件的加工程序，用手动输入新零件的程序，就能实现对改型设计后零件的加工。因此，数控机床可以很快地从加工一种零件转换为加工另一种改型设计后的零件，这就为单件、小批量新试制产品的加工，为产品结构的频繁更新提供了极大的方便。此外，数控机床能完成普通机床难以完成或无法实现加工的复杂零件加工。例如，采用二轴联动或二轴以上联动的数控机床，可加工母线为曲线的旋转体曲面零件、凸轮零件和各种复杂空间曲面类零件。

3. 生产率高，经济效益好

数控机床对零件进行粗加工时可以进行大切削用量的强力切削，移动部件的空行程时间短，工件装夹时间短，更换零件时几乎不需要调整机床，采用自动换刀装置，有效地缩短了加工时间。同时，数控机床对市场需求响应快，与普通机床相比，采用数控机床可提高生产效率2~3倍，尤其对某些复杂零件的加工，如果采用带有自动换刀装置的数控加工中心，可实现在一次装夹情况下进行多工序的连续加工，生产效率可提高十几倍甚至几十倍。生产效率高，总成本低，可获得良好的经济效益。

4. 减轻工人劳动强度、改善劳动条件

数控机床是一种高度自动化的机床，其加工是自动进行的。工件加工过程不需要人工干预，自动化程度较高，极大地降低了操作者的劳动强度，封闭式加工极大地改善了工人的工作环境。

5. 有利于制造技术向综合自动化方向发展

数控机床是机械加工自动化的基本设备，使用数字信息与标准代码处理、传递信息，使用计算机控制方法，为计算机辅助设计、制造及管理一体化奠定了基础。以数控机床为基础建立起来的柔性制造单元、柔性制造系统、计算机集成制造系统等综合自动化系统使机械制造的集成化、智能化和自动化得以实现。

1.5.2 数控机床的应用范围

数控机床是一种新型的自动化机床，它具有普通机床不具备的许多优点，其应用范围正在不断扩大，但目前它并不能完全代替普通机床，也还不能以最经济的方式解决机械加工中的所有问题。不同机床的生产成本与加工零件批量和复杂性的关系如图1-16所示。

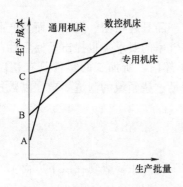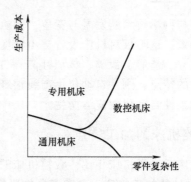

a) 不同机床生产成本与生产批量的关系　　　b) 不同机床生产成本与零件复杂性的关系

图 1-16　生产成本与加工零件批量和复杂性的关系

总之，由于数控机床的自动化程度，生产效率高，可最大限度地减少操作工人，因此，大批量生产的零件采用数控机床加工，在经济上也是可行的。广泛推广和使用数控机床的最大障碍是设备的初始投资大。由于数控系统本身的复杂性，又增加了维修的技术难度和维修费用。考虑到上述种种原因，在决定选择数控机床加工时，需要进行科学的技术经济分析，使数控机床发挥它最大的经济效益。

1.6　数控技术的发展趋势

自从1954年11月第一台工业用的数控机床产生以来，随着计算机技术，特别是微型计

算机的发展，加速了数控机床控制系统的升级换代，数控系统的种类不断增加，数控机床的功能不断增强，可靠性不断提高，使得数控加工的精度也得到了提高。特别是20世纪90年代以来，随着国际上计算机技术突飞猛进的发展，数控机床的发展方向如图1-17所示。

1. 性能发展方向

当前数控技术的典型应用是FMC/FMS/CIMS，其发展趋势是向高速化、高精度化、高效加工、柔性化、工艺复合化和实时智能化等方向发展，具体如下。

（1）高速、高精、高效化　速度、精度和效率是机械制造技术的关键性能指标。要提高加工效率，首先必须提高切削速度和进给速度，同时还要缩短加工时间。要确保加工质量，必须提高机床部件运动轨迹的精度，而可靠性则是上述目标的基本保证。为此，必须要有高性能的数控装置作保证。

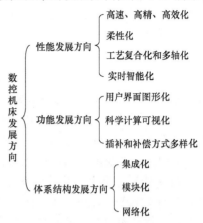

图1-17　数控机床发展方向

当前世界各国都在争相研究开发高速数控机床，加快了机床高速化发展的步伐。由于采用了高速CPU芯片、RISC芯片、多CPU控制系统和带高分辨率绝对式检测元件的交流数字伺服系统，同时采取了改善机床动态、静态特性等有效措施，机床的运行速度、加工精度、加工效率已大大提高。高速主轴单元、高速且高加/减速度的进给运动部件、高性能数控和伺服系统以及数控工具系统都出现了新的突破，达到了新的技术水平。随着超高速切削机理、超硬耐磨长寿命刀具材料和磨料磨具、大功率高速电主轴、高加/减速度直线电动机驱动进给部件以及高性能控制系统和防护装置等一系列技术领域中关键技术的突破，新一代高速数控机床也将开发出来。新一代数控机床只有通过提高加工速度缩短切削工时，进一步提高其生产率。新材料及新零件的出现对加工精度提出了更高的要求，发展新型超精密加工机床，完善现代超精密加工技术，是提高机电产品的性能、质量和可靠性的一个重要途径。

（2）柔性化　柔性化包含两方面：一是数控系统本身的柔性，数控系统采用模块化设计，功能覆盖面大，可适应性强，便于满足不同用户的需求；二是群控系统的柔性（群控系统是指用一台或几台计算机直接控制若干台数控机床的系统控制方法），同一群控系统能依据不同生产流程的要求，使物料流和信息流自动进行动态调整，从而最大限度地发挥群控系统的效能。

（3）工艺复合化和多轴化　数控机床的工艺复合化是指工件在一台机床上仅需一次装夹，便可通过自动换刀、旋转主轴头或转台等各种措施，完成多工序、多表面的复合加工。多轴化是以减少工序、辅助时间为主的复合加工，它正朝着多轴、多系列控制功能方向发展。例如西门子880系统控制的轴数可达24轴。

（4）实时智能化　科学技术发展到今天，实时系统和人工智能相互结合，人工智能正向着实时响应、更现实的领域发展，而实时系统也朝着具有智能行为的、更加复杂的应用发展，由此产生了实时智能控制这一新的领域。在数控技术领域，实时智能控制的研究和应用正沿着自适应控制、模糊控制、神经网络控制、专家控制、学习控制、前馈控制等主要分支发展。例如在数控系统中配备编程专家系统、故障诊断专家系统、参数自动设定和刀具自动管理及补偿等自适应调节系统，在高速加工时的综合运动控制中引入提前预测和预算功能、动态前馈功能，在压力、温度、位置、速度控制等方面采用模糊控制，使数控系统的控制性能大大提高，从而达到最佳控制的目的。

2．功能发展方向

（1）用户界面图形化 用户界面是 CNC 系统与使用者之间的对话接口。由于不同用户对界面的要求不同，因而开发用户界面的工作量极大，用户界面成为计算机软件研制中最困难的部分之一。当前 Internet、虚拟现实、科学计算可视化及多媒体等技术也对用户界面提出了更高要求。图形用户界面极大地方便了非专业用户的使用，人们可以通过窗口和菜单进行操作，便于蓝图编程和快速编程、三维彩色立体动态图形显示、图形模拟、图形动态跟踪和仿真、不同方向的视图和局部显示比例缩放功能的实现。

（2）科学计算可视化 科学计算可视化可用于高效处理数据和解释数据，使信息交流不再局限于用文字和语言来表达，而可以直接使用图形、图像、动画等可视信息。可视化技术与虚拟环境技术相结合，进一步拓宽了应用领域，如无图纸设计、虚拟样机技术等，这对缩短产品设计周期、提高产品质量、降低产品成本具有重要意义。在数控技术领域，可视化技术可用于 CAD/CAM，如自动编程设计、参数自动设定、刀具补偿、刀具管理数据的动态处理和显示以及加工过程的可视化仿真演示等。

（3）插补和补偿方式多样化 插补方式多种多样，如直线插补、圆弧插补、圆柱插补、空间椭圆曲面插补、螺纹插补、极坐标插补、螺旋插补、多项式插补等。多种补偿功能，如间隙补偿、垂直度补偿、象限误差补偿、螺距和测量系统误差补偿、与速度相关的前馈补偿、温度补偿、带平滑接近和退出以及刀具半径补偿等。

3．体系结构发展方向

（1）集成化 采用高度集成化的 CPU、RISC 芯片和大规模可编程集成电路 FPGA、EPLD 以及专用集成电路 ASIC 芯片，可提高数控系统的集成度和软硬件运行速度。应用 FPD 平板显示技术，可提高显示器性能。平板显示器具有科技含量高、重量轻、体积小、功耗低、便于携带等优点，可实现超大尺寸显示，成为与 CRT 抗衡的新兴显示技术，是 21 世纪显示技术的主流。应用先进封装和互联技术，将半导体和表面安装技术融为一体。通过提高集成电路密度、减少互联长度和数量来降低产品价格，改进性能，减小组件尺寸，提高系统的可靠性。

（2）模块化 硬件模块化易于实现数控系统的集成化和标准化。根据不同的功能需求，将基本模块，如 CPU、存储器、位置伺服、PLC、输入输出接口、通信等模块，制作成为标准的系列化产品，通过积木方式进行功能裁剪和模块数量的增减，构成不同档次的数控系统。

（3）网络化 数控机床联网可进行远程控制和无人化操作。通过机床联网，可在任何一台机床上对其他机床进行编程、设定、操作、运行，不同机床的画面可同时显示在每一台机床的屏幕上。

21 世纪的数控装备将是具有一定智能化的系统，智能化的内容包括数控系统中的各个方面：为追求加工效率和加工质量方面的智能化，如加工过程的自适应控制，工艺参数自动生成；为提高驱动性能及使用连接方便的智能化，如前馈控制、电动机参数的自适应运算、自动识别负载、自动选定模型、自整定等；为简化编程、简化操作方面的智能化，如智能化的自动编程、智能化的人机界面等；还有智能诊断、智能监控方面的内容，方便系统的诊断及维修等。

知识拓展：虚拟切削加工技术

虚拟切削加工技术（Virtual Machining）已诞生很久了。随着科学技术的进步，三维计算机辅助设计被广泛应用于产品设计，在工程作业设计、加工工序设计及产品组装等方面，需要开发计算机辅助技术，特别是在计算机辅助工程（CAE）方面，采用有限元法（FEM）来预先解析研究与产品性能相关联的构造、热传导性以及利用计算机辅助制造（CAM）确定刀具运动轨迹的编程技术，均已渗透到工程的各个领域，并被有效利用。

虚拟切削加工系统整合了虚拟现实及机床的制造系统，在制造和生产上配合不同的计算机以及软件，可在虚拟现实系统的真实环境下仿真其特性、误差，并进行建模。虚拟机械加工可以在生产线没有实际测试的情形下，让产品可以正常生产。

虚拟切削加工技术的发展动向包括两个方面，其一是开发 NC 仿真软件，借以显示刀具运动轨迹，并判断刀具及其夹具与工件及其夹具是否产生干涉。机械加工仿真技术的另一发展动向是研究解析切削加工过程中的物理现象，如被加工材料因塑性变形而产生热量，被切除材料不断擦过刀具前刀面形成切屑后被排出，以及由刀具切削刃切除不需要的材料而在工件上形成已加工面等，并将这一系列切削过程通过计算机模拟出来，目前能达到这种理想目标的产品还为数不多。Third Wave Systems 公司的"Advant Edge"是采用有限元法对切削加工进行特殊优化解析的软件产品，与用于构造解析的有限元法程序包比较，其最大优点是用户界面优良，机械加工的技术人员能方便地进行解析。美国 Scientific Forming Technologies 公司的"DEFORM"是锻造等塑性变形加工用有限元法解析程序包，最近已被用于切削加工。

目前，许多科技人员正在进行生产过程中最基础的切削加工技术的研究，其中多数研究的目的是在弄清楚加工现象的同时，对加工过程进行预测。如果这些研究内容实现了系统的计算机软件化，就意味着能形成一个切削仿真技术软件。如东京农工大学机械学院的实验室就正在进行几种预测性的有关切削加工仿真技术软件的研究。工艺流程和实用仿真采用了横向和纵向相匹配的研究体系，横向与产品设计到加工工序相对应；在纵向上越往上，实用性越好，往下则不仅是实用性，还包括解析加工现象和实现可视化。

本 章 小 结

本章主要对数控加工技术及数控机床进行简单介绍，对数控技术相关概念、数控机床的组成、工作原理、分类及主要性能指标进行了介绍，并对数控机床加工特点、应用范围及数控技术发展趋势进行了介绍。

思 考 与 练 习

1. 填空题

（1）数控技术就是利用＿＿＿＿＿＿＿＿＿＿对数控机床的＿＿＿＿＿＿＿＿＿＿进行控制的一种

方式。

（2）平均无故障时间是指一台数控机床在使用中_____故障间隔的时间，即数控机床在寿命范围内_____和_____之比。

（3）数控机床的性能指标包括_____、_____、_____和_____。

（4）CNC 三个字符代表的英文单词为_____、_____、_____。

（5）数控机床主要适用于_____、_____、小批量、多变化的零件加工。

2. 简答题

（1）简述数控技术的含义。

（2）简述数控机床的组成及各部分的作用。

（3）简述数控加工的特点。

（4）简述数控机床的发展趋势。

第 2 章
计算机数控系统及控制

工程背景

随着计算机控制技术的发展，数控系统的主要组成部分——数控装置的组成和体系结构与早期数控系统相比发生了很大变化。了解当前计算机数控装置的组成、体系结构、软硬件特点、通信接口及数控机床用PLC，对掌握数控加工技术基本理论、数控机床维修、甚至设计开发都具有十分重要的意义，有助于工程应用和实践能力的培养。

学习目标

通过本章学习，分析计算机数控系统的体系结构，掌握其本质——即是对输入的零件加工程序数据段进行相应的处理，然后插补出理想的刀具运动轨迹，并将插补结果通过伺服系统输出到执行部件，从而加工出所需零件。掌握CNC装置软硬件结构，分析系统的输入、数据处理、插补和输出，控制执行部件，理解数控机床按照程序要求有条不紊地工作过程。

知识要点

要求学生了解计算机数控系统的基本知识，掌握计算机数控装置的工作原理及其软硬件结构，熟悉数控系统用可编程控制器的基本结构，掌握其工作原理、常见类型及其在数控机床上的应用，了解计算机数控系统的I/O接口与通信网络。

2.1 概　　述

计算机数控（Computer Numerical Control，CNC）系统是一种用计算机通过执行其存储器内的程序来实现数控功能，并配有接口电路和伺服驱动装置的专业计算机系统。数控机床在 CNC 系统的控制下，自动地按给定加工程序完成工件的加工。所以 CNC 系统是一种包含计算机在内的数字控制系统。

CNC 系统是在硬件数控系统的基础上发展起来的，自 20 世纪 70 年代初微型计算机问世以来，发展迅猛，同时也有力地推动了数控系统的发展。近年来，以微处理器为基础的微型计算机数控（MNC）系统几乎完全取代了小型计算机数控系统。目前研制和生产的数控机床大都采用微型计算机数控系统，所谓 CNC 系统实际就是 MNC 系统。现代标准型数控系统功能齐全，一方面，它们能适应不同的控制要求，这得益于计算机的"柔性"和丰富的软件支持；另一方面，它们通常具有良好的人机界面、较高的智能化程度，能自动地帮助使用者处理大量信息，使编程和操作都变得较为简便。此外只要改变计算机数控系统的控制软件就能实现一种全新的控制方式。

2.1.1 计算机数控系统的基本组成

现代数控系统，即 CNC 系统是由输入/输出（I/O）设备、数控装置、可编程控制器（PLC）、主轴驱动和伺服系统组成的，如图 2-1 所示，其核心是数控装置。它通过系统程序配合硬件，合理组织、管理数控系统的输入、数据处理、插补和输出信息，控制执行部件，使机床按照要求进行自动加工。

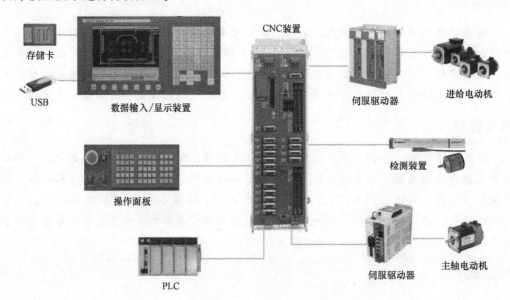

图 2-1　CNC 系统组成

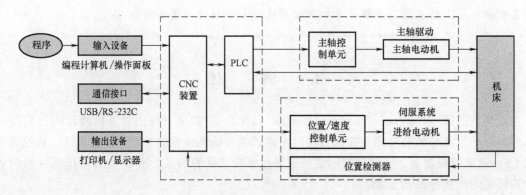

图 2-2　CNC 系统框图

2.1.2 CNC 装置的主要功能

CNC 装置采用了微处理器，通过软件可以实现很多功能。通常包括基本功能和选择功能。基本功能是指 CNC 装置必备的功能，选择功能是指供用户根据机床特点和用途进行选择的功能。CNC 装置的功能主要反映在准备功能 G 指令代码和辅助功能 M 指令代码上。根据数控机床的类型、用途、档次的高低，CNC 装置的功能有很大不同。CNC 装置的主要功能如图 2-3 所示。

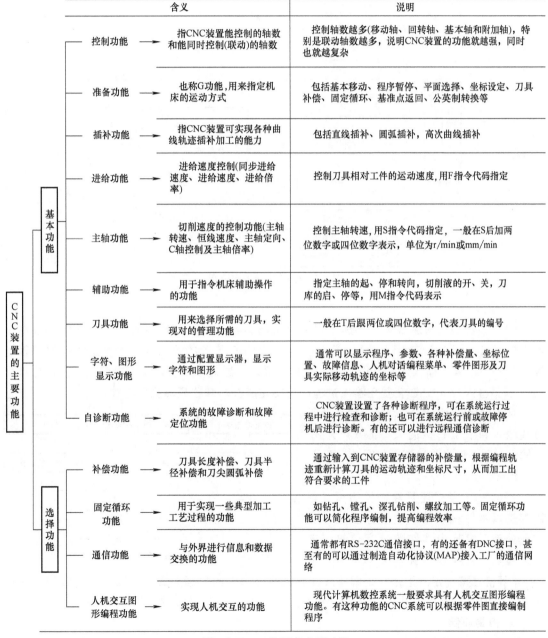

		含义	说明
CNC装置的主要功能	**基本功能**	控制功能 → 指CNC装置能控制的轴数和能同时控制(联动)的轴数	控制轴数越多(移动轴、回转轴、基本轴和附加轴)，特别是联动轴数越多，说明CNC装置的功能就越强，同时也就越复杂
		准备功能 → 也称G功能，用来指定机床的运动方式	包括基本移动、程序暂停、平面选择、坐标设定、刀具补偿、固定循环、基准点返回、公英制转换等
		插补功能 → 指CNC装置可实现各种曲线轨迹插补加工的能力	包括直线插补、圆弧插补，高次曲线插补
		进给功能 → 进给速度控制(同步进给速度、进给速度、进给倍率)	控制刀具相对工件的运动速度，用F指令代码指定
		主轴功能 → 切削速度的控制功能(主轴转速、恒线速度、主轴定向、C轴控制及主轴倍率)	控制主轴转速，用S指令代码指定，一般在S后加两位数字或四位数字表示，单位为r/min或mm/min
		辅助功能 → 用于指令机床辅助操作的功能	指定主轴的起、停和转向，切削液的开、关，刀库的启、停等，用M指令代码表示
		刀具功能 → 用来选择所需的刀具，实现对的管理功能	一般在T后跟两位或四位数字，代表刀具的编号
		字符、图形显示功能 → 通过配置显示器，显示字符和图形	通常可以显示程序、参数、各种补偿量、坐标位置、故障信息、人机对话编程菜单、零件图形及刀具实际移动轨迹的坐标等
		自诊断功能 → 系统的故障诊断和故障定位功能	CNC装置设置了各种诊断程序，可在系统运行过程中进行检查和诊断；也可在系统运行前或故障停机后进行诊断。有的还可以进行远程通信诊断
	选择功能	补偿功能 → 刀具长度补偿、刀具半径补偿和刀尖圆弧补偿	通过输入到CNC装置存储器的补偿量，根据编程轨迹重新计算刀具的运动轨迹和坐标尺寸，从而加工出符合要求的工件
		固定循环功能 → 用于实现一些典型加工工艺过程的功能	如钻孔、镗孔、深孔钻削、螺纹加工等。固定循环功能可以简化程序编制，提高编程效率
		通信功能 → 与外界进行信息和数据交换的功能	通常都有RS-232C通信接口，有的还备有DNC接口，甚至有的可以通过制造自动化协议(MAP)接入工厂的通信网络
		人机交互图形编程功能 → 实现人机交互的功能	现代计算机数控系统一般要求具有人机交互图形编程功能。有这种功能的CNC系统可以根据零件图直接编制程序

图 2-3　CNC 装置的主要功能

2.1.3 CNC 装置的基本工作过程

CNC 装置的工作过程是在硬件的支持下，执行软件的过程，即通过各种输入方式，接收机床加工零件的数据信息，经过译码和运算处理，然后将各坐标轴分量送到各控制轴驱动电路，经过转换、放大驱动伺服电动机，带动各轴运动。并进行实时位置反馈控制，使各个坐标轴能精确地走到所要求的位置，即在硬件支持下的软件执行完成控制功能的过程，其工作流程如图 2-4 所示。

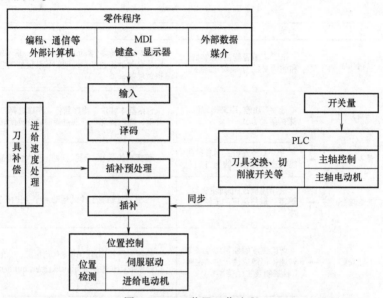

图 2-4　CNC 装置工作流程

1. 输入

CNC 装置的输入通常有零件加工程序、机床参数和刀具补偿参数。机床参数一般在机床出厂时或在用户安装调试时已经设定好，所以 CNC 装置的输入信息主要是零件加工程序和刀具补偿参数。输入形式有纸带输入、键盘输入、磁盘输入、电子手轮输入、上级计算机 DNC 通信输入等。CNC 装置在输入过程中还要完成校验和代码转换等工作。

从 CNC 装置工作方式看，有存储器方式输入和手工直接输入（MDI）方式，其输入过程中信息传送流程如图 2-5 所示。

2. 译码

不论 MDI 方式还是存储器方式，译码都是以零件程序的一个程序段为单位进行处理，把其中零件的轮廓信息（起点、终点、直线或圆弧等）以及 F、S、

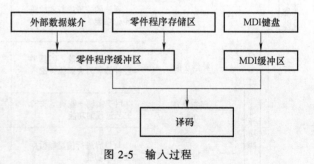

图 2-5　输入过程

T、M 等信息按一定的语法规则解释成计算机能够识别的数据形式，并以一定的数据格式存放在指定的内存专用区域。译码过程中还要进行语法检查，发现错误立即报警。

3. 刀具补偿

刀具补偿包括刀具半径补偿和刀具长度补偿。通常零件加工程序编制时是以零件轮廓轨

迹来编程的，与刀具尺寸无关。程序输入和刀具参数输入分别进行。刀具补偿就是根据系统存储的刀具尺寸数据，利用一定的数学算法将零件轮廓轨迹自动转换成刀具中心（刀位点）相对于工件的移动轨迹。

4. 进给速度处理

数控加工程序给定的刀具相对于工件的移动速度，是在各坐标合成运动方向上的速度，即 F 代码的指令值。速度处理首先要将各坐标合成运动方向上的速度分解成各进给运动坐标方向的分速度，为插补时计算各进给坐标的行程量做准备。另外还要对机床允许的最低和最高速度限制进行判别并处理。有的 CNC 装置的自动加、减速也放在这里处理。

5. 插补

零件加工程序段中的指令行程信息是有限的。例如对于加工直线的程序段仅给定起点、终点坐标；对于加工圆弧的程序段除了给定其起点、终点坐标外，还给定其圆心坐标或圆弧半径。而一条加工曲线则是由无数个点组成的，若要进行轨迹加工，CNC 装置必须从一条已知起点和终点的曲线上自动进行"数据点密化"工作，这就是插补，即根据加工程序中给出的零件基本几何形状和相关设计工艺方面的信息，在已知特征点之间插入一些中间点的过程。

6. 位置控制

位置控制装置位于伺服系统的位置环上，控制原理如图 2-6 所示。位置控制工作可由软件实现，也可以由硬件完成。它的主要任务就是在每个采样周期内，将插补计算出的理论位置与实际反馈位置进行比较，用其差值控制进给电动机。在位置控制中通常还要完成位置回路的增益调整、各坐标轴方向的螺距误差补偿和反向间隙补偿等，以提高机床定位精度。

图 2-6　位置控制原理

7. I/O 处理

I/O 处理是 CNC 装置与机床之间信息传递和变换的通道。其一方面是将机床运动过程中的相关参数输入到 CNC 装置中；另一方面是将 CNC 装置的输出命令（如换刀、主轴变速换挡、加冷却液等）转换为执行机构的控制信号，实现对机床的控制。

8. 显示

CNC 装置的显示主要是为操作者提供方便，一般位于机床控制面板上。通常有零件程序的显示、参数显示、刀具位置显示、机床状态显示、报警显示等。有的 CNC 装置中还有刀具加工轨迹的静态和动态图形显示。

9. 诊断

为保证系统有较高的利用率，除了重视提高可靠性外，还要有良好的维护功能，诊断的任务就是监测机床的各种状态，并对非正常的状况进行可能的诊断、故障定位和修复。

2.2　计算机数控装置的硬件结构

数控装置的硬件结构一般分为单微处理器 CPU 和多微处理器 CPU 两大类，CPU 主要完成控制和运算两方面的任务。CPU 内部控制主要是针对零件加工程序的输入/输出控制，对机床加工现场状态信息的记忆控制等。运算任务是完成一系列的数据处理工作，如译码、刀具补偿计算、运动轨迹计算、插补运算和位置控制的给定值与反馈值的比较运算等。

2.2.1　单微处理器 CNC 装置

单微处理器数控系统以微处理器（CPU）为核心，CPU 通过总线与内存及各种接口相接。单微处理器结构的 CNC 装置只有一个 CPU，如图 2-7 所示，因此多采用集中控制、分时处理的方式完成数控的各项任务。有的 CNC 虽然有两个或两个以上的微处理器，但其中只有一个微处理器能够控制系统总线，而其他微处理器不能控制总线，不能访问主存储器，只能作为一个智能部件工作，各微处理器组成主从结构，这种 CNC 装置也属于单微处理器结构。

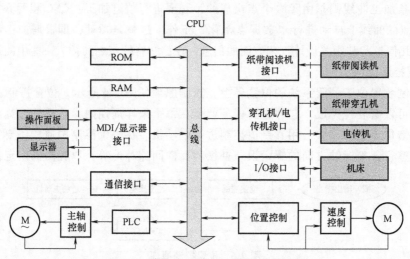

图 2-7　单微处理器 CNC 装置组成框图

如图 2-7 所示为典型的单微处理器 CNC 装置组成框图。微处理器（CPU）通过总线与存储器（RAM、ROM）及各种接口（如 MDI/显示器、通信接口等）相连。单微处理器 CNC 装置有以下特点：

1）结构简单，易于实现。

2）微处理器通过总线与存储器、输入/输出控制等各种接口相连。

3）CNC 装置内仅有一个 CPU，它集中控制管理整个系统资源，通过分时处理的方式来实现各数控功能。

4）由于所有数控功能只有一个 CPU 集中控制完成，其功能受 CPU 字长、数据宽度、寻址能力和运算速度等因素限制。

微处理器（CPU）是 CNC 装置的核心，负责执行程序，首先读取工件加工程序，对加工程序段进行译码和数据处理，然后根据处理后得到的指令，对该加工程序段进行实时插补并对机床位置进行伺服控制；它还将辅助动作指令通过 PLC 送到机床，同时接收由 PLC 返回的机床各部分信息并予以处理。

位置控制单元根据接收插补运算得到的每一个坐标轴在单位时间间隔内的位移量，控制伺服电动机工作，并通过接收到的实际位置反馈信号，修正位置指令，实现机床运动的精确控制。同时产生速度指令送往速度控制单元。

速度控制单元将速度指令与速度反馈信号相比较，修正速度指令，用其差值去控制伺服电动机以恒定速度运转。

各类接口与外围设备是 CNC 装置与操作者之间交换信息的桥梁。如通过 MDI 方式，可将工件加工程序送入 CNC 装置；通过显示器，可以显示工件的加工程序和其他信息。

总线是 CPU 与各组件、接口等之间的信息传输通道，包括控制总线、地址总线和数据总线三种。随着信息传输的速度提高和多任务性增强，总线结构和标准也在不断发展。

CNC 装置中的存储器包括只读存储器（ROM）和随机存储器（RAM）两类。系统程序存放在只读存储器 ROM 中，由厂家固化，即使断电，程序也不会丢失；运算的中间结果、需显示的数据、运行中的状态、标志信息等则在随机存储器 RAM 中存放，它可以随时进行读写，断电信息丢失；加工的零件程序、机床参数、刀具参数等则存放在有后备电池供电的 RAM 中，当系统断电后，数据仍能够得以保存。

2.2.2 多微处理器 CNC 装置

多微处理器结构的 CNC 装置，是指在数控装置中有两个或两个以上的微处理器，它能控制系统总线或主存储器，一般有紧耦合和松耦合两种方式。紧耦合（相关性强）方式中各微处理器构成处理部件，有集中的操作系统，共享资源；松耦合（相关性弱或具有相对的独立性）方式中各微处理器构成功能模块，有多重操作系统，可以有效实现并行处理。

多微处理器 CNC 装置中各模块间的互联和通信主要采用共享总线和共享存储器两类典型结构。现代的数控装置大多采用多 CPU 结构。

1. 共享总线结构

共享总线的多微处理器结构，将各功能模块插在配有总线插座的机柜内，由系统总线把各个模块有效地连接在一起，按照要求交换各种控制指令和数据，实现各种预定的功能。

在共享总线的结构中，挂在总线上的功能模块分为带有 CPU 的主模块和不带 CPU 的从模块（如各种 RAM/ROM 模块、I/O 模块等），只有主模块才有权控制使用总线，而且某一时刻只能由一个主模块占有总线。共享总线结构框图如图 2-8 所示。

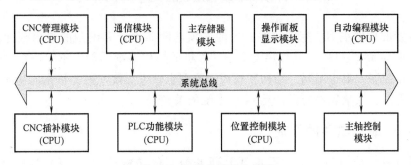

图 2-8 共享总线结构框图

在共享总线结构中，当有多个主模块同时请求总线时就会产生总线使用竞争问题，因此必须要有仲裁机构，进行总线裁决，判别出其优先权的高低。通常采用两种仲裁方式：

（1）串行方式 优先权按链式排列。某个主模块只有在前面优先权更高的主模块不占用总线时，才可使用总线。

（2）并行方式　配备专用逻辑电路来解决主模块的优先权判定问题，通常采用优先权编码方案。

共享总线结构系统配置灵活，结构简单，易于实现，因此被广泛采用。但该结构存在一个缺点，由于各主模块在使用总线时会引起"竞争"而使信息传输效率降低，而且总线一旦出现故障会影响整个系统。

2. 共享存储器结构

共享存储器结构通常采用多端口存储器来实现各微处理器之间的互联和信息交换，由专门的多端口控制逻辑电路解决访问冲突。如图2-9所示为具有四个微处理器的共享存储器结构框图。

由于同一时刻只能有一个微处理器对多端口存储器进行访问，当功能复杂而要求微处理器数量增多时，会因争用共享而造成信息交换阻塞，降低系统效率，其扩展较为困难。

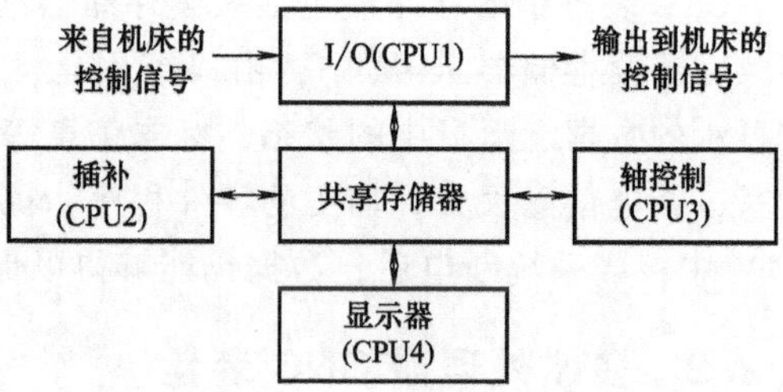

现代 CNC 装置大多采用多微处理器结构，与单微处理器 CNC 装置相比，多微处理器 CNC 装置优点有以下几个方面：

1）运算速度快，性价比高。多微处理器结构中的每一微处理器完成系统中指定的一部分功能，独立执行程序，更适应多轴控制、高精度、高进给速度、高效率的数控要求。

2）良好的适应性和扩展性。多微处理器 CNC 装置多采用模块化结构，各模块间有明确定义的接口，彼此进行信息交换，系统结构紧凑，具有良好的适应性和扩展性。

3）可靠性高。多微处理器结构即使某个模块出了故障，其他模块仍能正常工作，故障模块通过更换就可解决问题，提高了系统可靠性。

4）硬件易于组织规模生产。由于硬件一般都是通用的，容易配置，只要开发新的软件就可构成不同的 CNC 系统，便于组织规模生产，形成批量，且质量更容易得到保证。

图 2-9　共享存储器结构框图

2.3　计算机数控装置的软件结构

CNC 装置的软件是为了完成数控机床的各项功能而设计和编制的专用软件，通常称为系统软件（也称系统程序），其作用类似于计算机的操作系统功能。不同厂家的软件并不兼容，其功能和控制方案也不同，结构和规模上差别也较大。现代数控机床的功能大都采用软件来实现，所以，系统软件的设计是 CNC 系统的关键。

2.3.1　CNC 装置软件的组成

CNC 系统软件结构的一个重要特征是任务控制的结构建立在 CPU 的中断系统之上。CNC 系统作为过程数字控制器应用于工业自动化生产中，其多任务性要求它的系统软件必须完成管理和控制两大任务，其中系统管理包括输入、I/O 处理、通信、显示、诊断及加工程序的编制管理等程序。系统控制部分包括：译码、刀具补偿、速度控制、插补和位置控制等软件。软件构成如图 2-10 所示。

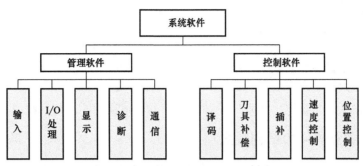

图 2-10 CNC 装置软件构成（多任务性）

2.3.2 CNC 装置软件的结构特点

CNC 系统是一个专用的实时多任务系统。CNC 装置软件，无论其硬件是采用单微处理机结构还是多微处理机结构，都具有两个突出特点：多任务并行处理和多重实时中断。

1. 多任务并行处理

数控加工时，CNC 装置要完成很多任务，大多情况下，某些管理和控制工作必须同时进行，而不能逐一处理。例如，当 CNC 系统工作在加工控制状态时，为使操作人员及时了解 CNC 系统工作状态，显示任务必须与控制任务同时执行。

并行处理是指在同一时刻或同一时间间隔内完成两种或两种以上性质相同或不相同的工作，是一种资源有效利用的处理方法，其显著优点是大幅度提高了运算速度。多任务并行处理关系如图 2-11 所示，图中用双向箭头表示两个模块之间存在并行处理关系。

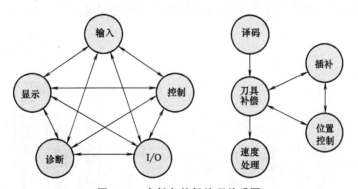

图 2-11 多任务并行处理关系图

并行处理分为"资源共享"并行处理方法和"时间重叠"并行处理方法。资源共享是根据"分时共享"的原则，使多个用户按时间顺序使用同一套设备。时间重叠是根据流水线处理技术，使多个处理过程在时间上相互错开，轮流使用同一套设备的几个部分。

2. 实时中断处理

实时性是指任务的执行有严格时间要求，即任务必须在规定时间内完成或响应，否则将导致执行结果错误或系统故障。为了满足 CNC 装置实时任务的要求，系统的调度机制必须具有能根据外界的实时信息以足够快的速度进行任务调度的能力，这就使中断成为整个 CNC 装置中必不可少的重要组成部分。

中断是计算机响应外部事件的一种处理技术，特点是能按任务的重要程度和紧急程度进行响应，而 CPU 不必为其花费过多的时间。CNC 装置的中断类型有以下四种：

1）外部中断。包括外部监控中断（如急停）、键盘和操作面板输入中断等。

2）内部定时中断。主要包括插补周期定时中断和位置采样定时中断。

3）硬件故障中断。由各种硬件故障检测装置发出的中断，如存储器出错、定时器出错、插补运算超时等。

4）程序性中断。指程序中出现的各种异常情况的报警中断，如各种溢出等。

2.3.3 CNC 装置软件的结构模式

CNC 装置软件结构模式，是指系统软件的组织管理方式，即任务的划分方式、任务调度机制、任务间的信息交换机制和系统集成方法。常见的 CNC 装置的软件结构模式主要有：前后台型软件结构和中断型软件结构。

1. 前后台型软件结构

对于前后台型软件结构的 CNC 装置，可把各功能模块划分为两类。一类是需要实时处理的与机床动作直接相关的功能模块，如位置控制、插补、辅助功能处理、面板扫描及输出等，构成前台程序；另一类是实时性要求不强的如译码、预处理计算等功能模块，构成后台程序或称为背景程序，主要用于完成准备工作和管理工作。

在程序启动并初始化后，即进入背景程序，背景程序是一个循环执行程序，在运行过程中前台程序不断插入，前后台程序相互配合，共同完成加工任务，如图 2-12 所示。

2. 中断型软件结构

对于中断型结构的 CNC 软件，其特点是没有前后台之分，除初始化程序外，根据各功能模块实时性要求不同，将各功能模块安排成不同优先级别的中断程序，整个控制软件构成一个中断系统，其管理功能主要通过各级中断服务程序之间通信来实现，如图 2-13 所示。

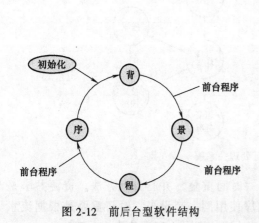

图 2-12　前后台型软件结构

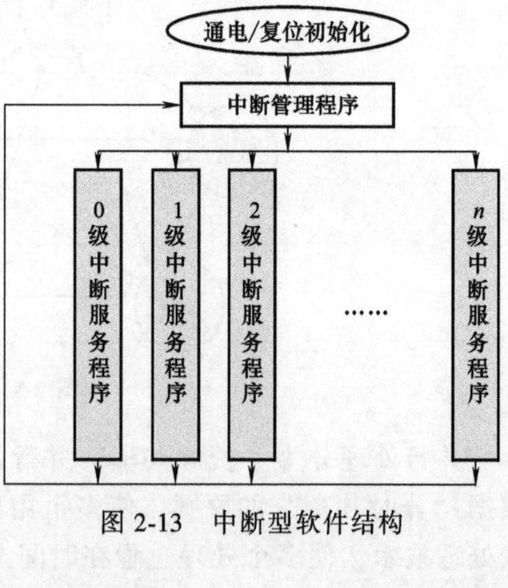

图 2-13　中断型软件结构

2.4　数控系统的可编程控制器

2.4.1　PLC 概述

在数控机床运动过程中，除了对各坐标轴运动进行位置控制之外，还需要以 CNC 装置内部和机床上各行程开关、传感器、按钮、继电器等开关量信号的状态为条件，并按照预先规定的逻辑顺序，对诸如主轴的起停、换向，刀具的更换，工件的夹紧、松开，液压、冷却、润滑系统的运行等进行控制。现代数控机床中常采用可编程控制器来完成以上这些功能。

可编程控制器（Programmable Logic Controller，简称 PLC），国际电工委员会（IEC）对其定义为可编程控制器是一种数字运算操作的电子系统，专为工业环境而设计。它采用了可编程序的存储器，用来在其内部存储执行逻辑运算、顺序控制、定时、计数和算术运算等操作的指令，并通过数字式和模拟式的输入和输出，控制各种类型机械的生产过程。而有关外围设备，都应按易于与工业系统联成一个整体和易于扩充其功能的原则设计。

PLC 是专门为工业控制设计的控制器，本质上是专门服务于工业控制领域的计算机系统，它是一种通用产品，其特点如下：

1）抗干扰能力强，可靠性高。
2）控制系统结构简单，通用性强。
3）编程方便，易于使用。
4）功能强大，成本低。
5）设计、施工、调试的周期短。
6）维护方便。

2.4.2　PLC 的基本结构

PLC 是计算机技术和控制技术相结合的产物，作为一种工业控制专用计算机系统，PLC 的基本结构与一般的微型计算机系统类似，如图 2-14 所示为一个小型 PLC 的基本结构，主要包括中央处理单元（CPU）、存储器、输入/输出模块、通信接口和电源等组成。

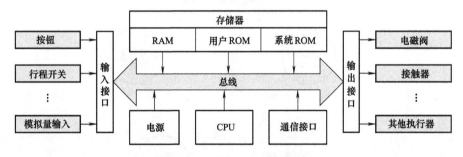

图 2-14　小型 PLC 的基本结构

中央处理单元（CPU）是系统的核心，它通过总线和输入接口将外部现场信息，如按钮、行程开关、模拟量开关等信息采入，并按用户程序规定的逻辑进行处理，然后将结果输出，用来控制电磁阀、接触器等外部设备。

存储器主要用于存放系统程序、用户程序和工作数据，如图 2-15 所示。

输入/输出模块是 PLC 与外部设备间的桥梁。它一方面将外部现场信号转换成标准的逻辑电平信号，另一方面将 PLC 内部逻辑电平信号转换成外部执行元件所要求的信号。

电源的作用是将外部提供的交流电转换为 PLC 内部所需要的直流电源。

为实现"人-机"或"机-机"之间的对话，PLC 配有多种通信接口。PLC 通过这些通信接口可以与监视器、打印机、其他 PLC 或计算机相连。

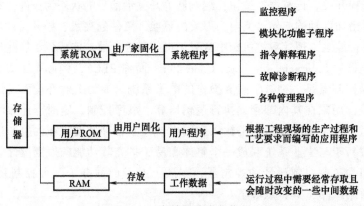

图 2-15 存储器分类与作用

此外，大、中型 PLC 大多还配置有扩展接口和智能 I/O 模板。扩展接口主要用于连接扩展 PLC 单元，扩大 PLC 的规模。智能 I/O 模板本身含有单独的 CPU，能够独立完成某种专用的功能，大大提高了 PLC 的运行效率。

2.4.3 PLC 的工作过程

PLC 一般采用集中输入、集中输出，周期性循环扫描的工作方式，如图 2-16 所示。从 PLC 循环扫描工作流程来看，运行时 PLC 的工作过程可分为五个阶段：CPU 自诊断、处理

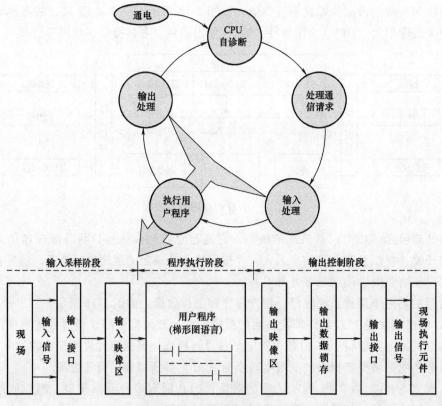

图 2-16 PLC 循环扫描工作流程

通信请求、输入处理、执行用户程序、输出处理，这五个阶段的工作过程称为一个扫描周期。

CPU自诊断：在PLC的每个扫描周期内首先要执行自诊断程序，主要包括系统校验、硬件RAM测试、CPU测试、总线动态测试等。如果发现异常现象，PLC在做相应保护处理后停止运行，并显示出错信息。

处理通信请求：该阶段主要完成与网络进行信息交换的扫描过程。只有当PLC配置了网络功能时，才执行该扫描过程，主要用于PLC之间，或与计算机之间进行信息交换。

输入处理：PLC顺序读入所有输入端子的状态，并将读入的信息存入内存中所对应的输入映像寄存器。

执行用户程序：在该阶段，PLC根据输入模块采样到的现场状态数据，按照梯形图（用户程序）先左后右，先上后下的顺序执行，在用户程序执行完后进入输出处理阶段。

输出处理：将输出映像寄存器中寄存器的状态，转存到输出锁存器，通过隔离电路，驱动功率放大电路，使输出端子向外界输出控制信号，驱动外部负载。

2.4.4 PLC在数控机床上的应用

PLC是数控系统的重要组成部分，是介于数控装置与机床之间的中间环节，三者关系如图2-17所示。

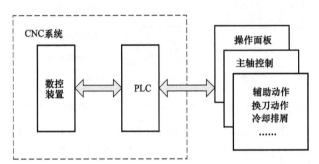

图2-17 数控装置、PLC和机床之间的关系

1. 数控机床用PLC配置形式

在数控系统中融入PLC，根据输入的离散信息，在内部进行逻辑运算，并完成输入/输出控制功能。PLC在数控机床的配置形式分两类：一类是专为实现数控机床顺序控制而设计的内装型（Build-in Type）PLC；另一类是I/O接口规范、I/O点数、存储容量以及运算和控制功能等均能满足数控机床控制要求的独立型（Stand-Alone Type）PLC。

（1）内装型PLC 内装型PLC是指PLC包含在CNC装置中，它集成在CNC装置中，成为其不可分割的一部分。内装型PLC的CNC系统框图如图2-18所示。

内装型PLC作为CNC装置的一部分，它与CNC装置中CPU的信息交换是在CNC装置内部进行的。这类PLC一般不能独立工作，而是CNC装置的一个功能模块，是CNC装置功能的扩展，两者是不能分离的。

目前世界上著名的数控厂家在其生产的数控系统中，大多开发了内装型PLC功能，如图2-19所示。

由于CNC装置的功能和PLC功能在设计时就统一考虑，因而这种类型的PLC在软硬件

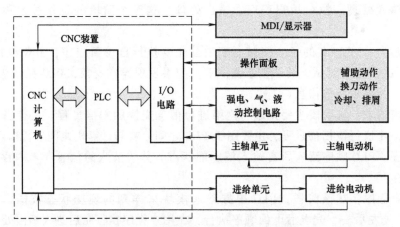

图 2-18　内装型 PLC 的 CNC 系统框图

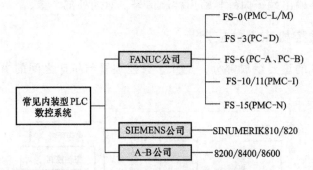

图 2-19　常见内装型 PLC 数控系统

整体结构上紧凑、实用，性价比高，适用于类型变化不大的数控机床。

（2）独立型 PLC　独立型 PLC 完全独立于 CNC 装置，具有完备的硬件和软件功能，能够独立完成规定的控制任务。独立型 PLC 的 CNC 系统框图如图 2-20 所示。

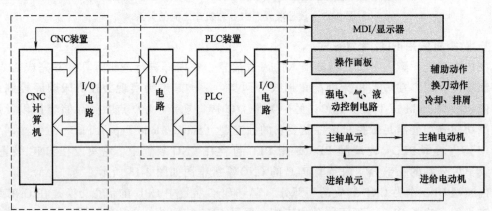

图 2-20　独立型 PLC 的 CNC 系统框图

独立型 PLC 是由专业化生产厂家生产的 PLC 来实现顺序控制，其特点如下：

1）可根据数控机床对控制功能的要求灵活选购或自行开发。

2）要进行 PLC 与 CNC 装置的 I/O 连接，PLC 与机床侧的 I/O 连接。

3）可以扩大 CNC 的控制功能。

4）在性价比上不如内装型 PLC。

由于独立型 PLC 的生产厂家较多，品种、类型丰富，使用户有较大的选择余地，可以选择自己熟悉的产品，而且扩展其功能也较方便。

总的来讲，单微处理器的 CNC 系统采用内装型 PLC 居多，而独立型 PLC 主要用在多微处理器 CNC 系统、FMS、CIMS 中，具有较强的数据处理、通信和诊断功能，成为 CNC 与上级计算机联网的重要设备。

2. 数控机床中 PLC 的功能

现代数控机床通常采用 PLC 完成如下功能。

（1）S、M、T 功能　S 功能主要完成主轴转速的控制；M 功能也称辅助功能，M 代码送 PLC 经逻辑处理，输出控制机床辅助动作的信号；T 功能即为刀具功能，数控机床根据 T 代码通过 PLC 可以管理刀库，自动更换刀具。

（2）机床外部开关量输入信号控制功能　机床侧的开关量信号包括各类控制开关、接近开关、行程开关、压力开关和温控开关等，将各开关量信号送入 PLC，经逻辑运算后，输出给控制对象。

（3）输出信号控制功能　PLC 输出的信号经强电柜中的继电器、接触器，通过机床侧的液压或气动电磁阀，对刀库、机械手和回转工作台等装置进行控制。

（4）伺服控制功能　通过驱动装置，驱动主轴电动机、伺服进给电动机和刀库电动机等。

（5）报警处理功能　PLC 收集强电柜、机床侧和伺服驱动装置的故障信号，经逻辑分析处理后输入数控系统，数控系统发出报警信号或显示报警文本以方便故障诊断。

（6）其他介质输入装置互联控制　有些数控机床用其他介质输入装置取代了传统的光电阅读器读入数控加工程序，通过控制介质输入装置，实现与数控系统进行零件程序、机床参数和刀具补偿等数据的传输。

2.5　计算机数控装置的 I/O 接口与通信网络

2.5.1　CNC 装置的 I/O 接口

CNC 装置作为数控机床的核心，它通过多种输入/输出（I/O）接口采集外部信息、向控制对象发送控制信号，从而与各种外部设备（纸带穿孔机、光电阅读机、打印机、CRT 显示器、LCD 显示器、键盘等）交换信息。一般 CNC 装置 I/O 接口的作用包括：①进行电平转换和功率放大；②对输入/输出信号进行处理；③进行模拟量与数字量的转换；④抗干扰隔离，防止噪声引起误操作。

接口是保证信息进行快速准确传递的关键，现代 CNC 装置都具有完备的数据传送和通信接口。根据国际标准《ISO 4336—1982（E）机床数字控制数控系统和数控机床电气设备之间的接口规范》的规定，CNC 装置、控制设备和机床之间的接口分为 4 类，如图 2-21 所示。

第 I 类是与驱动命令有关的连接电路；第 II 类是数控系统与检测系统和测量传感器间的

连接电路；第Ⅲ类是电源及保护电路；第Ⅳ类是通断信号和代码信号连接电路。

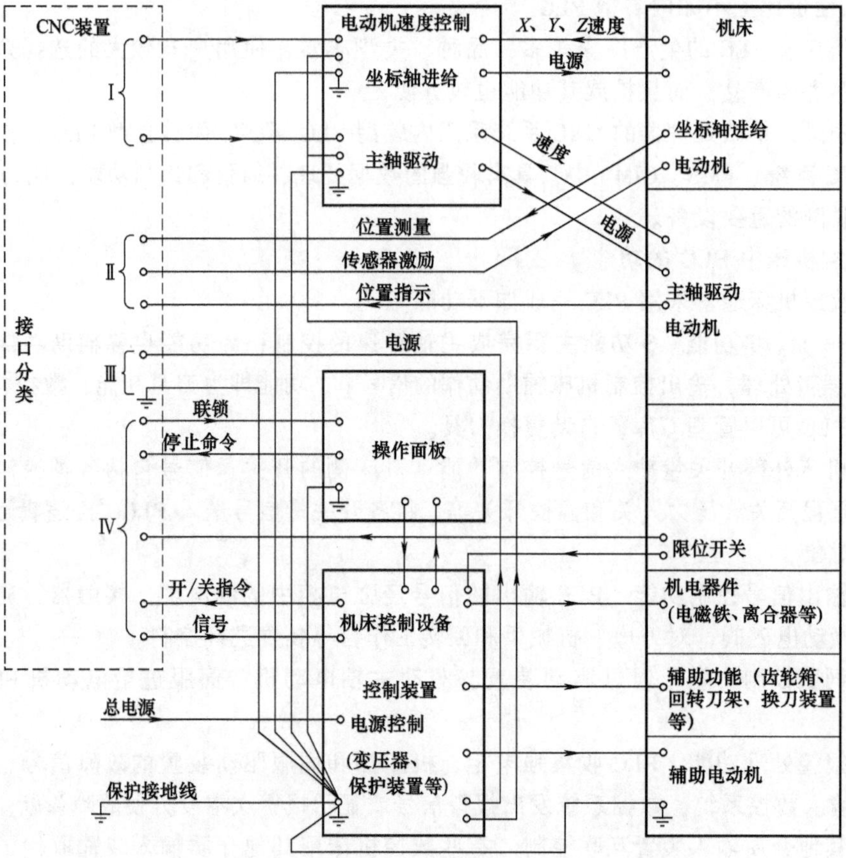

图 2-21 CNC 装置、控制设备和机床之间的连接

第Ⅰ和第Ⅱ类接口传递的信息是 CNC 装置与伺服驱动单元、伺服电动机、位置检测和速度检测之间的控制信息及反馈信息，属于数字控制及伺服控制。

第Ⅲ类接口电路由数控机床强电线路中的电源控制电路构成。强电线路由电源变压器、控制变压器、各种断路器、保护开关、接触器、功率继电器及熔断器等连接而成，以便为辅助交流电动机、电磁铁、离合器、电磁阀等功率执行元件供电。

第Ⅳ类开关信号和代码信号是 CNC 装置与外部传送的输入/输出控制信号。当 CNC 装置带有 PLC 时，除极少数高速信号外，信号都通过 PLC 传送。

2.5.2 CNC 装置的通信接口

现代 CNC 装置都使用标准串行通信接口与其他微型计算机相连，进行点对点通信，实现零件程序和参数的传输。串行通信其特点是通信线路简单、成本低，但传输速率较慢。

串行通信中广泛应用的标准是 RS-232C。在 CNC 装置中，RS-232C 接口用以连接输入/输出设备、外部机床控制面板等。CNC 装置中 RS-232C 通常与 20mA 电流环一起配置，其特点是采用电流控制的方式，传输距离比 RS-232C 远得多。在 CNC 系统中标准的 RS-232C/

20mA 接口结构如图 2-22 所示。

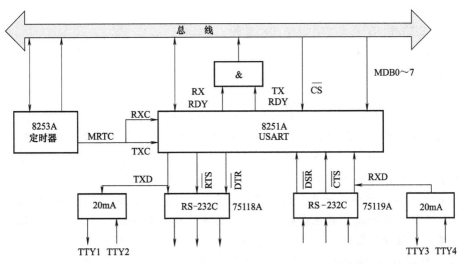

图 2-22 CNC 装置中标准的 RS-232C/20mA 接口结构示意图

随着生产自动化的不断发展,且生产要有很高的灵活性并能充分利用制造设备资源,因此对网络通信的要求也越来越高。通过网络将 CNC 装置和系统中各种设备联网,以构成 FMS 或 CIMS。联网时应能保证高速和可靠地传输数据和程序。在这种情况下,CNC 装置中设有专用的通信微处理器的通信接口,担负网络通信任务。常用的通信网络见表 2-1。

表 2-1 常用通信网络性能及特点

网络类型	通信协议	特点	不足
串行通信网络	RS-232C/422A/485	利用计算机串行口与设备连接,实现串行通信	管理不便,不易扩展
MAP 网络	MAP 协议	可靠性高,易于配置和扩展	实现过程复杂,开发成本高
现场总线网络	FF、PROFIBUS、CAN、Modbus 等	全数字通信,控制分散	成本高,速度低,未形成统一标准
以太网	TCP/IP 协议	开放性、低成本、广泛软硬件支持	实时性、抗干扰性较差

知识拓展:常见数控系统介绍

1. 日本 FANUC 系列

FANUC 公司生产的 CNC 产品主要有 FS0、FS3、FS6、FS10/11/12、FS15、FS16、FS18、FS21/210 等系列。FANUC 系统进入中国市场有非常悠久的历史,在这些型号中,目前我国的用户使用最为广泛的是 FANUC 0 系列。

FANUC 系统在设计中大量采用模块化结构。这种结构易于拆装、各个控制板高度集成,使可靠性有很大提高,而且便于维修、更换。系统提供串行 RS-232C 接口,以太网接口,能够完成 PC 和机床之间的数据传输。

FANUC 系统性能稳定,操作界面友好,各系列总体结构非常的类似,具有基本统一的操作界面。FANUC 系统可以在较为宽泛的环境中使用，对于电压、温度等外界条件的要求不是特别高，因此适应性很强。

2. 德国 SIEMENS 公司 SINUMERIK 系列

SINUMERIK 系列 CNC 系统有很多系列和型号，主要有 SINUMERIK3、SINUMERIK8、SINUMERIK810/820 和 SINUMERIK840 等产品。

SINUMERIK 系列数控系统是一个集成所有数控系统元件（数字控制器，可编程控制器，人机操作界面）于一体的操作面板安装形式的控制系统。所配套的驱动系统接口采用全新设计的可分布式安装，以简化系统结构的驱动技术，这种新的驱动技术所提供的 DRIVE-CLiQ 接口可以连接多达 6 轴数字驱动。外部设备通过现场控制总线 PROFIBUS DP 连接。这种新的驱动接口连接技术使连线数量降至最低，让安装变得简单容易。

SINUMERIK 不仅意味着一系列数控产品，更在于生产一种适于各种控制领域不同控制需求的数控系统，其构成只需很少的部件。它具有高度的模块化、开放性以及规范化的结构，适于操作、编程和监控。

3. 华中数控系统（HNC）

HNC 系统是我国武汉华中数控系统有限公司生产的国产型数控系统。该系统是我国 863 计划的科研成果在实践中应用的成功项目，已开发和应用的产品有 HNC-Ⅰ和 HNC-2000 两个系列共计 16 种型号。

华中Ⅰ型（HNC-Ⅰ）数控系统是以通用 32 位工控机为核心，系统基于 DOS 平台的开放式体系结构，可充分利用 PC 的软硬件资源，易于二次开发，易于维护和更新换代。其独创的曲面直接插补算法和先进的数控软件技术，可实现高速、高效和高精度的复杂曲面加工。采用汉字用户界面，提供完善的在线帮助功能，具有三维仿真校验和加工过程图形动态跟踪功能，图形显示形象直观。

华中 2000（HNC-2000）型数控系统是在华中Ⅰ型的基础上开发的高档数控系统。该系统采用通用工业 PC 机、TFT 真彩色液晶显示器，具有多轴多通道控制能力和内装式 PLC，可与多种伺服驱动单元配套使用。具有开放性好、结构紧凑、集成度高、可靠性好、性能价格比高、操作维护方便等优点，是适合中国国情的新一代高性能、高档数控系统。

本章小结

计算机数控系统是数控机床的核心，是实现机床精确加工功能的关键。本章全面系统地介绍了计算机数控系统的基本组成、工作过程、各部分主要功能和特点等，主要内容包括：

（1）计算机数控装置的主要功能 CNC 装置采用了微处理器，通过软件可以实现很多功能。通常包括基本功能和选择功能。CNC 装置的功能主要反映在准备功能 G 指令代码和辅助功能 M 指令代码上。

（2）计算机数控装置的软、硬件结构 CNC 装置由硬件和软件两大部分组成，硬件包括 CPU、存储器、总线、I/O 接口等；软件则主要指系统软件，包括管理软件和控制软件两大类。在系统软件控制下，CNC 装置对输入的加工程序自动进行处理并发出相应控制信号。软件在硬件的支持下运行，而离开软件，硬件便无法工作，两者缺一不可。

（3）数控系统的可编程控制器 可编程逻辑控制器（PLC）是现代数控系统中不可缺

少的重要组成部分，根据 CNC 装置内部和机床上各行程开关、传感器、按钮、继电器等开关量信号的状态为条件，并按照预先规定的逻辑顺序，对诸如主轴的起动和停止、换向，刀具的更换，工件的夹紧、松开，液压、冷却、润滑系统的运行等进行控制。

（4）计算机数控系统的输入输出与通信　主要介绍了 CNC 装置的 I/O 接口和通信接口。

思考与练习

1. 填空题

（1）从自动控制角度分析，CNC 系统是一种典型的＿＿＿＿＿＿、＿＿＿＿＿＿控制系统，其本质是以多执行部件（各运动轴）的＿＿＿＿＿＿、＿＿＿＿＿＿为控制对象并使其协调运动的自动控制系统。

（2）CNC 装置采用了微型计算机式微处理器，通过软件可以实现很多功能。通常包括＿＿＿＿＿＿功能和＿＿＿＿＿＿功能。

（3）CNC 系统是一个专用的＿＿＿＿＿＿系统。CNC 装置软件，具有两个突出特点：＿＿＿＿＿＿和＿＿＿＿＿＿。

（4）CNC 系统主要由＿＿＿＿＿＿、＿＿＿＿＿＿、＿＿＿＿＿＿、＿＿＿＿＿＿、＿＿＿＿＿＿和＿＿＿＿＿＿等组成。

2. 简答题

（1）CNC 系统有哪几部分组成，各有什么作用？

（2）CNC 装置的主要有哪些功能？

（3）单微处理器结构和多微处理器结构 CNC 装置有何区别？

（4）CNC 装置软件结构可分哪两类，各有什么特点？

（5）可编程控制器有哪些基本组成部分，各有哪些特点？

（6）内装型 PLC 与独立型 PLC 比较各有何特点？

（7）CNC 装置常用的通信接口有哪些，各有什么特点？

第 3 章
数控系统轨迹控制原理及方法

工程背景

　　计算机数控系统的主要功能之一是实现刀具和工件之间的相对运动轨迹控制，以加工出符合要求的工件轮廓轨迹，轨迹控制的主要实现过程为：数控系统首先将零件加工程序经存储、译码和数据处理之后，再进行刀具和工件相对运动时加工动点轨迹的插补运算，最后将插补结果提供给伺服系统以驱动各坐标轴运动，从而加工出所需的工件轮廓。

学习目标

　　在计算机数控系统实现刀具相对工件运动的轨迹控制过程中，插补原理、刀具补偿、进给速度控制和加减速控制是数控系统至关重要的轨迹控制原理和控制方法，对数控机床的加工精度以及加工效率具有重要的影响。因此，熟练掌握相关实现原理和方法对深入掌握数控机床的工作原理和研发数控系统必不可少。

知识要点

　　本章主要介绍数控系统实现轨迹控制的插补原理、插补方法、刀具补偿概念、进给速度控制方法及加减速控制方法。本章主要内容包括插补原理的实质、脉冲增量插补方法的逐点比较法和数字积分法、数据采样插补方法的时间分割法和扩展数字积分法、刀具补偿概念、进给速度控制方法与加减速控制方法等。

3.1　概　　述

　　机床数字控制的核心问题，就是如何控制刀具和工件的相对运动轨迹，以加工出满足要求的工件轮廓，因此，运动轨迹控制算法的优劣直接影响加工质量与加工效率的高低。轨迹控制的主要工作流程如图 3-1 所示：首先，存储以被加工工件轮廓、加工精度和技术要求等为考虑因素而编制的加工程序；再将程序进行译码，以便于数控系统内部识别；而后，再进行刀具补偿、进给速度、辅助功能等数据处理操作；进而，根据刀具和工件的相对运动轨迹进行加工动点轨迹的插补运算；最后，根据插补结果向各运动轴发出进给指令并使各运动轴产生协调运动，从而实现刀具相对于工件的运动控制，完成工件加工。

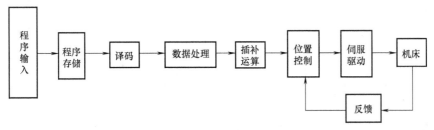

图 3-1　轨迹控制的工作流程示意图

　　根据上述数控系统的轨迹控制工作流程可知，实现加工运动轨迹控制的核心方法是插补。插补可以通过专用硬件数字逻辑电路、计算机程序软件、计算机程序软件和硬件联合这三种方法来实现。第一种方法的插补精度高，但因硬件电路复杂，不便于灵活调整；第二种方法的计算速度快，调整方便，但插补精度受限；第三种方法兼具高插补精度和易于调整的特点。因此，现代计算机数控系统通常采用第三种插补实现方法。

　　现代数控机床轨迹控制原理主要包括：插补算法、刀具补偿算法、速度控制算法及加减速控制算法。

3.2　插补原理及其方法分类

3.2.1　插补原理的实质

　　所谓插补是指数据点密化的过程。在对数控系统输入有限坐标点（例如起点、终点）情况下，计算机根据线段的特征（直线、圆弧、椭圆等），运用一定的算法，自动地在有限坐标点之间生成一系列的坐标数据，从而自动地对各坐标轴进行脉冲分配，完成整个线段的轨迹运行，使机床加工出所要求的轮廓曲线，如图 3-2 所示。大多数 CNC 装置都具有直线和圆弧插补功能，对于非直线或圆弧组成的轨迹，可以用小段的直线或圆弧来拟合。只有在某些要求较高的系统装置中，才具有抛物线插补、螺旋线插补、渐开线插补、正弦线插补和样条曲线插补等功能。对于轮廓控制系统来说，插补是最重要的计算任务，插补程序的运行时间和计算精度影响整个 CNC 系统的性能指标，可以说插补是整个 CNC 系统控制软件的核心。

3.2.2　插补算法的基本要求

　　插补功能根据被插补线段的特征，如直线和圆弧的起点坐标和终点坐标、圆弧的走向（顺圆或者逆圆）、圆心相对于起点的偏移量或圆弧半径等，采用一定的插补算法，在被插补线段的起点坐标和终点坐标之间插入多个中间点，并计算出中间点的坐标值，再依据相

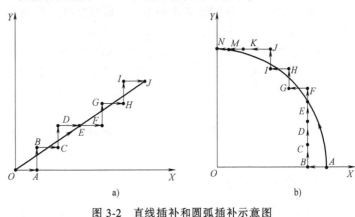

图 3-2　直线插补和圆弧插补示意图

邻两点的坐标差异，对各坐标轴进行进给分配并使其协调运动，从而实现相应轨迹的加工轨迹控制。插补算法就是各种计算出中间点坐标值的插补方法或插补方式所需要的计算算法。

插补算法的性能有以下几个基本要求：

（1）实时性　插补算法必须能够实时地计算出插值点的坐标。

（2）稳定性　确保插补算法稳定，为保证加工精度提供保障。

（3）插补精度　要求插补误差的逼近误差、计算误差和圆整误差的综合效应小于数控系统的最小运动指令量或脉冲当量。

（4）合成速度的均匀性　将根据插补算法得到的各坐标轴合成速度和实际编程进给速度的一致关系表示为合成速度均匀性系数 λ，应满足 $\lambda_{max} \leqslant 1\%$，$\lambda$ 的表达式为

$$\lambda = \left| \frac{F-F_r}{F} \right| \times 100\% \tag{3-1}$$

式中　F_r——各坐标轴运动的进给合成速度；

　　　　F——编程进给速度。

（5）便于编程　插补算法应该尽可能简单，易于实现编程。

3.2.3　插补方法的分类

目前普遍应用的插补算法有两类：一是以脉冲形式输出的基准脉冲插补；另一是以数字量形式输出的数据采样插补。

1. 脉冲增量插补

脉冲增量插补又称基准脉冲插补或行程标量插补，该方法的特点是每次插补结束，在一个坐标轴方向最多产生一个行程增量，该行程增量由坐标轴进给的执行电动机接收数控装置插补输出的一个脉冲信号而产生行程增量来实现，一个脉冲信号对应的坐标轴移动量被称为脉冲当量。脉冲个数的累加值对应于坐标轴的位移量。脉冲增量插补常用于以步进电动机作为执行元件的开环数控系统中。

脉冲增量插补方法有逐点比较法、数字积分法、比较积分法、最小偏差法等，其中逐点比较法和数字积分法应用较多。

2. 数据采样插补

数据采样插补又称为数字增量插补或时间标量插补，该方法的主要特点是根据编程的进给速度，将给定被插补线段分割为每一个插补周期的进给段（也称为轮廓步长）。在每一个插补周期中，该方法调用一次插补程序，将轮廓步长对应的位置增量分解为各个坐标轴的进给量，如 ΔX、ΔY，进而计算得到下一个周期插补点的坐标值。该方法的主要特点是：数控装置插补输出的是二进制数字量，而非单个脉冲。

数据采样插补一般用于以直流电动机或交流电动机作为驱动装置的闭环和半闭环数控系统中。常用的数据采样插补方法有时间分割法、扩展数字积分法、椭圆弧插补法、任意空间参数曲线插补法等。

3.3　脉冲增量插补方法

3.3.1　逐点比较法

逐点比较法又称为代数运算法，或碎步式近似法。这种方法的基本原理是被控对象按照

要求的轨迹运动时，每走一步都要与规定的轨迹进行比较，由此结果决定下一步移动的方向。逐点比较法既可以进行直线插补，又可以进行圆弧插补。该种算法的特点是，运算直观，插补误差小于一个脉冲当量，输出脉冲均匀，而且输出脉冲的速度变化小，调节方便，若选取的脉冲当量足够小，则逐点比较法可满足比较高的加工精度的要求。逐点比较法插补算法的工作流程如图 3-3 所示。

每一步的逐点比较法插补需以下四个工作节拍：

① 第一节拍偏差判别：判别加工动点的当前位置相对于给定轨迹的偏离情况，依据加工动点向减小偏差的方向进给，决定进给方向；②第二节拍坐标进给：根据偏差判别结果，控制加工动点在相应减小偏差的坐标轴方向进给一步，向给定轨迹靠近。③第三节拍新偏差计算：当加工动点完成进给一步之后，移动到新的位置，需要计算出当前加工动点位置与给定轨迹的新偏差，为下一次偏差判别做准备。④第四节拍终点判别：判断加工动点是否已到达设定终点，若已到达终点，停止插补，若未到达终点，需要继续插补。

循环进行上述四个工作节拍，最终可使加工动点轨迹逼近给定的被插补轨迹。下面分别介绍逐点比较法直线插补和圆弧插补的原理。

1. 逐点比较法直线插补

如图 3-4 所示，设在 X、Y 平面的第一象限有一加工直线 OA，起点为坐标原点 $O(0,0)$，终点为 $A(X_e, Y_e)$，若加工时的动点为 $P_i(X_i, Y_i)$，则 OA 直线方程为：

$$\frac{Y}{X} = \frac{Y_e}{X_e}$$

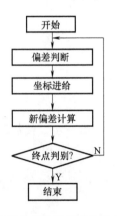

图 3-3 逐点比较法插补算法的工作流程

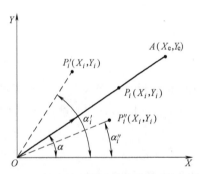

图 3-4 逐点比较法第一象限直线插补的加工动点位置

（1）偏差判别　对于直线 OA 上任一点 (X, Y)，根据该直线的方程，有

$$YX_e - XY_e = 0 \tag{3-2}$$

若 $P_i(X_i, Y_i)$ 刚好落在 OA 上，有

$$Y_i X_e - X_i Y_e = 0 \tag{3-3}$$

若 P_i 在直线 OA 上方，即在 P' 处，有

$$Y_i X_e - X_i Y_e > 0 \tag{3-4}$$

若 P_i 在直线 OA 下方，即在 P'' 处，有

$$Y_i X_e - X_i Y_e < 0 \tag{3-5}$$

根据式（3-3）、（3-4）、（3-5），可将加工动点 P_i（X_i，Y_i）的偏差差数 F_i 表示为

$$F_i = Y_i X_e - X_i Y_e \tag{3-6}$$

当 $F_i = 0$ 时，表示加工动点正好落在直线上；当 $F_i > 0$ 时，表示加工动点位于直线上方；若 $F_i < 0$，表示加工动点位于直线下方。

（2）坐标进给　如图 3-5a 所示，当 $F_i > 0$ 时，为了使加工动点更靠近直线，加工动点应该沿 X 轴正方向（用 $+X$ 表示）进给一步，当 $F_i < 0$ 时，加工动点应该沿 Y 轴正方向（用 $+Y$ 表示）进给一步以令加工动点更靠近直线；当 $F_i = 0$ 时，加工动点即可以向 $+X$ 也可以向 $+Y$ 方向进给一步。通常将 $F_i = 0$ 和 $F_i > 0$ 归为一类，即 $F_i \geq 0$ 时，加工动点沿 $+X$ 方向进给一步。

（3）新偏差计算　如图 3-5a 所示，如果 $F_i \geq 0$，加工动点 P_i（X_i，Y_i）向 $+X$ 方向进给一步，到达点 P_1（X_{i+1}，Y_{i+1}），得到新点 P_1 的坐标：

$$\begin{cases} X_{i+1} = X_i + 1 \\ Y_{i+1} = Y_i \end{cases} \tag{3-7}$$

P_1 点的偏差可以表示为

$$F_{i+1} = Y_{i+1} X_e - X_{i+1} Y_e = Y_i X_e - (X_i + 1) Y_e = (Y_i X_e - X_i Y_e) - Y_e = F_i - Y_e \tag{3-8}$$

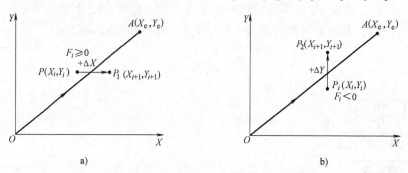

图 3-5　逐点比较法第一象限直线插补的进给方向

如图 3-5b 所示，如果 $F_i < 0$，加工动点 P_i（X_i，Y_i）向 $+Y$ 方向进给一步，使加工动点移动到 P_2（X_{i+1}，Y_{i+1}），得到新点 P_2 的坐标：

$$\begin{cases} X_{i+1} = X_i \\ Y_{i+1} = Y_i + 1 \end{cases} \tag{3-9}$$

则 P_2 点的偏差可以表示为

$$F_{i+1} = Y_{i+1} X_e - X_{i+1} Y_e = (Y_i + 1) X_e - X_i Y_e = (Y_i X_e - X_i Y_e) + X_e = F_i + X_e \tag{3-10}$$

由此可以得出新加工动点的偏差值可以用前一点的偏差值递推出来。当第一个加工动点刚好在直线的起点或落在直线上，此时已知 $F_i = 0$，随着加工动点一步一步前进，根据式（3-8）和式（3-10）可依次推导出以后各加工动点的偏差。加工动点每进给一步，判别一次偏差，再继续进给，确保加工动点的运动轨迹在直线附近，并不断靠近终点。

（4）终点判别　在加工动点进给的同时，需要进行终点判别以确定加工动点是否到达直线终点，若到达终点，则停止插补；否则，继续插补。常用的终点判别方法有以下三种：

1）投影法。取终点坐标的绝对值 $|X_e|$ 和 $|Y_e|$ 中较大的数据作为终点判别计数器 Σ 的值，即 $\Sigma = \max\{|X_e|, |Y_e|\}$，当加工动点向终点坐标绝对值较大的那个坐标轴方向进给一

步，计数器的值减 1，直到减为 0，即 $\sum = 0$ 时，插补停止。

2）总步长法。将终点坐标的绝对值 $|X_e|$ 和 $|Y_e|$ 相加，取相加的结果作为终点判别计数器 $\sum$ 的值，即 $\sum = |X_e| + |Y_e|$，当加工动点向任何一个坐标轴方向进给一步，计数器的值减 1，直到减为 0，插补停止。

3）终点坐标法。将终点坐标的绝对值 $|X_e|$ 和 $|Y_e|$ 的数值分别作为 X 轴方向和 Y 轴方向的终点判别计数器 $\sum_x$ 和 $\sum_y$ 的值，当加工动点在相应的坐标轴方向每走一步，对应的计数值减 1，直到两者都减为 0，即 $\sum_x = 0$，$\sum_y = 0$ 时，插补停止。

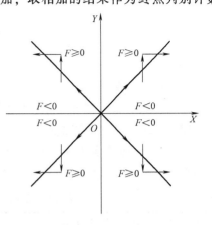

图 3-6　四个象限的逐点比较法
直线插补进给方向

2. 逐点比较法直线插补的象限处理

上述讨论用逐点比较法进行第一象限直线插补的情况，其他象限的直线插补原理与第一象限的插补情况相似。为了方便四个象限直线插补的进给方向判断和偏差计算，可采用终点坐标的绝对值和加工动点的绝对值进行相应的偏差计算（$F_i = |Y_i||X_e| - |X_i||Y_e|$）。由此，可将四个象限的逐点比较法直线插补进给方向表示为图 3-6 所示，插补偏差计算公式见表 3-1。

表 3-1　逐点比较法直线插补的偏差计算

象　限	$F_i \geqslant 0$		$F_i < 0$	
	坐标进给	新偏差计算	坐标进给	偏差计算
I	$+\Delta X$		$+\Delta Y$	
II	$-\Delta X$	$F_{i+1} = F_i - |Y_e|$	$+\Delta Y$	$F_{i+1} = F_i + |X_e|$
III	$-\Delta X$		$-\Delta Y$	
IV	$+\Delta X$		$-\Delta Y$	

【例 3-1】　采用逐点比较法插补第一象限直线 OA，起点为坐标原点 O (0, 0)，终点为 A (4, 3)，试写出插补运算过程并绘制插补轨迹。

解：取终点判别计数器的值为 $\sum_0 = |X_e| + |Y_e| = 4 + 3 = 7$。根据第 i 个加工动点 P_i (X_i, Y_i) 的偏差函数 $F_i = Y_i X_e - X_i Y_e$ 从加工动点在起点 O 时，即 $F_0 = 0$ 时，开始进行插补。插补运算过程见表 3-2，插补轨迹如图 3-7 所示。

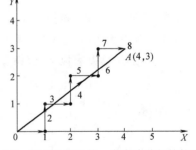

图 3-7　逐点比较法第一象限直线插补轨迹

表 3-2　逐点比较法第一象限直线插补运算过程

插补循环	偏差判别	坐标进给	新偏差计算	终点判别
0	—	—	$F_0 = 0$	$\sum_0 = 7$
1	$F_0 = 0$	$+\Delta X$	$F_1 = F_0 - Y_e = 0 - 3 = -3$	$\sum_1 = \sum_0 - 1 = 7 - 1 = 6$
2	$F_1 = -3 < 0$	$+\Delta Y$	$F_2 = F_1 + X_e = -3 + 4 = 1$	$\sum_2 = \sum_1 - 1 = 6 - 1 = 5$
3	$F_2 = 1 > 0$	$+\Delta X$	$F_3 = F_2 - Y_e = 1 - 3 = -2$	$\sum_3 = \sum_2 - 1 = 5 - 1 = 4$
4	$F_3 = -2 < 0$	$+\Delta Y$	$F_4 = F_3 + X_e = -2 + 4 = 2$	$\sum_4 = \sum_3 - 1 = 4 - 1 = 3$

（续）

插补循环	偏差判别	坐标进给	新偏差计算	终点判别
5	$F_4 = 2 > 0$	$+\Delta X$	$F_5 = F_4 - Y_e = 2 - 3 = -1$	$\sum_5 = \sum_4 - 1 = 3 - 1 = 2$
6	$F_5 = -1 < 0$	$+\Delta Y$	$F_6 = F_5 + X_e = -1 + 4 = 3$	$\sum_6 = \sum_5 - 1 = 2 - 1 = 1$
7	$F_6 = 3 > 0$	$+\Delta X$	$F_7 = F_6 - Y_e = 3 - 3 = 0$	$\sum_7 = \sum_6 - 1 = 1 - 1 = 0$

【例 3-2】 采用逐点比较法插补第二象限直线 OA，起点为坐标原点 O (0，0)，其终点为 A (-3，5)，写出插补运算过程并画出插补轨迹。

解： 取终点判别计数器值为 $\sum_0 = |X_e| + |Y_e| = |-3| + |5| = 3 + 5 = 8$。根据第 i 个加工动点 P_i (X_i，Y_i) 的偏差函数 $F_i = |Y_i||X_e| - |X_i||Y_e|$，从加工动点 O 起，即 $F_0 = 0$ 时，开始进行插补。插补运算过程见表 3-3，插补轨迹如图 3-8 所示。

表 3-3　逐点比较法第二象限直线插补的运算过程

插补循环	偏差判别	坐标进给	新偏差计算	终点判别
0	—	—	$F_0 = 0$	$\sum_0 = 8$
1	$F_0 = 0$	$-\Delta X$	$F_1 = F_0 - |Y_e| = 0 - 5 = -5$	$\sum_1 = \sum_0 - 1 = 8 - 1 = 7$
2	$F_1 = -5 < 0$	$+\Delta Y$	$F_2 = F_1 + |X_e| = -5 + 3 = -2$	$\sum_2 = \sum_1 - 1 = 7 - 1 = 6$
3	$F_2 = -2 < 0$	$+\Delta Y$	$F_3 = F_2 + |X_e| = -2 + 3 = 1$	$\sum_3 = \sum_2 - 1 = 6 - 1 = 5$
4	$F_3 = 1 > 0$	$-\Delta X$	$F_4 = F_3 - |Y_e| = 1 - 5 = -4$	$\sum_4 = \sum_3 - 1 = 5 - 1 = 4$
5	$F_4 = -4 < 0$	$+\Delta Y$	$F_5 = F_4 + |X_e| = -4 + 3 = -1$	$\sum_5 = \sum_4 - 1 = 4 - 1 = 3$
6	$F_5 = -1 < 0$	$+\Delta Y$	$F_6 = F_5 + |X_e| = -1 + 3 = 2$	$\sum_6 = \sum_5 - 1 = 3 - 1 = 2$
7	$F_6 = 2 > 0$	$-\Delta X$	$F_7 = F_6 - |Y_e| = 2 - 5 = -3$	$\sum_7 = \sum_6 - 1 = 2 - 1 = 1$
8	$F_7 = -3 < 0$	$+\Delta Y$	$F_8 = F_7 + |X_e| = -3 + 3 = 0$	$\sum_8 = \sum_7 - 1 = 1 - 1 = 0$

3. 逐点比较法圆弧插补

逐点比较法圆弧插补过程与直线插补过程类似，每进给一步也都要完成四个工作节拍。但是，圆弧插补是以加工点距圆心的距离是大于、小于或等于圆弧半径来作为偏差判别依据。如图 3-9 所示，假设被插补轨迹为第一象限逆圆弧 $\overset{\frown}{AB}$，起点为 A (X_0，Y_0)，终点为 B (X_e，Y_e)，圆心为 O (0，0)，圆弧的半径为 R。设 P_i 为某一时刻加工动点，其坐标为 (X_i，Y_i)，其加工偏差有以下三种情况。

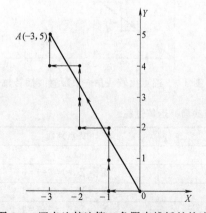

图 3-8　逐点比较法第二象限直线插补轨迹

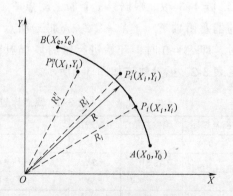

图 3-9　逐点比较法第一象限逆
圆弧插补的加工动点位置

若 $P_i'(X_i, Y_i)$ 点在圆弧外侧，有

$$(R_i')^2 > R^2 \rightarrow X_i^2 + Y_i^2 > X_e^2 + Y_e^2 \tag{3-11}$$

式中，$X_e^2 + Y_e^2 = R^2$ 若 $P_i''(X_i, Y_i)$ 点在圆弧内侧，有

$$(R_i'')^2 < R^2 \rightarrow X_i^2 + Y_i^2 < X_e^2 + Y_e^2 \tag{3-12}$$

若 $P_i(X_i, Y_i)$ 点刚好落在圆弧上，有

$$R_i^2 = R^2 \rightarrow X_i^2 + Y_i^2 = X_e^2 + Y_e^2 \tag{3-13}$$

根据图 3-10a 可知，当加工动点 $P_i(X_i, Y_i)$ 处于圆弧外侧时，可向圆弧内侧方向进给一步以靠近被插补圆弧轨迹来减小偏差，即向 $-X$ 方向进给一步；根据图 3-10b 可知，当加工动点在圆弧内侧时，可向圆弧外侧方向进给一步以减小偏差，即向 $+Y$ 方向进给一步；当加工动点刚好落在圆弧上时，可以在 $+Y$ 和 $-X$ 两个方向选择一个方向来进给，一般情况下约定向 $-X$ 方向进给。

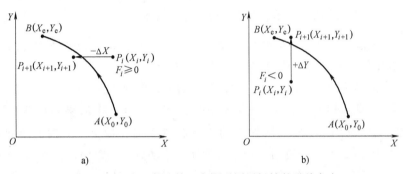

图 3-10 逐点比较法第一象限逆圆弧插补的进给方向

逐点比较法第一象限逆圆弧插补步骤如下

（1）偏差判别 取第 i 个加工动点 $P_i(X_i, Y_i)$ 的偏差函数为：

$$F_i = X_i^2 + Y_i^2 - R^2 \tag{3-14}$$

则 $F_i = 0$ 表示加工动点刚好落在圆弧上；$F_i > 0$ 表示加工动点处于圆弧外侧，$F_i < 0$ 表示加工动点位于圆弧内侧。

（2）坐标进给 由图 3-10a 可知，当 $F_i \geq 0$ 时，为了逼近圆弧，加工动点 $P_i(X_i, Y_i)$ 可向 $-X$ 方向进给一步，以减小偏差；由图 3-10b 可知，当 $F_i < 0$ 时，为了逼近圆弧，加工动点 $P_i(X_i, Y_i)$ 可向 $+Y$ 方向进给一步，以减小偏差。

（3）偏差计算 由图 3-10a 可知，当 $F_i \geq 0$ 时，加工动点 $P_i(X_i, Y_i)$ 可向 $-X$ 方向进给一步，得到新加工动点 $P_{i+1}(X_{i+1}, Y_{i+1})$ 的坐标为

$$\begin{cases} X_{i+1} = X_i - 1 \\ Y_{i+1} = Y_i \end{cases} \tag{3-15}$$

则新的偏差函数可表示为

$$F_{i+1} = X_{i+1}^2 + Y_{i+1}^2 - R^2 = (X_i - 1)^2 + Y_i^2 - R^2 = F_i - 2X_i + 1 \tag{3-16}$$

由图 3-10b 可知，当 $F_i < 0$ 时，加工动点 $P_i(X_i, Y_i)$ 向 $+Y$ 方向进给一步，得到新加工动点 $P_{i+1}(X_{i+1}, Y_{i+1})$ 的坐标为

$$\begin{cases} X_{i+1} = X_i \\ Y_{i+1} = Y_i + 1 \end{cases} \tag{3-17}$$

则新的偏差函数可表示为

$$F_{i+1} = X_{i+1}^2 + Y_{i+1}^2 - R^2 = X_i^2 + (Y_i+1)^2 - R^2 = F_i + 2Y_i + 1 \tag{3-18}$$

（4）终点判别　对于逆圆弧处在第一象限内的情况，终点判别方法与逐点比较法第一象限直线插补方法相类似，但计算公式稍有差异，具体如下：

1）投影法，终点判别计数器的初值取 $\Sigma = \max(|X_e - X_0|, |Y_e - Y_0|)$，计数器数值递减规则同第一象限直线插补一致，当 $\Sigma = 0$ 时，插补停止。

2）总步长法，终点判别计数器的初值取 $\Sigma = |X_e - X_0| + |Y_e - Y_0|$，计数器数值递减规则同第一象限直线插补一致，当 $\Sigma = 0$ 时，插补停止。

3）终点坐标法，终点判别计数器的初值取 $\Sigma_X = |X_e - X_0|$、$\Sigma_Y = |Y_e - Y_0|$，计数器数值递减规则同第一象限直线插补一致，当 $\Sigma_X = 0$，$\Sigma_Y = 0$ 时，插补停止。

【例 3-3】　设欲加工第一象限逆圆弧 $\overset{\frown}{AB}$，起点为 A（5，0），终点为 B（0，5），半径为 5，试写出逐点比较法插补的计算过程并绘制插补轨迹。

解：由起点的坐标值为 $X_0 = 5$、$Y_0 = 0$，终点的坐标值为 $X_e = 0$、$Y_e = 5$，取终点判别计数器的值为 $\Sigma_0 = |X_e - X_0| + |Y_e - Y_0| = |0-5| + |5-0| = 5+5 = 10$；根据第 i 个加工动点 P_i（X_i，Y_i）的偏差函数 $F_i = X_i^2 + Y_i^2 - R^2$，从加工动点在起点 A 时，即 $F_0 = 0$ 时开始进行插补，当 $F_i \geqslant 0$ 时，加工动点向 $-X$ 方向进给一步，得到新加工动点的偏差函数为 $F_{i+1} = F_i - 2X_i + 1$；当 $F_i < 0$ 时，加工动点向 $+Y$ 方向进给一步，得到新加工动点的偏差函数为 $F_{i+1} = F_i + 2Y_{i+1}$。

插补运算过程见表 3-4，插补轨迹如图 3-11 所示。

表 3-4　逐点比较法第一象限逆圆弧插补的运算过程

插补循环	偏差判别	坐标进给	新偏差计算	终点判别
0			$F_0 = 0, X_0 = 5, Y_0 = 0$	$\Sigma_0 = 5+5 = 10$
1	$F_0 = 0$	$-\Delta X$	$F_1 = F_0 - 2X_0 + 1 = 0 - 2\times 5 + 1 = -9$ $X_1 = X_0 - 1 = 5-1 = 4, Y_1 = Y_0 = 0$	$\Sigma_1 = \Sigma_0 - 1 = 10-1 = 9$
2	$F_1 = -9 < 0$	$+\Delta Y$	$F_2 = F_1 + 2Y_1 + 1 = -9 + 2\times 0 + 1 = -8$ $X_2 = X_1 = 4, Y_2 = Y_1 + 1 = 0+1 = 1$	$\Sigma_2 = \Sigma_1 - 1 = 9-1 = 8$
3	$F_2 = -8 < 0$	$+\Delta Y$	$F_3 = F_2 + 2Y_2 + 1 = -8 + 2\times 1 + 1 = -5$ $X_3 = X_2 = 4, Y_3 = Y_2 + 1 = 1+1 = 2$	$\Sigma_3 = \Sigma_2 - 1 = 8-1 = 7$
4	$F_3 = -5 < 0$	$+\Delta Y$	$F_4 = F_3 + 2Y_3 + 1 = -5 + 2\times 2 + 1 = 0$ $X_4 = X_3 = 4, Y_4 = Y_3 + 1 = 2+1 = 3$	$\Sigma_4 = \Sigma_3 - 1 = 7-1 = 6$
5	$F_4 = 0$	$-\Delta X$	$F_5 = F_4 - 2X_4 + 1 = 0 - 2\times 4 + 1 = -7$ $X_5 = X_4 - 1 = 4-1 = 3, Y_5 = Y_4 = 3$	$\Sigma_5 = \Sigma_4 - 1 = 6-1 = 5$
6	$F_5 = -7 < 0$	$+\Delta Y$	$F_6 = F_5 + 2Y_5 + 1 = -7 + 2\times 3 + 1 = 0$ $X_6 = X_5 = 3, Y_6 = Y_5 + 1 = 3+1 = 4$	$\Sigma_6 = \Sigma_5 - 1 = 5-1 = 4$
7	$F_6 = 0$	$-\Delta X$	$F_7 = F_6 - 2X_6 + 1 = 0 - 2\times 3 + 1 = -5$ $X_7 = X_6 - 1 = 3-1 = 2, Y_7 = Y_6 = 4$	$\Sigma_7 = \Sigma_6 - 1 = 4-1 = 3$

（续）

插补循环	偏差判别	坐标进给	新偏差计算	终点判别
8	$F_7=-5<0$	$+\Delta Y$	$F_8=F_7+2Y_7+1=-5+2\times4+1=4$ $X_8=X_7=2,\ Y_8=Y_7+1=4+1=5$	$\sum_8=\sum_7-1=3-1=2$
9	$F_8=4>0$	$-\Delta X$	$F_9=F_8-2X_8+1=4-2\times2+1=1$ $X_9=X_8-1=2-1=1,\ Y_9=Y_8=5$	$\sum_9=\sum_8-1=2-1=1$
10	$F_9=1>0$	$-\Delta X$	$F_{10}=F_9-2X_9+1=1-2\times1+1=0$ $X_{10}=X_9-1=1-1=0,\ Y_{10}=Y_9=5$	$\sum_{10}=\sum_9-1=1-1=0$

4. 逐点比较法圆弧插补的象限处理

上述内容分析了逐点比较法第一象限逆圆弧的插补情况，但是，对于不同象限的不同走向圆弧，插补过程的偏差计算公式和进给方向并不相同。在四个象限内，不同走向圆弧插补的进给共有八种情况，现将这八种情况对应的偏差计算（坐标值为加工动点坐标的绝对值，$F_i=|X_i|^2+|Y_i|^2-R^2$）及进给方向列于表3-5中，并将插补进给方向的情况表示如图3-12所示（R代表圆弧，S指代顺时针，N表示逆时针，四个象限分别用数字1、2、3、4标注，如SR1表示第一象限顺圆弧，NR3表示第三象限逆圆弧）。

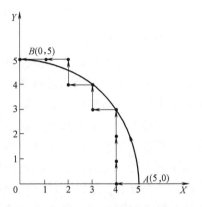

图3-11 逐点比较法第一象限逆圆弧的插补轨迹

表3-5 *XY*平面逐点比较法圆弧插补的进给方向与偏差计算

线型	偏差判别	偏差计算	进给方向
SR2,NR3	$F_i\geqslant0$	$F_{i+1}=F_i-2|X_i|+1$ $X_{i+1}=|X_i|-1,\ Y_{i+1}=|Y_i|$	$+\Delta X$
SR1,NR4	$F_i<0$	$F_{i+1}=F_i+2|X_i|+1$ $X_{i+1}=|X_i|+1,\ Y_{i+1}=|Y_i|$	
NR1,SR4	$F_i\geqslant0$	$F_{i+1}=F_i-2|X_i|+1$ $X_{i+1}=|X_i|-1,\ Y_{i+1}=|Y_i|$	$-\Delta X$
NR2,SR3	$F_i<0$	$F_{i+1}=F_i+2|X_i|+1$ $X_{i+1}=|X_i|+1,\ Y_{i+1}=|Y_i|$	
SR3,NR4	$F_i\geqslant0$	$F_{i+1}=F_i-2|Y_i|+1$ $Y_{i+1}=|Y_i|-1,\ X_{i+1}=|X_i|$	$+\Delta Y$
NR1,SR2	$F_i<0$	$F_{i+1}=F_i+2|Y_i|+1$ $Y_{i+1}=|Y_i|+1,\ X_{i+1}=|X_i|$	
SR1,NR2	$F_i\geqslant0$	$F_{i+1}=F_i-2|Y_i|+1$ $Y_{i+1}=|Y_i|-1,\ X_{i+1}=|X_i|$	$-\Delta Y$
NR3,SR4	$F_i<0$	$F_{i+1}=F_i+2|Y_i|+1$ $Y_{i+1}=|Y_i|+1,\ X_{i+1}=|X_i|$	

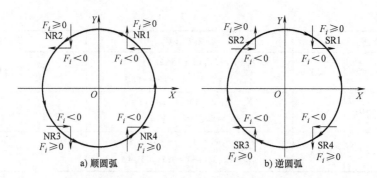

图 3-12　逐点比较法四个象限的圆弧插补进给方向

5. 圆弧过象限

　　根据上述逐点比较法圆弧插补分析可知，不改变走向的同一个圆弧有可能出现跨越几个象限的情况。当圆弧跨象限经过坐标轴时，加工动点必有一个坐标值为零，因此，可将该特点作为圆弧过象限的标志。需要注意的是，采用逐点比较法对过象限的圆弧进行插补时，终点判别不能直接照搬前面介绍的逆圆弧仅在第一象限的插补终点判别方法，如图 3-13 所示情况，如直接照搬前面介绍的终点判别公式，那么实际获得的加工轨迹可能不是圆弧 SE，而是圆弧 SE'。为了避免这种情况，可以通过比较加工动点坐标的代数值和终点坐标的代数值是否全部相等来判别插补是否完成。

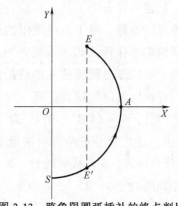

图 3-13　跨象限圆弧插补的终点判别

3.3.2　数字积分法

　　数字积分法也称 DDA（Digital Differential Analyzer）法，基于数字积分的方法来计算加工动点沿各坐标轴的进给位移。该插补方法运算速度快，脉冲分配均匀，可以实现一次，二次甚至高次曲线的插补，而且易于实现多轴联动插补。DDA 法的插补原理可用图 3-14 所示的曲线插补来阐述。

　　如图 3-14 所示，被插补曲线为 AB，起点为 A，终点为 B，当前加工动点为 P。在点 P 处，加工动点运动速度 v 的方向为 P 点的切线方向，其与 X 轴的夹角为 α，则 X、Y 轴方向的速度分量 v_X、v_Y 分别表示为

$$\begin{cases} v_X = v\cos\alpha \\ v_Y = v\sin\alpha \end{cases} \tag{3-19}$$

　　基于积分方法，可计算加工动点沿 X 轴和 Y 轴的位移增量 ΔX 和 ΔY

$$\begin{cases} \Delta X = \int v_X \mathrm{d}t = \int v\cos\alpha \mathrm{d}t \\ \Delta Y = \int v_Y \mathrm{d}t = \int v\sin\alpha \mathrm{d}t \end{cases} \tag{3-20}$$

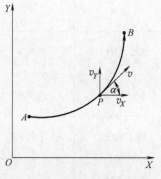

图 3-14　数字积分法的插补原理

基于数字积分方法，ΔX 和 ΔY 可以表示为

$$\begin{cases} \Delta X = \sum v_X \Delta t \\ \Delta Y = \sum v_Y \Delta t \end{cases} \tag{3-21}$$

式中　Δt——将积分时间 $t \in [t_0, t_n]$ 划分为 n 个小区间的自变量间隔，若自变量的间隔 Δt 取为基本单位"1"，式（3-21）可写为

$$\begin{cases} \Delta X = \sum_{i=0}^{n-1} v_X \\ \Delta Y = \sum_{i=0}^{n-1} v_Y \end{cases} \tag{3-22}$$

根据上述分析可知，基于数字积分方法，函数的积分运算可转换为变量的求和运算。当 Δt 足够小的时候，采用式（3-22）的累加求和运算来代替式（3-20）的积分运算。

1. 数字积分法直线插补

如图 3-15 所示，在第一象限有直线 OA，起点为坐标原点 O，终点为 $A(X_e, Y_e)$，加工动点 P 以匀速 v 沿直线运动，v 在 X 轴和 Y 轴方向的速度分量为 v_X 和 v_Y，在间隔 Δt 的时间内，加工动点在对应坐标轴方向的微小位移增量 ΔX 和 ΔY 可表示为

$$\begin{cases} \Delta X = v_X \Delta t \\ \Delta Y = v_Y \Delta t \end{cases} \tag{3-23}$$

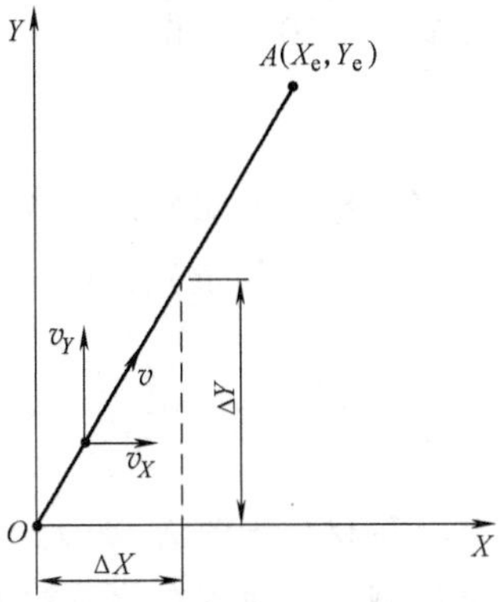

直线段 OA 长度可表示为

$$L = \sqrt{X_e^2 + Y_e^2} \tag{3-24}$$

图 3-15　DDA 法第一象限直线插补

由图 3-15 可知，v_X、v_Y、v 和 L 满足下列关系

$$\begin{cases} \dfrac{v_X}{v} = \dfrac{X_e}{L} \\ \dfrac{v_Y}{v} = \dfrac{Y_e}{L} \end{cases} \tag{3-25}$$

取 $k = \dfrac{v}{L}$ 为加工动点运动速度和直线长度的比例系数，将其表示为

$$\frac{v}{L} = \frac{v_X}{X_e} = \frac{v_Y}{Y_e} = k \tag{3-26}$$

将式 3-26 代入式 3-23，得到

$$\begin{cases} \Delta X = k X_e \Delta t \\ \Delta Y = k Y_e \Delta t \end{cases} \tag{3-27}$$

进而，加工动点从直线起点运动到终点的位移增量可表示为

$$\begin{cases} X = \displaystyle\int_0^t v_X \mathrm{d}t = \int_0^t k X_e \mathrm{d}t \approx k X_e \sum_{i=0}^{n-1} \Delta t \\ Y = \displaystyle\int_0^t v_Y \mathrm{d}t = \int_0^t k Y_e \mathrm{d}t \approx k Y_e \sum_{i=0}^{n-1} \Delta t \end{cases} \tag{3-28}$$

根据上述分析可知，加工动点从起点运动到终点的过程，就是各坐标轴在时间间隔 Δt 同时以增量 kX_e 和 kY_e 进行累加的过程。

若将式（3-28）的 Δt 取为基本单位"1"，则式（3-28）可重新表示为

$$\begin{cases} X = kX_e \sum_{i=1}^{n} \Delta t = nkX_e \\ Y = kY_e \sum_{i=1}^{n} \Delta t = nkY_e \end{cases} \tag{3-29}$$

如果经过 n 次累加，加工动点到达终点，有

$$\begin{cases} X = nkX_e = X_e \\ Y = nkY_e = Y_e \end{cases} \tag{3-30}$$

由式（3-30）可得

$$nk = 1，即 \ n = 1/k \tag{3-31}$$

为确保每次分配的进给脉冲不超过 1 个，即每个坐标轴方向上的每次进给量不超过 1 个坐标单位（脉冲当量），则

$$\begin{cases} \Delta X = kX_e < 1 \\ \Delta Y = kY_e < 1 \end{cases} \tag{3-32}$$

式（3-32）中的 X_e 和 Y_e 的最大允许值受相应坐标方向上数字积分器中被积函数寄存器容量的限制，若取寄存器位数为 N 位，则 X_e 和 Y_e 的最大寄存器容量为 (2^N-1)，有

$$\begin{cases} \Delta X = kX_e \rightarrow k(2^N-1) < 1 \\ \Delta Y = kY_e \rightarrow k(2^N-1) < 1 \end{cases} \tag{3-33}$$

因此

$$k < \frac{1}{2^N-1} \tag{3-34}$$

若取

$$k = \frac{1}{2^N} \tag{3-35}$$

则式（3-35）满足式（3-33）和式（3-34），进一步可得

$$\begin{cases} \Delta X = kX_e = \dfrac{2^N-1}{2^N} < 1 \\ \Delta Y = kY_e = \dfrac{2^N-1}{2^N} < 1 \end{cases} \tag{3-36}$$

因此，根据式（3-35），累加次数 n 可取为

$$n = \frac{1}{k} = 2^N \tag{3-37}$$

进而可得

$$\begin{cases} X = nkX_e = (1/2^N)X_e 2^N = X_e \\ Y = nkY_e = (1/2^N)Y_e 2^N = Y_e \end{cases} \tag{3-38}$$

根据上述分析，选取 N 的数值时，必须满足下式

$$2^N \geq max(X_e, Y_e) \tag{3-39}$$

根据式（3-38）可知，DDA 法直线插补的过程可看做是各坐标轴以单位时间为间隔，同时分别以增量 kX_e（$X_e/2^N$）和 kY_e（$Y_e/2^N$）进行累加的过程。采用数字积分法进行直线插补的累加过程可由如图 3-16 所示的直线插补数字积分器来实现。

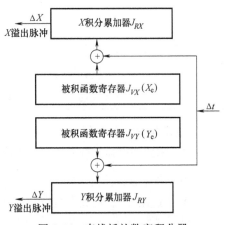

图 3-16　直线插补数字积分器

如图 3-16 所示，每个坐标轴方向的进给过程计算都需要一个数字积分器，每个积分器都包括一个累加器 J_R（余数寄存器）和一个被积函数寄存器 J_V，其中 J_{VX}、J_{VY} 分别为 X 方向和 Y 方向的被积函数寄存器存放相应坐标轴方向终点的坐标值 X_e、Y_e（坐标单位为脉冲当量）；J_{RX}、J_{RY} 分别是 X 方向和 Y 方向的累加器初始值都设为 0，并根据 $2^N \geq max$（X_e，Y_e），将累加器的容量都设为 N 位。当累加器的数值大于 2^N，数控系统每经过一个时间间隔 Δt 向插补数字积分器发出一个控制信号 Δ，将被积函数寄存器的数值与累加器的数值进行累加。若某个累加结果超过累加器的容量，则向对应坐标轴方向的伺服系统溢出一个脉冲控制信号，驱动该坐标方向进给一个脉冲当量，并将累加的结果减去累加器容量对应的数值作为余数存放于累加器中，将余数作为新的累加器初始值参与下次和被积函数寄存器数值进行累加。若某个累加的结果小于累加器的容量，则将累加的结果作为新的累加器初始值存放于累加器中，参与下次和被积函数寄存器的值进行相加。如此反复，经过 2^N 次累加后，最终实现加工动点到达预期的终点。

根据上述分析可知，采用 DDA 法进行直线插补时，无论被积函数是大还是小，只要累加器取为 N 位，则必须累加 2^N 次才能到达终点。因此，可以将 2^N 作为终点判别计数器 J_Σ 的数值，每累加一次，则计数器加 1 或减 1，即可采用加法计数器或减法计数器的形式来进行终点判别。

采用数字积分法对其他象限内不同走向的直线进行插补的原理与上述过程同理，此处不再赘述。

【例 3-4】 采用 DDA 法插补直线 OA，起点在坐标原点 O，终点为 A（4，6），采用三位累加器，写出插补运算过程并绘制插补轨迹。

解： 根据直线终点的坐标为 $X_e = 4$，$Y_e = 6$，将 X 方向和 Y 方向被积函数寄存器的值分别设为 $J_{VX} = X_e = 4$ 和 $J_{VY} = Y_e = 6$，将 X 方向累加器 J_{RX}、Y 方向累加器 J_{RY} 和终点判别计数器 J_Σ 的初始值均设为 0，根据累加器位数为 $N = 3$，则累加次数 $n = 2^N = 2^3 = 8$。插补运算过程见表 3-6，插补轨迹如图 3-17 所示。

表 3-6　DDA 直线插补运算过程

累加次数 n	X 积分器 $J_{RX}+J_{VX}$	溢出 ΔX	Y 积分器 $J_{RY}+J_{VY}$	溢出 ΔY	终点判断 J_Σ
开始	—	—	—	—	0
1	0+4 = 4	0	0+6 = 6	0	1
2	4+4 = 8+0	1	6+6 = 8+4	1	2
3	0+4 = 4	0	4+6 = 8+2	1	3
4	4+4 = 8+0	1	2+6 = 8+0	1	4
5	0+4 = 4	0	0+6 = 6	0	5
6	4+4 = 8+0	1	6+6 = 8+4	1	6
7	0+4 = 4	0	4+6 = 8+2	1	7
8	4+4 = 8+0	1	2+6 = 8+0	1	8

2. 数字积分法圆弧插补

以第一象限逆圆弧插补为例来说明数字积分法插补圆弧的原理, 如图 3-18 所示, 有一个圆弧 $\overset{\frown}{AE}$, 圆心为坐标原点, 起点为 A (X_0, Y_0), 终点为 E (X_e, Y_e), 圆弧半径为 R, 加工动点 P; (X_i, Y_i) 的速度为 v, 且其在两坐标轴方向的速度分量为 v_X、v_Y, OP 和 X 轴夹角为 α。

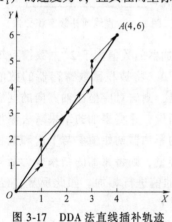

图 3-17　DDA 法直线插补轨迹

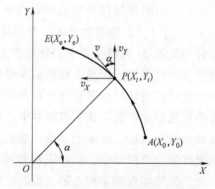

图 3-18　DDA 法第一象限逆圆弧插补

加工动点 P 的方程可表示为

$$\begin{cases} X_i = R\cos\alpha \\ Y_i = R\sin\alpha \end{cases} \tag{3-40}$$

进而, 加工动点 P_i 的分速度可表示为

$$\begin{cases} v_X = \dfrac{\mathrm{d}X_i}{\mathrm{d}t} = -v\sin\alpha = -v\dfrac{Y_i}{R} = -\left(\dfrac{v}{R}\right)Y_i \\ v_Y = \dfrac{\mathrm{d}Y_i}{\mathrm{d}t} = v\cos\alpha = v\dfrac{X_i}{R} = \left(\dfrac{v}{R}\right)X_i \end{cases} \tag{3-41}$$

式中, 负号表示沿 X 轴的负方向 ($-X$)。在时间间隔 Δt 内, X、Y 方向的位移增量 ΔX_i 和 ΔY_i 可表示为

$$\left.\begin{aligned}\Delta X_i = v_X \Delta t = -\left(\frac{v}{R}\right)Y_i \Delta t\\\Delta Y_i = v_Y \Delta t = \left(\frac{v}{R}\right)X_i \Delta t\end{aligned}\right\} \tag{3-42}$$

当 v 恒定不变时，设

$$\frac{v}{R} = K \tag{3-43}$$

式中，K——比例常数。进而，式（3-42）可表示为

$$\left.\begin{aligned}\Delta X_i = -KY_i \Delta t\\\Delta Y_i = KX_i \Delta t\end{aligned}\right\} \tag{3-44}$$

根据式（3-44），取 Δt 为单位时间，并将其经过 n 次累加，有

$$\left.\begin{aligned}X = \sum_{i=0}^{n-1}\Delta X_i = \sum_{i=0}^{n-1} -KY_i\Delta t = -K\sum_{i=0}^{n-1}Y_i\\Y = \sum_{i=0}^{n-1}\Delta Y_i = \sum_{i=0}^{n-1}KX_i\Delta t = K\sum_{i=0}^{n-1}X_i\end{aligned}\right\} \tag{3-45}$$

式（3-45）表明：

1）用 DDA 法进行第一象限逆圆弧插补时，X 轴方向的被积函数为加工动点的 Y 轴方向坐标分量 Y_i，Y 轴方向的被积函数为加工动点的 X 轴方向坐标分量 X_i，这两个数值随着加工动点的移动而改变。因此在插补过程中，需要根据进给情况来及时修正 Y_i 和 X_i。

2）因为被积函数的坐标值总是在圆弧的起点坐标 $(X_0，Y_0)$ 和终点坐标 $(X_e，Y_e)$ 之间变化，所以，可根据 $2^N \geqslant \max (|X_0-X_e|，|Y_0-Y_e|)$，确定累加器位数 N 的值。

上述圆弧插补的实现过程可由图 3-19 表示的 DDA 法圆弧插补原理来说明：在进行第一象限逆圆弧插补时（假定坐标单位为脉动当量），X 轴方向的被积函数寄存器 J_{VX} 存放 Y 轴方向对应的坐标值 Y_i，其初始值为圆弧起点坐标分量 Y_0；Y 轴方向的被积函数寄存器 J_{VY} 存放 X 轴对应的坐标值 X_i，其初始值为圆弧起点坐标分量 X_0。X 轴方向和 Y 轴方向的累加器分别为 J_{RX} 和 J_{RY}，初始值均设为 0，累加器容量的位数都设为 N 位。每当数控系统向插补数字积分器发出一个差补迭代控制信号 Δ，插补数字积分器将每个被积函数寄存器的值分别为各自的累加器值进行一次累加。当 J_{RX} 的数值超过对应寄存器容量时，数控系统向-X 轴方向溢出一个进给脉冲（X 轴方向积分结果），并把累加结果与累加器容量的余数寄存在累加器中，溢出的一个脉冲可驱动-X 轴方向进给一个脉冲当量，进而 X 轴方向的坐标值减小一个坐标单位"1"即 $X_i \leftarrow X_i-1$，此时，得到更新后的 X 轴方向坐标值作为下一次累加时 J_{VY} 的值；同理，当 J_{RY} 的数值超过对应寄存器容量时，数控系统向+Y 轴方向溢出一个进给脉冲（Y 轴方向积分结果），并把累加结果与累加器容量的余数寄存在累加器中，溢出的一个脉冲可驱动+Y 轴方向进给一个脉冲当量，将 Y 轴方向的坐标值加"1"，即 $Y_i \leftarrow Y_i+1$，此时，得到更新后的 Y 轴方向坐标值作为下一次累加时 J_{VX} 的值。若累加的结果 J_{RX} 或 J_{RY} 小于累加器的容量，将累加的结果存放于累加器中，参与下次和被积函数寄存器的值相加。如此反复累加，直到满足终点判别条件，插补停止。

用 DDA 法进行圆弧插补时根据不同 $X_0，Y_0，X_e，Y_e$ 的值和式（3-45）可知，各坐标轴

方向可能不同时达到终点。因此，DDA 法圆弧插补的终点判别一般不采用统计累加次数的方法，而是分别对各坐标轴方向进行终点判别。可设终点判别计数器 $J_{\Sigma X} = |X_e - X_0|$ 和 $J_{\Sigma Y} = |Y_e - Y_0|$，当某个坐标轴方向溢出一个脉冲，相应计数器的数值减1，直到减为 0，停止该坐标方向的插补计算。当两个计数器均为零时，圆弧插补结束。

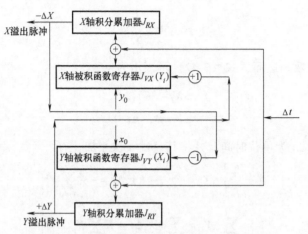

图 3-19　DDA 法圆弧插补数字积分器原理框图

【例 3-5】　采用 DDA 插补法插补第一象限逆圆弧 AB，起点为 A（5，0），终点为 B（0，5），设累加器位数为 3，写出插补运算过程并绘制插补轨迹。

解：根据圆弧起点的坐标值为 $X_0 = 5$，$Y_0 = 0$，终点的坐标值为 $X_e = 0$，$Y_e = 5$，将 X 轴方向和 Y 轴方向的被积函数寄存器 J_{VX} 和 J_{VY} 初始值分别设为 $J_{VX} = Y_0 = 0$，$J_{VY} = X_0 = 5$，将 X 轴方向和 Y 轴方向的累加器 J_{RX} 和 J_{RY} 初始值均设为 $J_{RX} = 0$ 和 $J_{RY} = 0$，累加器容量都取为 $2^N = 2^3 = 8$，并将 X 轴方向和 Y 轴方向的终点判别计数器 $J_{\Sigma X}$ 和 $J_{\Sigma Y}$ 初始值分别取为 $J_{\Sigma X} = |X_e - X_0| = |0-5| = 5$ 和 $J_{\Sigma Y} = |Y_e - Y_0| = |5-0| = 5$。插补运算过程见表 3-7，插补轨迹如图 3-20 所示。

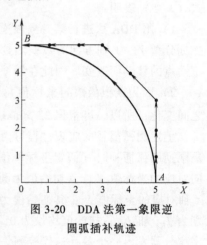

图 3-20　DDA 法第一象限逆圆弧插补轨迹

表 3-7　DDA 第一象限逆圆弧插补运算过程

累加次数 n	X 积分器				Y 积分器			
	J_{VX}	J_{RX}	ΔX	$J_{\Sigma X}$	J_{VY}	J_{RY}	ΔY	$J_{\Sigma Y}$
0	0	0	0	5	5	0	0	5
1	0	0+0=0	0	5	5	5+0=5	0	5
2	0	0+0=0	0	5	5	5+5=8+2	1	4
3	1	1+0=1	1	5	5	5+2=7	0	4
4	1	1+1=2	0	5	5	5+7=8+4	1	3
5	2	2+2=4	0	5	5	5+4=8+1	1	2
6	3	3+4=7	0	5	5	5+1=6	0	2

（续）

累加次数 n	X 积分器				Y 积分器			
	J_{VX}	J_{RX}	ΔX	$J_{\Sigma X}$	J_{VY}	J_{RY}	ΔY	$J_{\Sigma Y}$
7	3	3+7=8+2	1	4	5	5+6=8+3	1	1
8	4	4+2=6	0	4	4	4+3=7	0	1
9	4	6+4=8+2	1	3	4	4+7=8+3	1	0
10	5	5+2=7	0	3	3	停	0	0
11	5	5+7=8+4	1	2	3	—	—	—
12	5	5+4=8+1	1	1	2	—	—	—
13	5	5+1=6	0	1	1	—	—	—
14	5	6+5=8+3	1	0	1	—	—	—
15	5	停	0	0	0	—	—	—

3. 数字积分法圆弧插补的象限处理

在实现 DDA 法进行不同象限、不同走向的圆弧插补运算时，若所有参与运算的寄存器全部采用绝对值进行计算，则所有 DDA 法插补过程的累加方式是相同的，即 $J_V + J_R \rightarrow J_R$，只是脉冲进给方向和动点坐标修正的处理方法略有不同，根据图 3-12 所示不同象限不同走向的圆弧，相应 DDA 法插补的脉冲分配和坐标修正情况见表 3-8。

表 3-8　不同象限内圆弧的 DDA 法插补的脉冲分配和坐标修正

内容		NR₁	NR₂	NR₃	NR₄	SR₁	SR₂	SR₃	SR₄
动点修正	J_{VX}	+1	−1	+1	−1	−1	+1	−1	+1
	J_{VY}	−1	+1	−1	+1	+1	−1	+1	−1
进给方向	ΔX	−	−	+	+	+	+	−	−
	ΔY	+	+	−	+	−	+	+	−

采用 DDA 法插补跨象限的圆弧时，需要根据圆弧的走向将坐标轴上的动点划分到相应象限，再进行插补处理，其处理过程与逐点比较法圆弧插补相类似，此处不再赘述。

上述内容主要介绍了 DDA 法直线插补和圆弧插补的原理。关于使用 DDA 法实现抛物线、双曲线、空间曲线等复杂曲线多坐标联动插补的原理，有兴趣的读者可参阅有关文献资料。

3.4　数据采样插补方法

如图 3-21 所示，数据采样插补方法在给定的被插补轨迹起始点之间插入若干个中间点，每相邻两点相连构成一个微小直线段 $\Delta L = F T_s$（F 为编程进给速度，T_s 为插补周期，ΔL 也称为轮廓步长），最终采用这些首尾相连的微小直线段来拟合被插补轨迹。数控系统根据这些微小的直线段，计算出插补周期内各个坐标轴的位置增量，得到相应插补点的位置坐标，也就是得到坐标轴相应的指令位置。进而，数控系统将各坐标轴的实际反馈位置与各坐标轴相应插补指令位置的差值作为跟随误差，并根据跟随误差来控制驱动装置使各坐标轴产生合成运动，实现预期的轨迹控制。

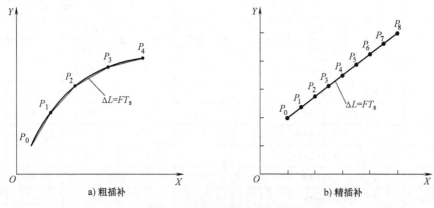

图 3-21　数据采样插补的步骤

数据采样插补方法可实现三角函数、椭圆曲线、空间参数曲线等复杂的插补算术运算，应用范围广泛。

3.4.1　插补周期的选择

数据采样插补需要解决两个关键问题：一是如何选择插补周期（由轮廓步长 $\Delta L = FT_s$ 可知，插补周期会影响轮廓步长，进而会影响插补误差，即影响插补精度）；二是如何计算插补周期内各坐标轴的位置增量值以计算出相应插补点的坐标。

插补周期的选择首先需要考虑插补计算误差和数控系统处理其他相关任务所需的时长。一方面，为了减少插补误差，应当尽量减小轮廓步长，因而在编程进给速度一定的情况下插补周期应尽量小；另一方面，在插补周期内，数控系统除了进行轨迹插补计算之外，还需要处理位置误差计算、显示、监控等进程。因此，插补周期需要大于插补计算时间和完成其他相关任务所需时间之和。同时，插补周期 T_s 与位置采样周期 T_c 需要满足一定的关系。位置采样周期也是位置控制周期，对进给系统的稳定性和位置控制误差均有影响。为了方便数控系统综合处理插补计算和位置控制，一般使插补周期等于采样周期或是采样周期的整数倍。如日本 FANUC-7M 数控系统选用插补周期 $T_s = 8\text{ms}$ 以及位置采样周期 $T_c = 4\text{ms}$ 时，数控系统每 8ms 进行一次插补，计算出下一个插补周期内各坐标轴的位置增量值；同时，数控系统每 4ms 进行一次位置采样，进而将插补计算得到的坐标位置增量值除以 2 之后，与坐标轴位置采样值进行比较；根据比较的结果，控制各驱动装置，使各坐标轴产生合成运动，实现预期的轨迹控制。

数据采样插补方法的插补周期与插补精度、编程进给速度之间存在一定的相互制约关系。在直线插补过程中，由于插补分割所得微小直线段与被插补直线重合，没有插补误差的问题，因而，插补周期对插补精度的影响不大。但是，因为轮廓步长与插补周期和编程进给速度相关（$\Delta L = FT_s$）所以，在轮廓步长给定的情况下，插补周期与编程进给速度相互制约。在圆弧插补过程中，一般采用切线、内接弦线和内外均差弦线等方式来近似圆弧，导致插补误差出现。以内接弦线近似圆弧为例来说明插补周期与插补精度、编程进给速度之间的相互制约关系。

如图 3-22 所示，采用内弦线来近似圆弧，最大径向误差 e_r 可表示为

$$e_r = R\left[1-\cos(\theta/2)\right] \tag{3-46}$$

式中　R——被插补圆弧半径（mm）；

　　　θ——步距角（°），且有

$$\theta \approx \Delta L/R = (FT_s)/R \tag{3-47}$$

式中　ΔL——逼近弦线的长度（mm）。

一般来说，θ 很小，将 $\cos\delta/2$ 按级数展开，有

$$\cos\frac{\theta}{2} = 1-\frac{(\theta/2)^2}{2!}+\frac{(\theta/2)^4}{4!}-\cdots \tag{3-48}$$

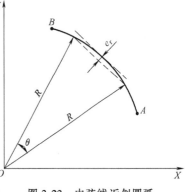

图 3-22　内弦线近似圆弧

取式（3-48）的前两项代入式（3-46）中，有

$$e_r \approx R-R\left[1-\frac{(\theta/2)^2}{2!}\right] \approx \frac{\theta^2}{8}R \approx \frac{(FT_s)^2}{8}\cdot\frac{1}{R} \tag{3-49}$$

由式（3-49）可知，当数据采样插补方法的内弦线近似圆弧进行插补时，在给定被插补圆弧半径和插补允许误差的情况下，应该尽量选择小的插补周期，以便获得尽可能大的进给速度，进而提高加工效率；当插补周期和被插补圆弧半径确定时，为了减小插补误差以保证加工精度，需要对进给速度进行限制。

3.4.2　时间分割法

1. 时间分割法直线插补

采用时间分割法进行直线插补的原理可用图 3-23 所示的直线插补过程来说明，直线起点为 $O(0,0)$，终点为 $E(X_e,Y_e)$，当前加工动点为 $N_i(X_i,Y_i)$，设插补周期为 T_s、编程进给速度为 F，轮廓步长 ΔL 可以表示为

$$\Delta L = FT_s \tag{3-50}$$

插补周期内各坐标轴的位移增量可以表示为

$$\begin{cases} \Delta X_i = \dfrac{\Delta L}{L}X_e = K_i X_e \\ \Delta Y_i = \dfrac{\Delta L}{L}Y_e = K_i Y_e \end{cases} \tag{3-51}$$

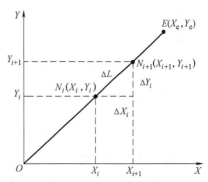

图 3-23　时间分割法直线插补

式中，L——被插补直线长度，且

$$L = \sqrt{X_e^2+Y_e^2} \tag{3-52}$$

式中，K_i——插补周期内的进给速率数，且

$$K_i = \Delta L/L \tag{3-53}$$

则，下一个加工动点 $N_{i+1}(X_{i+1},Y_{i+1})$ 可以表示为

$$\begin{cases} X_{i+1} = X_i+\Delta X_i = X_i+K_i X_e \\ Y_{i+1} = Y_i+\Delta Y_i = Y_i+K_i Y_e \end{cases} \tag{3-54}$$

2. 时间分割法圆弧插补

采用时间分割法进行圆弧插补是采用弦线或割线来近似圆弧的插补方法，以内弦线近似圆弧为例来分析时间分割法圆弧插补原理。

如图 3-24a 所示，圆弧圆心在原点 O（0，0），起点为 A（X_i，Y_i），插补后的到达点为 B（X_{i+1}，Y_{i+1}），弦 AB 是圆弧插补的轮廓步长 ΔL，圆弧半径为 R，AP 为点 A 处的切线，点 M 为 AB 弦的中点，CA、AG、DM 为 X 轴的平行线，AC' 平行于 Y 轴，H 为 AC' 和 DM 的交点，$OM \perp AB$，$ME \perp AG$，α 是 AG 和 AB 的夹角，ΔX_i 是轮廓步长在 X 轴方向的分量，ΔY_i 是轮廓步长在 Y 轴上的分量，E 是 AG 的中点，$BG \perp AG$。

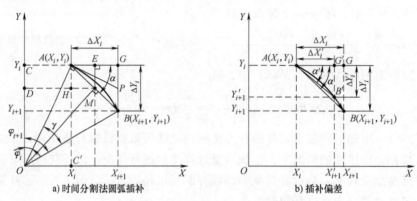

a) 时间分割法圆弧插补   b) 插补偏差

图 3-24   时间分割法圆弧插补

圆心角 φ_{i+1} 可用 φ_i 表示为

$$\varphi_{i+1} = \varphi_i + \gamma \tag{3-55}$$

其中 γ 是轮廓步长所对应的圆心角增量。由图 3-23a 所示的几何关系，有

$$\begin{cases} \angle AOC = \angle PAG = \varphi_i \\ \angle PAB + \angle OAM = 90° \\ \angle PAB = \angle AOM = 0.5\gamma \end{cases} \tag{3-56}$$

设

$$\alpha = \angle GAB = \angle GAP + \angle PAB = \varphi_i + \frac{1}{2}\gamma \tag{3-57}$$

则在 $\triangle MOD$ 中，有

$$\tan \angle MOD = \tan\left(\varphi_i + \frac{1}{2}\gamma\right) = \tan\alpha = \frac{DM}{OD} = \frac{DH + HM}{OC - CD} \tag{3-58}$$

根据式（3-57），将

$$\begin{cases} DH = X_i \\ OC = Y_i \\ HM = \frac{1}{2}\Delta X_i = \frac{1}{2}\Delta L\cos\alpha \\ CD = \frac{1}{2}\Delta Y_i = \frac{1}{2}\Delta L\sin\alpha \end{cases} \tag{3-59}$$

代入式（3-58），有

$$\tan\alpha = \frac{DH+HM}{OC-CD} = \frac{X_i+\dfrac{1}{2}\Delta L\cos\alpha}{Y_i-\dfrac{1}{2}\Delta L\sin\alpha} = \frac{X_i+\dfrac{1}{2}\Delta X_i}{Y_i-\dfrac{1}{2}\Delta Y_i} \tag{3-60}$$

因为在 $\triangle BAG$ 中，有

$$\tan\alpha = \frac{GB}{GA} = \frac{\Delta Y_i}{\Delta X_i} \tag{3-61}$$

根据式（3-60）和式（3-61），可得

$$\frac{\Delta Y_i}{\Delta X_i} = \frac{X_i+\dfrac{1}{2}\Delta X_i}{Y_i-\dfrac{1}{2}\Delta Y_i} = \frac{X_i+\dfrac{1}{2}\Delta L\cos\alpha}{Y_i-\dfrac{1}{2}\Delta L\sin\alpha} \tag{3-62}$$

若 ΔX_i 和 ΔY_i 已知，进而可根据下式计算新的插补点 $B(X_{i+1}, Y_{i+1})$，得到

$$\begin{cases} X_{i+1} = X_i + \Delta X_i \\ Y_{i+1} = Y_i - \Delta Y_i \end{cases} \tag{3-63}$$

但是，由于式（3-62）中的 $\cos\alpha$ 和 $\sin\alpha$ 未知，所以，很难直接计算 ΔX_i 和 ΔY_i，为解决这项问题，在实际应用中可以采用 $\cos45°$ 和 $\sin45°$ 来代替 $\cos\alpha$ 和 $\sin\alpha$，进一步计算得到 $\tan\alpha$ 的近似 $\tan\alpha'$

$$\tan\alpha = \frac{X_i+\dfrac{1}{2}\Delta L\cos\alpha}{Y_i-\dfrac{1}{2}\Delta L\sin\alpha} \approx \frac{X_i+\dfrac{1}{2}\Delta L\cos45°}{Y_i-\dfrac{1}{2}\Delta L\sin45°} = \tan\alpha' \tag{3-64}$$

同时可得 ΔX_i 的近似值 $\Delta X_i'$、ΔY_i 的近似值 $\Delta Y_i'$、X_{i+1} 的近似值 X_{i+1}'、Y_{i+1} 的近似值 Y_{i+1}'。根据上述近似关系得到的插补点 B' 也刚好落在圆弧上（证明略），如图3-24b所示，有

$$(X_i+\Delta X_i')^2 + (Y_i-\Delta Y_i')^2 = X_i^2 + Y_i^2 = R^2 \tag{3-65}$$

因为进给轮廓步长 ΔL 微小，所以根据式（3-64）可知 $\tan\alpha$ 和 $\tan\alpha'$ 的误差很微小。因而，实际轮廓步长 $AB' = \Delta L'$ 与理论轮廓步长 ΔL 的变化很微小，由此导致的实际进给速度与编程进给速度的变化也很微小（在实际工程应用中，这种速度变化一般小于编程进给速度的1%）。这种变化在实际切削加工中是微不足道的，并不会影响插补速度的均匀性。

3.4.3 扩展DDA插补法

1. 扩展DDA法直线插补

如图3-25所示，直线的起点为 O（0，0），终点为 E（X_e，Y_e），设加工动点 P（X_i，Y_i）的进给速度为 v，其在 X、Y 轴方向的分速度 v_X、v_Y 可表示为

$$\begin{cases} v_X = \dfrac{X_e}{\sqrt{X_e^2+Y_e^2}}v \\[4mm] v_Y = \dfrac{Y_e}{\sqrt{X_e^2+Y_e^2}}v \end{cases} \tag{3-66}$$

加工动点在插补周期 T_s 内的坐标增量可表示为：

$$\begin{cases} \Delta X = v_X T_s = \dfrac{v}{\sqrt{X_e^2+Y_e^2}}T_s X_e = FRN\lambda_t X_e \\[4mm] \Delta Y = v_Y T_s = \dfrac{v}{\sqrt{X_e^2+Y_e^2}}T_s Y_e = FRN\lambda_t Y_e \end{cases} \tag{3-67}$$

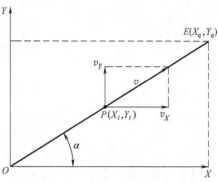

图 3-25　扩展 DDA 法直线插补

式中　v——进给速度 F（mm/min）；

　　　T_s——插补周期（ms）；

　　　λ_t——根据插补周期换算得到的时间常数，且

$$\lambda_t = T_s 10^{-3}/60 \tag{3-68}$$

　　　FRN——进给速率数，且

$$FRN = \frac{v}{\sqrt{X_e^2+Y_e^2}} = \frac{v}{L} \tag{3-69}$$

式中，L——被插补直线长度（mm）。

对于给定的被插补直线来说，终点坐标（X_e，Y_e）为确定的常数，当进给速度 v 确定时，进给速率数 FRN 也是确定的常数，记

$$\lambda_d = FRN\lambda_t \tag{3-70}$$

式中　λ_d——步长系数，根据式（3-67）和式（3-70），有

$$\begin{cases} \Delta X = \lambda_d X_e \\ \Delta Y = \lambda_d Y_e \end{cases} \tag{3-71}$$

根据式（3-71）可知，每次插补进给的直线斜率 $\Delta Y/\Delta X$ 等于被插补的直线斜率 Y_e/X_e，可确保插补轨迹与要求轨迹一致。

进而可根据式（3-71）计算得到插补后的加工动点坐标位置

$$\begin{cases} X_{i+1} = X_i + \Delta X \\ Y_{i+1} = Y_i + \Delta Y \end{cases} \tag{3-72}$$

2. 扩展 DDA 法圆弧插补

如图 3-26 所示，有第一象限顺圆弧 $A_i Q$，圆心为 O，半径为 R，圆弧起点为 A_i（X_i，Y_i），圆弧终点为 Q，轮廓步长为 ΔL，进给速度为 v，设采用 DDA 插补法沿切线方向插补后，加工动点到

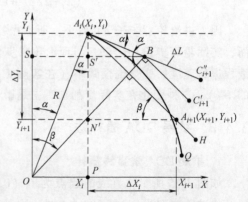

图 3-26　扩展 DDA 法圆弧插补

达点 C''_{i+1}，取点 B 为 $A_iC''_{i+1}$ 的中点，通过点 B 作半径为 OB 的圆弧的切线 BC'_{i+1}，通过点 A_i 作 BC'_{i+1} 的平行线 A_iH，在 A_iH 上取点 A_{i+1} 使 $A_iA_{i+1}=A_iC''_{i+1}=\Delta L$（可证明 A_{i+1} 必不在圆弧内侧），在 X 轴方向和 Y 轴方向的位置增量为 ΔX_i 和 ΔY_i，BS 平行于 X 轴且交 Y 轴于点 S，A_iP 平行于 Y 轴且交 X 轴于点 P，BS 与 A_iP 交于点 S'，$A_{i+1}N'$ 与 A_iP 交于点 N' 且 $A_iP\perp A_{i+1}N'$，$\angle OA_iP=\alpha$，$\angle SOB=\beta$。

在图 3-26 中的 $\triangle OPA_i$ 中，有

$$\begin{cases}\sin\alpha=\dfrac{OP}{OA_i}=\dfrac{X_i}{R}\\[3mm]\cos\alpha=\dfrac{A_iP}{OA_i}=\dfrac{Y_i}{R}\end{cases}\tag{3-73}$$

因为：

$$A_iA_{i+1}=\Delta L=v\lambda_i\tag{3-74}$$

式中　λ_i——当前进给速度与进给量 ΔL 之间的系数。

根据 $\triangle OSB$ 与 $\triangle A_iN'A_{i+1}$ 相似，有

$$\frac{N'A_{i+1}}{A_iA_{i+1}}=\frac{OS}{OB}\tag{3-75}$$

式中，

$$\begin{cases}N'A_{i+1}=\Delta X_i\\[2mm]A_iA_{i+1}=\Delta L=v\lambda_i\\[2mm]OS=A_iP-A_iS'=Y_i-A_iB\sin\alpha=Y_i-\dfrac{1}{2}\Delta L\sin\alpha\end{cases}\tag{3-76}$$

在 $\triangle OA_iB$ 中，有

$$OB=\sqrt{A_iB^2+OA_i^2}=\sqrt{\left(\frac{1}{2}\Delta L\right)^2+R^2}\tag{3-77}$$

将式（3-76）和式（3-77）代入式（3-75）中，有

$$\frac{\Delta X_i}{\Delta L}=\frac{\left(Y_i-\dfrac{1}{2}\Delta L\sin\alpha\right)}{\sqrt{\left(\dfrac{1}{2}\Delta L\right)^2+R^2}}\tag{3-78}$$

将式（3-73）代入式（3-78），有

$$\Delta X_i=\frac{\Delta L\left(Y_i-\dfrac{X_i\Delta L}{2R}\right)}{\sqrt{\left(\dfrac{1}{2}\Delta L\right)^2+R^2}}\tag{3-79}$$

因为轮廓步长 ΔL 很微小，其远远小于圆弧半径即 $\Delta L\ll R$，所以可将 $\left(\dfrac{1}{2}\Delta L\right)^2$ 忽略，根据式（3-74），式（3-79）可进一步表示为

$$\Delta X_i\approx\frac{\Delta L}{R}\left(Y_i-\frac{\Delta L}{2}\frac{X_i}{R}\right)=\frac{v}{R}\lambda_i\left(Y_i-\frac{v}{2R}\lambda_iX_i\right)\tag{3-80}$$

记

$$\lambda_D = \frac{v}{R}\lambda_i \tag{3-81}$$

则

$$\Delta X_i = \lambda_D \left(Y_i - \frac{1}{2}\lambda_D X_i \right) \tag{3-82}$$

由于 $\triangle OSB$ 与 $\triangle A_i N'A_{i+1}$ 相似，有

$$\frac{A_i N'}{A_i A_{i+1}} = \frac{SB}{OB} = \frac{SS'+S'B}{OB} \tag{3-83}$$

根据式（3-73），在 $\triangle A_i S'B$ 中有

$$S'B = A_i B\cos\alpha = \frac{\Delta L}{2}\frac{Y_i}{R} \tag{3-84}$$

根据式（3-83），有

$$\Delta Y_i = A_i N' = \frac{SS'+S'B}{OB}A_i A_{i+1} \tag{3-85}$$

将 $SS' = X_i$、$A_i A_{i+1} = \Delta L$、式（3-77）和式（3-84）代入式（3-85），有

$$\Delta Y_i = \frac{X_i + \dfrac{Y_i}{2R}\Delta L}{\sqrt{\left(\dfrac{1}{2}\Delta L\right)^2 + R^2}}\Delta L \tag{3-86}$$

由于 $\Delta L \ll R$，可将 $\left(\dfrac{1}{2}\Delta L\right)^2$ 忽略，联合式（3-74）和式（3-81），式（3-86）可表示为：

$$\Delta Y_i \approx \frac{\Delta L}{R}\left(X_i + \frac{\Delta L}{2R}Y_i \right) = \lambda_D \left(X_i + \frac{\lambda_D}{2}Y_i \right) \tag{3-87}$$

当已知 $A_i(X_i,\ Y_i)$，可根据式（3-82）和式（3-87）来求得 ΔX_i 和 ΔY_i，进而可根据式（3-87）得到 $A_{i+1}\ (X_{i+1},\ Y_{i+1})$。

$$\begin{cases} X_{i+1} = X_i + \Delta X_i \\ Y_{i+1} = Y_i - \Delta Y_i \end{cases} \tag{3-88}$$

其他象限及走向的圆弧扩展 DDA 插补计算方式与上述第一象限顺圆弧插补计算公式的推导过程类似。

3.5 刀具补偿原理及方法

在实现加工的刀具控制过程中，数控系统通过直接控制刀具中心或刀架参考点的运动轨迹来进行加工轨迹控制，但是，刀具上实际参与切削加工的部位是刀尖（车刀）或刀刃边缘（铣刀），而刀具的切削加工部位是沿编程轨迹进行加工的，这与可被数控系统控制的刀具中心或刀架参考点的运动轨迹之间存在尺寸偏差，所以，必须采取措施进行相应刀具补偿以实现满足要求的轨迹加工。

刀具补偿的作用是在编程轨迹和加工刀具相关点的运动轨迹之间进行位置偏置。刀具补偿的功能主要体现在：

1）因刀具磨损、刀具更换、刀具损伤等导致刀具尺寸发生改变时，只需修改相应的刀具参数即可继续进行加工。

2）采用同一数控系统对同一零部件进行粗加工、半精加工和精加工等多道工序时，只需将各工序的加工余量存入刀具参数即可在不必针对各工序分别编程的情况下，实现预期轨迹加工。

常用的刀具补偿类型有刀具半径补偿、刀具长度补偿和刀具位置补偿。刀具类型不同，需要考虑的刀具补偿类型也不同。如图3-27a所示，一般情况下，采用铣刀进行加工时，需要考虑刀具半径补偿，设被加工轨迹为AB，而数控系统控制铣刀中心位置所形成的轨迹是$A'B'$，此时，数控系统必须进行刀具半径补偿，在轨迹AB和轨迹$A'B'$之间进行一个刀具半径的位置偏置将轨迹AB转换为可控的轨迹$A'B'$以实现预期加工轨迹；如图3-27b所示，一般情况下，采用钻头进行加工时，需要考虑刀具长度补偿，若数控系统可控刀具参考基准点为F，实际参与切削的钻头刀位点C与点F在Z轴方向上有一个位置偏差L_1，必须进行刀具长度补偿来满足加工要求；如图3-27c所示，一般情况下，采用车刀进行加工时，既需要考虑刀具半径补偿，又需要考虑刀具位置补偿，当编程轨迹AB与刀尖圆弧中心点C、可控刀架参考点F之间均存在位置偏差，必须进行相应刀具半径补偿和刀具位置补偿才能实现预期的加工轨迹控制。

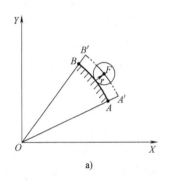
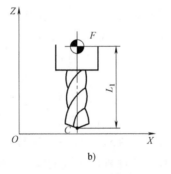
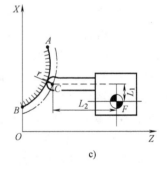

图 3-27　刀具补偿类型

3.5.1　刀具半径补偿

以铣削加工为例，来说明刀具半径补偿的原理因为刀具具有一定的半径，在切削时，刀具中心的运动轨迹并不等于编程轨迹。如图3-28所示编程轨迹为PCQ，当刀具加工内轮廓时，刀具中心需要偏移被加工内轮廓表面一个刀具半径r，形成刀具中心轨迹为$P''C''Q''$；当刀具加工外轮廓时，刀具中心需要偏移被加工外轮廓表面一个刀具半径r，形成刀具中心，轨迹为$P'C'Q'$。这种位置偏移就是刀具半径补偿。

根据ISO标准，对于刀具半径补偿（简称"刀补"），当刀具中心轨迹处于沿编程轨迹加工前进方向的左侧时，称为左刀补；反之，称为右刀补。需要说明的是，使用刀具半径补偿有三个步骤，即刀补的建立、进行和撤销。如图3-29所示在进行刀补之前要先建立刀补，当不再需要刀具半径补偿时，须撤销正在进行的刀补。可将刀具半径补偿分为B功能刀具半径补偿和 C 功能刀具半径补偿。

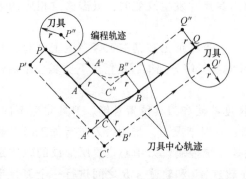

图 3-28　编程轨迹与刀具中心轨迹　　　　图 3-29　刀具半径补偿的三个步骤

刀具半径补偿分为 B 功能刀具半径补偿和 C 功能刀具半径补偿。B 功能刀具半径补偿是指根据编程轨迹和刀具半径值，求刀具中心轨迹的计算。B 功能刀具半径补偿在计算刀具中心轨迹时，采用了"读一段，算一段，走一段"的控制方法，即先读一段编程程序得到相应编程轨迹，计算这一段编程轨迹对应的刀具中心轨迹，再走相应刀具中心轨迹的控制方法。但是，B 功能刀具半径补偿没有预先考虑对相邻两段编程轨迹分别进行刀具半径补偿计算后得到的两段刀具中心轨迹之间可能出现的交叉或断接的情况。此时，为了确保刀具中心轨迹的连续性，需要人为地判定刀补后可能出现的刀具中心轨迹交叉点或断接点，并事先编制相应的编程轨迹过渡线或刀具中心轨迹过渡线，再进一步进行刀补。如图 3-28 所示，当相邻两段编程轨迹 PC 和 CQ 对应的刀具中心轨迹 P'A' 和 B'Q' 之间出现间断情况时，可以事先在两个间断点 A' 和 B' 之间增补刀具中心轨迹过渡线 A'C' 和 C'B' 以确保刀具中心轨迹的连续性；当相邻两段刀具中心轨迹 P''C'' 和 C''Q'' 之间发生交叉时，可以事先在编程轨迹 PC 和 CQ 的过渡处编制一个半径大于刀具半径的过渡圆弧 AB 以便于刀具中心轨迹控制。

C 功能刀具半径补偿的工作过程是在读入第一段编程程序并计算出对应的编程轨迹之后，再提前读入相邻第二段编程程序并计算出对应的编程轨迹。接下来，对第一段、第二段编程轨迹的连接方式进行判别，根据判别结果，计算出这两段编程轨迹的刀具中心轨迹过渡转接交点并确定第一段编程轨迹的刀具中心轨迹，再对其进行插补计算和位置控制。利用插补间隙，将第三段编程程序读入并计算其编程轨迹，然后，对第二段、第三段编程轨迹的连接方式进行判别，根据判别结果，确定第二段编程轨迹的刀具中心轨迹。在 C 功能刀具半径补偿状态下，数控装置总是同时存有三个程序段的参数，根据上述过程，自动处理相邻两段编程轨迹的刀具中心轨迹过渡，如此进行下去。下面将详细介绍 C 功能刀具半径补偿。

1. 转接类型的判别

为了实现 C 功能刀具半径补偿，首先要对相邻两段编程轨迹的线型及连接过渡类型进行判别，然后根据线型和连接过渡类型，在原编程轨迹的基础上得到刀具中心轨迹。对于具有直线和圆弧线型插补功能的数控装置，对应的相邻两段编程轨迹之间有四种连接形式，即直线与直线相接、直线与圆弧相接、圆弧与直线相接、圆弧与圆弧相接。根据工件侧（非加工侧）相邻两段编程轨迹的夹角，刀具中心轨迹过渡方式可以分为三种，分别是缩短型、伸长型和插入型。以如图 3-30 所示编程轨迹为直线和直线的转接形式为例，分别对这三种方式进行说明：

1）缩短型过渡方式，如图 3-30a 所示，当工件侧（非加工侧）相邻两段编程轨迹的夹角 $180° \leqslant \alpha < 360°$ 时，偏移相邻两段编程轨迹 AB 和 BC 一个刀具半径 r 的两条虚线 ED 和 DH 作为刀具中心轨迹，这两条虚线相交于点 D，形成刀具中心轨迹 EDH。相比于编程轨迹 ABC，刀具中心轨迹 EDH 更短一些，形成缩短型过渡。

2）伸长型过渡方式，如图 3-30b 所示，当工件侧（非加工侧）相邻两段编程轨迹的夹角 $90° \leqslant \alpha < 180°$ 时，偏移两段编程轨迹 AB 和 BC 一个刀具半径 r 的两条虚线 ED 和 DH 将形成刀具中心轨迹，这两条虚线相交于点 D，形成刀具中心轨迹 EDH，相比于编程轨迹 ABC，刀具中心轨迹 EDH 更长一些，形成伸长型过渡。

3）插入型过渡方式，如图 3-30c 所示，当工件侧（非加工侧）相邻两段编程轨迹的夹角 $\alpha < 90°$ 时，偏移相邻两段编程轨迹 AB 和 BC 一个刀具半径 r 的两条虚线 EF 和 GH 将形成刀具中心轨迹，为了形成连续的刀具中心轨迹，分别在 EF 和 GH 各自的方向上延长一个刀具半径值，得到虚线 FL 和 KG，且 $BF = BG = FL = KG = r$。在 EL 和 KH 之间插入过渡直线段 KL，最终形成连续的刀具中心轨迹 $EFLKGH$。此种情况是在相邻刀具中心轨迹之间插入一段直线段，形成插入型过渡。

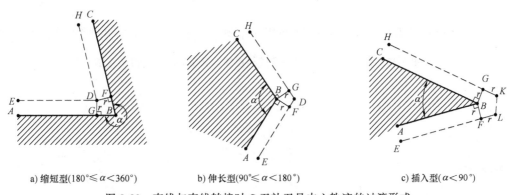

a) 缩短型($180° \leqslant \alpha < 360°$)　　b) 伸长型($90° \leqslant \alpha < 180°$)　　c) 插入型($\alpha < 90°$)

图 3-30　直线与直线转接时 C 刀补刀具中心轨迹的过渡形式

右刀补时，直线与直线相接、直线与圆弧相接、圆弧与直线相接、圆弧与圆弧相接的刀具中心轨迹过渡形式如图 3-31~图 3-34 所示。

当 $\alpha = 0°$ 或 $360°$ 时，刀具中心轨迹的过渡形式具有特殊性，需要根据具体情况进行判别。如图 3-35a 所示，当编程轨迹与逆圆弧相接时，左刀补情况下刀具中心轨迹的过渡形式为插入型；如图 3-35b 所示，当编程轨迹直线与顺圆弧相接时，左刀补情况下刀具中心轨迹

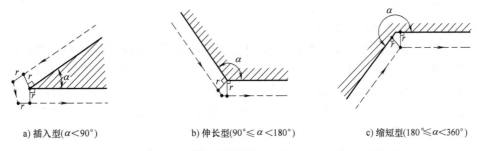

a) 插入型($\alpha < 90°$)　　　　b) 伸长型($90° \leqslant \alpha < 180°$)　　　　c) 缩短型($180° \leqslant \alpha < 360°$)

图 3-31　右刀补时，直线与直线相接的刀具中心轨迹过渡示意图

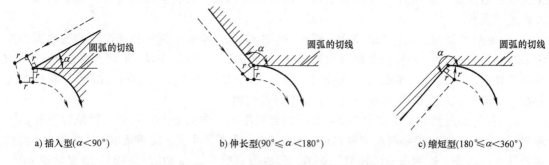

a) 插入型(α<90°)　　　　　　b) 伸长型(90°≤α<180°)　　　　　　c) 缩短型(180°≤α<360°)

图 3-32　右刀补时，直线与圆弧相接的刀具中心轨迹过渡示意图

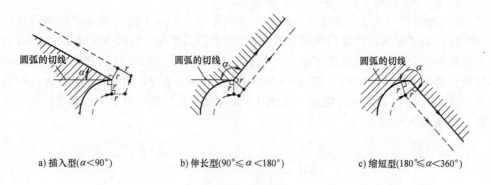

a) 插入型(α<90°)　　　　　　b) 伸长型(90°≤α<180°)　　　　　　c) 缩短型(180°≤α<360°)

图 3-33　右刀补时，圆弧与直线相接的刀具中心轨迹过渡示意图

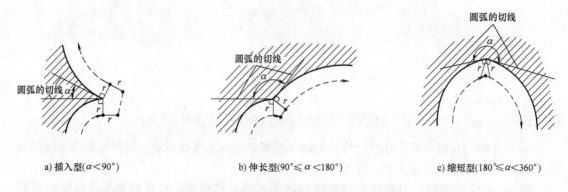

a) 插入型(α<90°)　　　　　　b) 伸长型(90°≤α<180°)　　　　　　c) 缩短型(180°≤α<360°)

图 3-34　右刀补时，圆弧与圆弧相接的刀具中心轨迹过渡示意图

的过渡形式为缩短型；右刀补情况下刀具中心轨迹的过渡形式与上述情况相反，如图 3-35c
和图 3-35d 所示。

2. 刀补建立阶段的转接方式

在刀具半径补偿建立阶段，若采用右刀补，当第一段编程轨迹为直线时，根据起刀点与
直线起点的连线和直线之间的夹角 α，刀具半径补偿建立时的刀具中心轨迹过渡方式可分为
如图 3-36 所示的插入型、伸长型和缩短型，所属类型的判别方法与刀补进行时刀具中心轨
迹的转接类型判别一致。若采用右刀补，当第一段编程轨迹为圆弧时，根据起刀点与圆弧起
点的连线和被加工圆弧段在其起点的切线所形成的夹角 α，刀具半径补偿建立时的刀具中心
轨迹过渡方式可分为如图 3-37 所示的插入型、伸长型和缩短型。

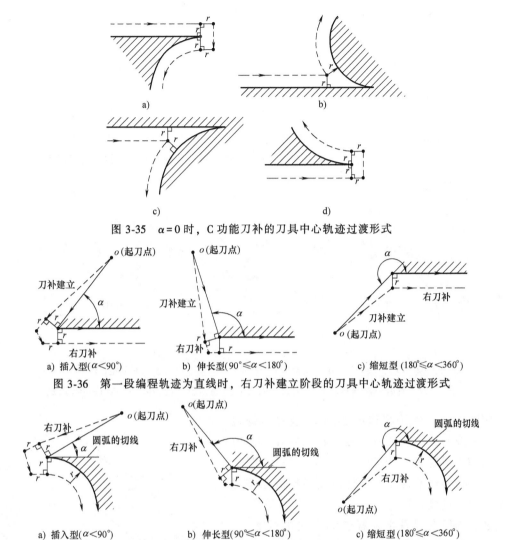

图 3-35 α＝0 时，C 功能刀补的刀具中心轨迹过渡形式

a) 插入型(α<90°)　　b) 伸长型(90°≤α<180°)　　c) 缩短型(180°≤α<360°)

图 3-36 第一段编程轨迹为直线时，右刀补建立阶段的刀具中心轨迹过渡形式

a) 插入型(α<90°)　　b) 伸长型(90°≤α<180°)　　c) 缩短型(180°≤α<360°)

图 3-37 第一段编程轨迹为圆弧时，右刀补建立阶段的刀具中心轨迹过渡形式

3. 撤销阶段的转接方式

在刀具半径补偿撤销阶段，若采用右刀补，当最后一段编程轨迹为直线时，根据直线的终点与刀具退出点的连线和该直线的夹角 α，刀具半径补偿撤销时的刀具中心轨迹过渡方式可分为如图 3-38 所示的插入型、伸长型和缩短型。若采用右刀补，当最后一段编程轨迹为圆弧时，根据该圆弧的终点与刀具退出点的连线和圆弧在其终点的切线所形成的夹角 α，刀具半径补偿撤销时的刀具中心轨迹过渡方式可分为如图 3-39 所示的插入型、伸长型和缩短型。

以上内容详细阐明了对于右刀补，当第一段编程轨迹为直线和圆弧情况下的刀补建立，相邻两段编程轨迹为直线接直线、直线接圆弧、圆弧接直线、圆弧接圆弧情况下的刀补进行，以及最后一段编程轨迹为直线和圆弧情况下的刀补撤销对应的刀具中心轨迹过渡方式；左刀补时的方式与此类似，此处不再赘述。

刀具中心轨迹过渡类型的转接点坐标可通过刀具半径补偿算法来计算，具体方法请参考相关文献。

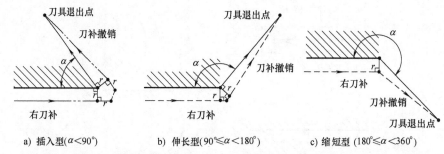

a) 插入型($\alpha<90°$)   b) 伸长型($90°\leq\alpha<180°$)   c) 缩短型($180°\leq\alpha<360°$)

图 3-38　最后一段编程轨迹为直线，右刀补撤销情况下的刀具中心轨迹过渡形式

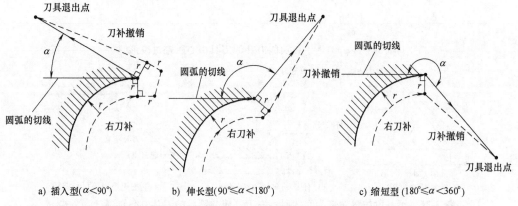

a) 插入型($\alpha<90°$)   b) 伸长型($90°\leq\alpha<180°$)   c) 缩短型($180°\leq\alpha<360°$)

图 3-39　最后一段编程轨迹为圆弧，右刀补撤销情况下的刀具中心轨迹过渡形式

【例 3-6】　预铣削如图 3-39 所示的编程轨迹，要求按照 $A\to B\to C\to D\to E\to F\to G\to A$ 的走刀方向来加工外轮廓，设铣刀半径为 r，请说明包括刀具半径补偿的建立、进行以及撤销的完整刀具中心轨迹过渡过程。

解：选择右刀具半径补偿的方式进行加工，则相应刀具中心轨迹和刀具走向可以表示为如图 3-40 所示虚线。

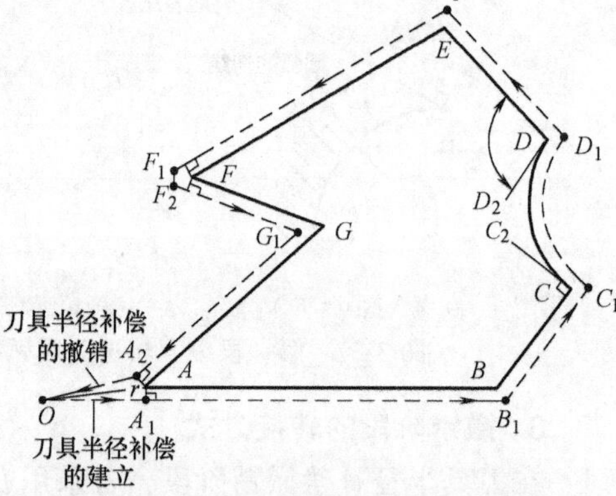

刀具从起点 O 开始进行加工的刀具中心轨迹过渡主要步骤如下：

图 3-40　刀具半径补偿的刀具中心轨迹

1）读入刀具起点 O 和编程轨迹起点 A 所形成的连线 OA，根据直线 OA 可知，需要进行刀具半径补偿建立，继续读下一段编程轨迹。

2）读入直线 AB，因为 $180°<\angle OAB<360°$ 且采用右刀具半径补偿，所以，此时 OA 和 AB 这两个相邻直线段对应的刀具中心轨迹过渡形式是缩短型，基于直线 OA 的坐标、AB 的坐标、刀具半径 r 的数值等已知信息，计算出刀具中心轨迹转接点 A_1 的坐标，并输出直线 OA_1 供插补程序运行。

3）读入直线 BC，因为 $90°<\angle ABC<180°$，AB 和 BC 这两个相邻直线对应的刀具中心轨迹的过渡形式是伸长型，基于 AB、BC、r 等相关已知信息，计算出刀具中心轨迹转接点 B_1 的坐标，并输出直线 A_1B_1 供插补程序运行。

4）读入圆弧 CD，直线 CC_2 为圆弧在点 C 的切线段且 $\angle BCC_2 = 90°$。因而，直线 BC 和圆弧 CD 对应的刀具中心轨迹的过渡形式是伸长型，基于 BC、CD、r 等相关已知信息，计算出刀具中心轨迹转接点 C_1 的坐标，并输出直线 B_1C_1 供插补程序运行。

5）读入直线段 DE，直线 DD_2 为圆弧在点 D 的切线段且 $90° < \angle D_2DE < 180°$，因而，圆弧 CD 和直线段 DE 对应的刀具中心轨迹的过渡形式是伸长型，基于 CD、DE、r 等相关已知信息，计算出刀具中心轨迹转接点 D_1 的坐标，并输出圆弧 C_1D_1 供插补程序运行。

6）读入直线 EF，因为 $90° < \angle DEF < 180°$，直线 DE 和直线 EF 对应的刀具中心轨迹的过渡形式是伸长型，基于 EF、DE、r 等相关已知信息，计算出刀具中心轨迹转接点 E_1 的坐标，然后输出直线 D_1E_1 供插补程序运行。

7）读入直线 FG，因为 $\angle EFG < 90°$，直线 EF 和直线 FG 对应的刀具中心轨迹的过渡形式是插入型，基于 FG、EF、r 等相关已知信息，计算出刀具中心轨迹转接点 F_1、F_2 的坐标，然后输出直线 E_1F_1 和 F_1F_2 供插补程序运行。

8）读入直线 GA，因为 $180° < \angle FGA < 360°$，直线 FG 和直线 GA 对应的刀具中心轨迹的过渡形式是缩短型，基于 FG、GA、r 等相关已知信息，计算出刀具中心轨迹转接点 G_1 的坐标，然后输出直线 F_2G_1 供插补程序运行。

9）读入直线 AO，因为 $180° < \angle GAO < 360°$，直线 GA 和直线 AO 对应的刀具中心轨迹的过程形式是缩短型，基于 GA、AO、r 等相关已知信息，计算出刀具中心轨迹转接点 A_2 的坐标，然后输出直线 G_1A_2 和 A_2O 供插补程序运行。

10）刀具回到 O 点，右刀补情况下的刀具中心轨迹过渡处理结束。

3.5.2　刀具长度补偿

刀具长度补偿可以实现刀具在轴向的实际位移量比程序的给定值增加或者减少一个指定的刀具长度补偿偏置量，这个补偿功能主要有 3 个方面的作用：

1）在使用不同长度的刀具进行加工或者是刀具因为磨损、重磨导致长度发生改变的时候，为了使刀具到达指定的轴向深度位置，刀具长度补偿可以在不改动原程序的情况下，通过改变刀具长度偏置量，使刀具达到指定的轴向深度位置。

2）刀具长度补偿可以通过改变同一把刀具的刀具长度补偿偏置量大小，在轴向加工深度方向上对同一个工件进行分层加工或者加工不同深度的工件。

3）如果采用刀具本身的长度作为刀具长度补偿的偏置量，刀具长度补偿可以实现在不修改偏置量的情况下，使用同一把刀具来加工不同轴向深度位置的工件，避免了在不同深度的加工过程中不断地修改偏置量。

刀具长度补偿有两种方式。第一种方式是采用刀具的长度作为刀具长度补偿的偏置量。这种方法是将刀具长度基准点作为控制点，因为刀具本身具有一定的长度，也就是实际参与切削的刀具末端到刀具长度基准点有一定的距离，所以，为了实现刀具末端位置的控制，需要在被控制的刀具长度基准点和刀具末端之间进行长度补偿。具体实现的话，可以使用测量仪测量出刀具末端到刀具长度基准点之间的距离，再将测量得到的距离作为刀具长度补偿的偏置量，将该偏置量输入到数控系统刀具长度补偿值的寄存器中，然后，在使用这把刀具进行加工的时候调用该刀补，就可以进行相应的刀具长度补偿，最终使刀具末端到达指定的轴向深度。第二种方式是采用刀具的相对长度作为刀具长度补偿的偏置量。这种方法是将基准刀具的长度测量面作为控制点。具体实现的话，可以先将一把刀具作为基准刀具，如果加工时使用的刀具与基准刀具的长度不相等，将使用刀具与基准刀具的长度差值作为刀具长度补偿的偏置量，再将该偏置量存入到数控系统刀具长度补偿值的寄存器中，若在加工时调用该刀补，可使刀具的实际位移量比程序的给定值增加或者是减少对应的偏置量，最终使刀具末端到达指定的轴向深度。

刀具长度补偿可分为正补偿和负补偿。如图 3-41 所示，我们以现代数控机床使用端铣刀进行铣削加工为例，基于采用刀具的相对长度作为刀具长度补偿的偏置量，说明刀具长度补偿的原理。如图 3-41a 所示的刀具为基准刀具，其末端位置与被加工平面的距离为 L，当铣刀下降 L 后即可到达指定平面进行铣削平面的加工。如图 3-41b 所示刀具，该刀具长度大于基准刀具长度，相比于基准刀具，该刀具在长度方向上的尺寸增加了 ΔL_1，若根据原编程程序使刀具下降 L，则刀具将到达指定平面以下，无法完成指定平面的铣削加工。为了在无需改变编程程序的情况下避免这种现象，可以通过将 ΔL_1 设置为刀具长度补偿值的方法来解决上述问题，建立相应的刀补。根据该刀补，数控系统控制刀具最终向上抬高对应的偏置量，实现刀具到达指定平面。这种补偿方式就是刀具长度正补偿。如图 3-41c 所示，刀具在进行刀具长度正补偿之后即可到达指定加工平面。如图 3-41d 所示刀具，该刀具长度小于基准刀具长度，相比于基准刀具，该刀具在长度方向上的尺寸缩短了 ΔL_2，若根据原编程程序使刀具下降 L，刀具将会到达指定平面以上，无法完成指定平面的铣削加工。为了解决这个问题，可将 ΔL_2 作为刀具长度补偿值，建立相应的刀补。根据该刀补，数控系统控制刀具最终降低对应的偏置量，实现刀具到达指定平面。这种补偿方式就是刀具长度负补偿。如图 3-41e 所示，刀具在进行刀具长度负补偿之后即可进行指定平面加工。

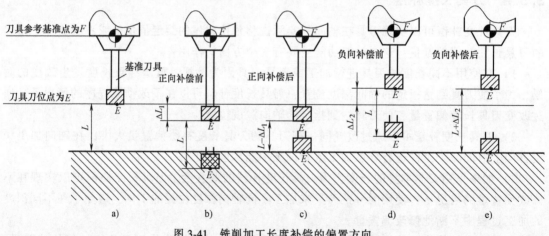

图 3-41　铣削加工长度补偿的偏置方向

3.6　进给速度和加减速的控制原理及方法

3.6.1　进给速度的控制方法

为了保证被加工工件满足精度要求，数控系统既需要精准控制加工过程中工作台（或刀具）的进给轨迹，同时也需要精准控制进给速度。根据工件材料、切削深度、切削速度、表面粗糙度要求、尺寸精度要求等情况进给速度在加工过程中需要满足起动迅速、停止准确且稳定良好等要求。现代数控机床的数控系统通常以插补方法为基础，联合进给速度计算和进给速度调节来实现进给速度控制。数控系统采用的插补方法不同，进给速度的控制方法也不同。

下面将介绍基于脉冲增量插补方法和数据采样插补方法的进给速度控制方法。

1. 基于脉冲增量插补方法的进给速度控制方法

基于编程进给速度和插补方法，脉冲增量插补根据插补运算结果，向各个坐标轴分配进给脉冲，脉冲的数量决定工作台（或刀具）的进给距离，脉冲的频率决定工作台（或刀具）的进给速度。对于两轴联动情况，各坐标轴的进给速度可以表示为

$$\begin{cases} v_X = 60\delta f_X \\ v_Y = 60\delta f_Y \end{cases} \tag{3-89}$$

式中 v_X、v_Y——X 轴方向的进给速度（mm/min）；

f_X、f_Y——X 轴、Y 轴进给的脉冲源频率（Hz）；

δ——脉冲当量（mm/脉冲）。

根据式（3-89）可知，可以通过控制脉冲源的频率来实现对进给速度的控制。而脉冲源频率是根据插补方法计算得到的输出信号向进给电动机发出的脉冲频率，脉冲频率是由插补计算的频率决定的。所以，可以通过控制插补计算的频率来控制进给速度。对于脉冲增量插补方法，常用的进给速度控制方法有软件延时法和时钟中断法。

如图 3-42 所示，软件延时法首先根据编程进给速度，计算出要求的进给脉冲频率；再根据脉冲频率，计算出两次插补计算之间的时间间隔 T，这个时间间隔必须大于 CPU 执行插补程序运算的时间 $t_{程}$，这两个时间的差值就是为了达到要求的进给速度而需要延迟的时间 $t_{延}$。因此，可以编写相应的延时程序，来填补需要延迟的时间，进而实现进给速度的控制要求。

图 3-42 软件延时法

时钟中断法首先根据程编进给速度来计算定时器或者是计数器（CTC）的定时时间常数；再根据定时时间来产生不同频率的 CPU 中断请求信号，控制 CPU 产生定时中断，在中断服务程序中完成一次插补计算并发出进给脉冲，最终实现进给速度的控制要求。

2. 基于数据采样插补方法的进给速度控制方法

基于数据采样插补的进给速度计算就是确定轮廓步长，可将轮廓步长表示为：

$$\Delta L = \frac{1}{60 \times 1000} FTK \tag{3-90}$$

式中 ΔL——轮廓步长（mm）；

F——编程进给速度（mm/min）；

T——插补周期（ms）；

K——速度系数，包括快速倍率、切削进给倍率等。

从式（3-90）可知，可通过改变编程进给速度、调节速度系数、选择插补周期等方式来实现基于数据采样插补的进给速度控制。

3.6.2 加减速的控制方法

为了保证工件的加工精度要求，需要避免在机床在起动、停止、改变进给速度时出现冲击、失步、超程、震荡等不良情况，必须对进给电动机进行加减速控制。

闭环（半闭环）CNC装置的加、减速控制，一般采用软件来实现，相应实现可放在插补前，也可放到插补后。如图3-43a所示，加减速控制在插补前进行称为前加减速控制，如图3-43b所示，加减速控制在插补后进行称为后加减速控制。

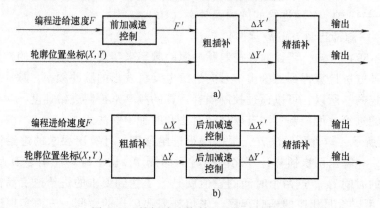

图3-43 前加减速控制和后加减速控制

前加减速控制，是在插补进行前对编程进给速度进行加减速控制，因而，此方法对实际插补进行后的位置输出精度没有影响，但需根据实际工作台（或刀具）的位置和程序段终点之间的距离来确定减速点，计算工作量比较大。后加减速控制，是在粗插补计算完成后，对各运动轴分别进行加减速控制。该方法不需要每次插补时预测是否到达减速点，但由于是对各运动轴分别进行控制，所以在加减速控制中实际的运动轴合成位置可能不准确（这种影响只存在于加速或减速过程中）。

常用的前加减速控制规律为线性加减速控制。这个方法的主要步骤有：1）加速处理，数控系统每插补一次需计算相应的瞬时速度和稳定速度，当后者大于前者，进行线性加速控制，使得瞬时速度一直加速到稳定速度为止；2）减速处理，数控系统每插补一次都需计算出当前位置与本程序段终点的瞬时距离，并且根据本程序段的减速标志检查是否已经到达减速区域，如果已经到达减速区，则进行线性减速，一直减速到新的稳定速度或减速到"0"；3）终点判别处理，根据当前位置与本程序段终点的瞬时距离，若已到达终点，则设置对应标志。

常用后加减速控制规律有直线型、指数型和S型等。

典型直线型加减速控制曲线如图3-44所示，加速控制使初始速度或上一个速度采样周期的实际输出速度以一定斜率上升到稳定速度v_c；减速控制使当前速度以一定斜率下降到指定末速度。在实际的数控系统加减速控制过程中，直线型加减速控制可以分为五个过程，即加速过程、加速过渡过程、匀速过程、减速过渡过程和减速过程。

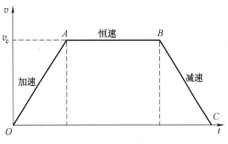

图 3-44　直线加减速控制曲线

指数加减速控制方法将加减速的速度突变处理成速度随时间按照指数规律变化。典型指数加减速控制曲线如图 3-45 所示，指数函数可以表示为：

$$v(t) = \begin{cases} v_c\left(1 - e^{-\frac{t}{T}}\right) & \text{加速} \\ v_c & \text{匀速} \\ v_c e^{-\frac{t}{T}} & \text{减速} \end{cases} \quad (3\text{-}91)$$

式中　T——加速段和减速段的时间常数。

S 型加减速控制曲线如图 3-46 所示，加速过程包括加加速度段、匀加速度段、减加速度段，分别对应图中曲线为 OA、AB、BC；减速过程包括加减速度段、匀减速度段、减减速度段，分别对应图中曲线为 DE、EF、FG，匀速过程为 CD。以上 7 个线段构成了 S 型的加减速控制曲线。各过程的速度控制方法请参考相关文献。

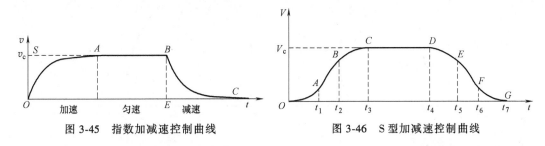

图 3-45　指数加减速控制曲线　　　　图 3-46　S 型加减速控制曲线

直线型加减速控制方法的计算方式直观简便，但该方法因加速度不连续，速度过渡不够平滑，可能导致较大冲击情况出现，降低加工精度和质量；与直线加减速控制相比，指数型加减速控制方法在运动平稳性方面的性能较好，可在很大程度上避免冲击状况出现，但其在加速控制的起点仍然存在加速度突变，将会产生一定冲击；S 型加减速控制方法的加速度变化平稳，可以实现较高的运动精度控制，但其包括多段加减速控制，算法较复杂。上述加减速控制规律的实现方法请参考相关文献。选用加减速控制方法时，需要根据控制精度、控制速度、计算要求等条件来选择合适的方法。

知识拓展：方向矢量

基于 C 功能刀具半径补偿，采用矢量法来计算转接矢量（所谓转接矢量指的是刀具半径矢量和相邻编程轨迹交点指向刀具中心轨迹过渡点的矢量），以确定刀具中心轨迹的转接点，进而得到刀具中心轨迹过渡线，需要定义方向矢量。

编程轨迹上任意一点的方向矢量指的是该点与动点运动方向一致的单位切线矢量。

如图 3-47 所示，当编程轨迹为直线时，设其起点为 A $(X_1，Y_1)$，终点为 B $(X_2，Y_2)$，直线在某一点 P $(X，Y)$ 的方向矢量可表示为与该直线方向一致的单位矢量 l_d，l_d 在各坐标轴方向的分量可表示为

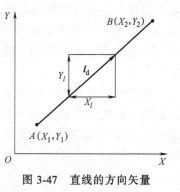

图 3-47　直线的方向矢量

$$\begin{cases} l_X = \dfrac{X_2-X_1}{\sqrt{(X_2-X_1)^2+(Y_2-Y_1)^2}}i \\ l_Y = \dfrac{Y_2-Y_1}{\sqrt{(X_2-X_1)^2+(Y_2-Y_1)^2}}j \end{cases} \quad (3\text{-}92)$$

式中　l_X、l_Y——方向矢量的 X 方向分量、Y 方向分量。

当编程轨迹为圆弧时，圆弧的方向矢量指的是圆弧上某一点在沿着动点运动切线方向上的单位矢量。顺圆弧的方向矢量和逆圆弧的方向矢量可表示为如图 3-48a 和图 3-48b 所示的 l_d，在图中圆弧的圆心坐标为 O $(X_0，Y_0)$，圆弧的半径 R，圆弧上的动点为 P $(X，Y)$，其方向矢量为 l_d。

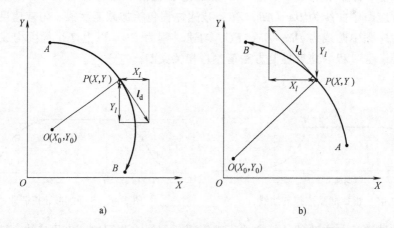

a)　　　　　　　　　　　　b)

图 3-48　圆弧的方向矢量

顺圆弧的方向矢量在各坐标轴方向的分量可以表示为

$$\begin{cases} l_X = \dfrac{Y-Y_0}{R}i \\ l_Y = -\dfrac{X-X_0}{R}j \end{cases} \quad (3\text{-}93)$$

逆圆弧的方向矢量在各坐标轴方向的分量可以表示为

$$\begin{cases} l_X = -\dfrac{Y-Y_0}{R}i \\ l_Y = \dfrac{X-X_0}{R}j \end{cases} \quad (3\text{-}94)$$

本 章 小 结

本章主要介绍了常用插补方法分类，包括逐点比较法插补、数字积分法插补、时间分割法插补和扩展 DDA 法插补；阐述了刀具半径补偿和刀具长度补偿的概念；并扼要介绍了基于脉冲增量插补和数据采样插补的进给速度控制以及加减速控制方法。

（1）逐点比较法插补的主要特点

1）逐点地计算和判别加工动点与被插补轨迹之间的相对位置关系，根据判别结果，以减小加工动点与被插补轨迹之间的偏差为进给目标，但每次仅有一个坐标方向的进给。

2）每次比较需要完成四个节拍：偏差判别、坐标进给、偏差计算和终点判别，在插补过程中循环执行这四个节拍进行逐点比较，直到插补结束。

（2）数字积分法插补的主要特点

1）根据数字积分的方法，采用累加求和运算来同时计算加工动点沿各坐标轴的进给位移，易于实现多轴联动插补。

2）实现时，在每个坐标轴方向设定一个数字积分器来实现累加求和运算，每数字积分器都包括被积函数寄存器和累加器（余数寄存器），每当累加值大于累加器的设定容量时，在该坐标轴方向溢出一个给进脉冲；不断重复累加步骤，最终每个坐标轴的进给脉冲总数对应的数值等于该方向的进给位移。

（3）时间分割法插补的主要特点　基于时间分割的理念，使用小的直线段作为轮廓步长以拟合被插补轨迹。

（4）扩展 DDA 法插补的主要特点

1）采用扩展 DDA 法进行直线插补时，插补进给得到的直线斜率等于被插补直线的斜率，可保证插补轨迹与要求轨迹一致。

2）使用扩展 DDA 法进行圆弧插补时，采用弦线来近似圆弧可减少插补误差，提高插补精度。

思考与练习

1. 填空题

（1）插补方法可以分为_____和_____两大类。

（2）插补运算的结果是得到_____，使刀具相对于工件做出符合工件轮廓轨迹的_____。

（3）逐点比较插补方法有_____、_____、_____和_____四个工作节拍。

（4）数字积分法也称_____法，采用_____方法来计算_____，该方法的最大优点是易于实现多轴联动插补。

（5）刀具补偿的作用是把_____转换成_____以加工所需要的轮廓轨迹。刀具补偿主要有_____和_____。

（6）加减速控制在插补前进行称为_____，在插补后进行称为_____。

2. 简答题

（1）插补的实质是什么？有哪两类常用插补方法？各有什么特点？

（2）简述逐点比较法的插补原理。

（3）试分析逐点比较法直线插补和圆弧插补的终点判别方式有哪些？

（4）简述 DDA 法直线插补的工作过程。

（5）DDA 法圆弧插补的被积函数是什么？如何进行圆弧插补的终点判别？

（6）采用数据采样插补方法时，如何选用插补周期？

（7）什么是刀具半径补偿？

（8）采用 C 功能刀具半径补偿，画出直线与直线转接时的刀具中心轨迹过渡线。

（9）简述基于数据采样插补方法的进给速度控制方法。

3. 计算题

（1）采用逐点比较法插补第一象限直线 OA，直线起点为 O（0，0），直线终点为 A（10，12），写出插补运算过程并画出插补轨迹。

（2）采用逐点比较法插补第三象限直线 OB，直线起点为 O（0，0），直线终点为 B（-4，-5），写出插补运算过程并画出插补轨迹。

（3）推导逐点比较法插补第三象限顺圆弧的偏差函数。

（4）采用逐点比较法插补圆弧，圆弧起点为 S（0，5）、终点为 E（-5，0），写出插补运算过程并绘制插补轨迹。

（5）采用 DDA 法插补第一象限直线 OC，直线起点为 O（0，0），直线终点为 C（4，5），写出插补运算过程并画出插补轨迹。

（6）采用 DDA 法插补第一象限逆圆弧 EF，圆弧起点为 E（6，0），圆弧终点为 F（0，6），半径为 6，写出插补运算过程并画出插补轨迹。

第4章

数控机床机械本体

工程背景

机械本体是装备制造技术的重要组成部分，是实现智能制造的基础。作为一种高速、高效和高精度的自动化加工设备，数控机床的机械结构日趋简化，新结构、新功能部件不断涌现，尤其是电主轴、直线电动机和并联机床的诞生，使得现代数控机床的机械结构发生了根本性变化。深入了解数控机床的结构性能、特点和工作原理对数控技术的理论设计、系统开发、工程计算等具有重要的应用价值。

学习目标

能正确理解数控机床机械结构各基本组成模块的功能及内在相互联系；能够分析轴承、滚珠丝杠副及导轨副对数控机床加工精度及运动稳定性的影响；能够阐明运动摩擦力和负载对进给系统的影响。

知识要点

首先了解数控机床对主传动系统、进给传动系统的要求，其次掌握功率扭矩特性、主轴部件、自动换刀装置、滚珠丝杠螺母副、机床导轨的结构，明确主轴计算转速含义，掌握滚珠丝杠螺母副的预紧方法。

4.1 概　述

机床本体又称机床机械结构，是数控机床的主体部分，是完成各种切削加工的机械部分。来自于数控装置的各种指令，经伺服驱动，都必须经机床本体转换成真实的、准确的机械运动和动作，才能实现数控机床的功能，保证机床的性能和零件的加工要求。尽管机床本体的基本构成与传统机床十分相似，但因数控机床在功能和性能上的要求与传统机床存在着巨大差异，故数控机床的机械结构有其独特风格和要求。

4.2 数控机床机械结构的组成及特点

4.2.1 数控机床机械结构的组成

数控机床的机械结构主要由机床基础支承部件、主传动装置、进给传动装置、自动换刀装置及其他辅助装置等组成,见图 4-1。数控机床的各机械部件相互协调,组成一个复杂的机械系统,在数控系统的指令控制下,实现零件的切削加工。由于其控制方式、加工要求和使用特点等,数控机床与普通机床在机械传动和结构上有着十分显著的变化,在功能方面也有了新的要求,如表 4-1 所示。

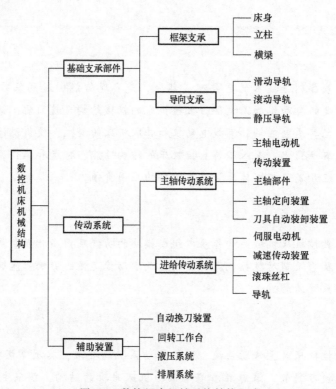

图 4-1　数控机床机械系统结构组成

表 4-1　数控机床各组成系统功能

名称	功能
基础支承部件	支承机床各零部件,保证其在切削加工过程中占有准确、正确的加工位置
主轴传动系统	将伺服电动机的运动和动力传递给主轴部件,以实现主切削运动
进给传动系统	将伺服驱动的运动和动力传递给工作台,以实现进给切削运动
辅助装置	实现一些辅助动作和功能

4.2.2 数控机床机械结构特点

现代数控机床为了满足高精度和高切削速度要求,其机械结构应具有以下特点:

1）传动系统简约化。采用高性能无级变速主轴及伺服传动系统，简化了机械传动结构。将电动机直接与主轴或丝杠连接，简化了传动链，使用直线电动机、电主轴，省略了丝杠和主轴箱。

2）传动元件精密化。滚珠丝杠螺母副、静压丝杠螺母副、塑料滑动导轨、滚动导轨、静压导轨被广泛使用，以减少进给系统的摩擦阻力，提高传动效率，从而使运动平稳并获得较高的定位精度。

3）支承件高刚度化。数控机床常常在高负荷下连续地工作，并且能够同时进行粗加工与精加工。这就要求机床既能满足大切削量的粗加工对机床刚度、强度和抗振性的要求，又能达到精密加工对机床精度的要求。

4）辅助操作自动化。采用多主轴、多刀架结构，刀具与工件的自动夹紧装置，自动换刀装置，自动排屑装置，自动润滑冷却装置，刀具破损检测、精度检测和监控装置等，以提高生产效率。

4.3　提高数控机床机械结构性能的方法

数控机床是按预先编好的程序进行加工的，在加工过程中不需人工参与，故对机床的结构要求是精密、完善且能长时间稳定可靠地工作，以满足重复加工过程的需求。数控机床的机械结构需克服传统机床存在的刚性不足、抗振性差、热变形大、滑动面摩擦阻力大及传动元件之间存在间隙等缺点，以保证机械零件高质量的加工精度，因此需要机械结构具有高精度、高刚度、低惯量、低摩擦、高谐振频率、适当的阻尼比等性能。

4.3.1　改善机床结构刚度

机床的结构刚度是指在切削力和其他力共同作用下抵抗变形的能力。在加工过程中，机床要承受多种外力的作用，包括运动部件和工件的自重、切削力、驱动力、加减速时的惯性力和摩擦阻力等，受这些力的影响，机床将发生变形，这些变形又会直接或间接地引起刀具与工件之间相对位移，破坏刀具和工件原来所占有的正确位置，从而影响机床的加工精度，降低零件的加工质量。

根据所受载荷力的不同，结构刚度又可分为静刚度和动刚度。前者是指在稳定载荷（如主轴箱、拖板自重、工件重量等）作用下抵抗变形的能力，它与系统构件的几何参数及材料弹性模量有关；后者是指在交变载荷（如周期性变化的切削力、齿轮啮合过程中的冲击力等）作用下阻止振动的能力，即抗振性，它与系统构件阻尼率有关。

机床的静刚度通常用稳定载荷作用下的静刚度系数 K（N/μm）表示：

$$K = 稳定载荷/变形量 \tag{4-1}$$

机床的动刚度用在交变载荷作用下的动刚度系数 K_d（N/μm）表示：

$$K_d = K \sqrt{\left(1 - \frac{\omega^2}{\omega_n^2}\right)^2 + 4\xi^2 \frac{\omega^2}{\omega_n^2}} \tag{4-2}$$

式中　ω——外加激振力的激振频率（Hz）；

ω_n——机床结构系统的固有频率（Hz），$\omega_n = \sqrt{\dfrac{K}{m}}$，$m$ 为结构系统的质量；

ξ——机床结构系统的阻尼率。

由式（4-2）可知，静刚度系数 K、外加激振力频率与系统固有频率之比 ω/ω_n、结构系统质量 m、结构系统阻尼率 ξ 是影响机床动刚度系数 K_d 的重要因素。

当 $\omega/\omega_n \geq 1$ 时，即激振频率 ω 远比固有频率 ω_n 大时，动刚度最大，抗振性最强。现代数控机床的抗振性一般比普通机床高出 50%。

1. 提高数控机床的静刚度

静刚度是动刚度提高的前提，为了提高机床静刚度，主要采取如图 4-2 所示的措施。

（1）优化构件截面形状和尺寸 数控机床在外力的作用下，各构件承受的载荷主要是弯矩和扭矩，产生的相应变形主要是弯、扭变形。其变形的大小取决于构件截面的抗弯和抗扭惯性矩。表 4-2 列出了在截面积相同（即质量相同）时，不同截面

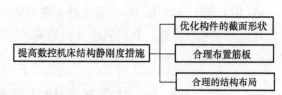

图 4-2 提高数控机床静刚度的措施

形状和尺寸不同的惯性矩（惯性矩通常被用作描述截面抵抗弯曲和扭转的能力，单位为 m⁴）。

由表 4-2 可知，在形状和截面积相同的条件下，减小壁厚、加大截面轮廓尺寸，可大大增加刚度；封闭截面的刚度远高于不封闭截面的刚度；圆形截面的抗扭刚度高于方形截面，而抗弯刚度则低于方形截面；矩形截面在尺寸大的方向具有很高的抗弯刚度。

表 4-2　各种构件截面的抗弯、抗扭惯性矩

截面形状	惯性矩计算值/m⁴		截面形状	惯性矩计算值/m⁴	
	惯性矩相对值			惯性矩相对值	
	抗弯	抗扭		抗弯	抗扭
$\phi113$	$\dfrac{800}{1.0}$	$\dfrac{1600}{1.0}$	I形截面 300×150，25、10、25	$\dfrac{15517}{19.4}$	$\dfrac{134}{0.09}$
$\phi160$／$\phi196$，18	$\dfrac{4030}{5.04}$	$\dfrac{8060}{5.04}$	100×100	$\dfrac{833}{1.04}$	$\dfrac{1400}{0.88}$
$\phi160$／$\phi196$，开口	—	$\dfrac{108}{0.07}$	$\phi113$／$\phi160$，23.5	$\dfrac{2420}{3.02}$	$\dfrac{4840}{3.02}$

（续）

截面形状	惯性矩计算值/m⁴		截面形状	惯性矩计算值/m⁴	
	惯性矩相对值			惯性矩相对值	
	抗弯	抗扭		抗弯	抗扭
（方形截面 100×100, 外142×142）	$\dfrac{2563}{3.21}$	$\dfrac{2040}{1.27}$	*（矩形空心截面 50×200, 外85×235）*	$\dfrac{5857}{7.35}$	$\dfrac{1316}{0.82}$
（竖矩形截面 50×200）	$\dfrac{3333}{4.17}$	$\dfrac{680}{0.43}$	*（工字形截面 300×150, 壁厚25、10）*	$\dfrac{2720}{3.4}$	—

注：表中，分子是每种截面抗弯、抗扭惯性矩的值；分母是每种截面抗弯、抗扭的值与实心圆相应的惯性矩的比值。

（2）合理选择和布置筋板　筋板的作用是将作用于支承件的局部载荷传递给其他壁板，从而使整个支承件承受载荷，达到提高支承件整体刚度的目的。表4-3给出了几种筋板布置时立柱的静刚度和动刚度。

表4-3　不同筋板布置时立柱的静、动刚度对比

立柱截面简图	静刚度				动刚度		
	抗弯刚度		抗扭刚度		抗弯刚度相对值	抗扭刚度相对值	
	相对值	单位质量刚度相对值	相对值	单位质量刚度相对值		振型Ⅰ	振型Ⅱ
□	1	1	1	1	1	1.2	7.7
	1	1	7.9	7.9	2.3	—	44
□（单横筋）	1.17	0.94	1.4	1.1	1.2	—	—
	1.13	0.90	7.9	6.5	—	—	—
□（井字筋）	1.14	0.76	2.3	1.5	3.8	3.8	6.5
	1.14	0.76	7.9	5.7	—	—	
□（斜置筋）	1.21	0.90	10	7.5	5.8	10.5	—
	1.19	0.90	12.2	9.3	—	—	—
□（对角交叉筋）	1.32	0.81	18	10.8	3.5	—	61
	0.83	19.4	12.2				

注：1. 在每一模型简图中，第一行无顶板，第二行有顶板。
　　2. 振型Ⅰ指断面形状有严重畸变的扭振，振型Ⅱ指纯扭转的扭振。

从表中可知，斜置筋板和对角线交叉筋板对提高立柱的刚度更为有效。

图4-3a和b所示为两种立式加工中心立柱的横截面图。因两种立柱内部分别采用斜方双

层壁（相当于斜纵向筋板）和对角线交叉筋板，因此两种立柱都有很高的抗弯、抗扭刚度。

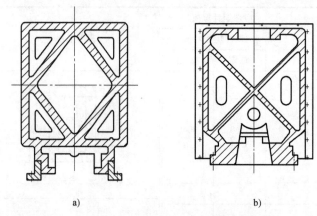

a)   b)

图 4-3　立式加工中心立柱横截面

此外合理配置加强筋、采用钢板焊接结构等其他措施也可提高数控机床的刚度。

（3）采用合理的结构布局　机床结构布局对机床部件的受力影响很大，采用合理的结构布局会减少部件承受的弯矩和扭矩，改善机床的受力状况，提高机床的刚度。

如图 4-4 所示为普通车床正置床身和数控车床斜置车身布局的受力分析比较。

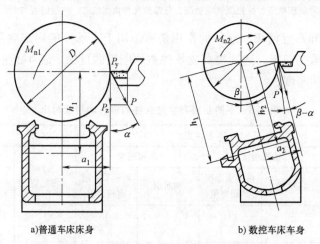

a)普通车床床身　 b) 数控车床车身

图 4-4　正置床身和斜置床身的受力比较

设两种床身截面积和惯性矩及其所受切削力 P 相等，对传统车床，床身水平布局，床身所受扭矩为 M_{n1}：

$$M_{n1} = P\left(\frac{D}{2}\cos\alpha + h_1\sin\alpha\right) \tag{4-3}$$

对数控车床，床身倾斜布局，设倾角为 β，床身所受扭矩为 M_{n2}：

$$M_{n2} = P\left[\frac{D}{2}\cos(\beta-\alpha) - h_2\sin(\beta-\alpha)\right] \tag{4-4}$$

比较式（4-3）和式（4-4）可看出，$M_{n2} < M_{n1}$，采用倾斜布局的数控车床床身所承受的扭矩要比采用水平布局的传统车床床身的扭矩要小，因而机床的刚度得到了提高。此外，倾

斜布局的床身还具有排屑容易的特点，更利于自动化加工的数控车床。

图 4-5 所示为传统卧式镗铣床的结构布局和现代卧式加工中心的结构布局比较。

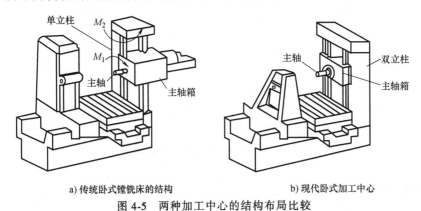

a) 传统卧式镗铣床的结构   b) 现代卧式加工中心

图 4-5 两种加工中心的结构布局比较

图 4-5a 为传统的卧式镗铣床，由于主轴箱单面悬挂在立柱侧面，其自重将使立柱承受弯矩 M_1，切削力将使立柱承受扭矩 M_2；而现代卧式加工中心的布局是主轴箱的主轴中心位于双立柱的对称面内，见图 4-5b，立柱不再承受由主轴箱自重产生的弯矩和由切削力产生的扭矩，从而改善了立柱的受力状况，减小了立柱的弯曲、扭转变形，提高了刚度。

2. 提高数控机床结构的抗振性

在保证静刚度的前提下，还必须提高数控机床的动刚度，提高机床抗振性的措施如图 4-6 所示。

改善支承件的动态特性，提高抗振性，是提高动刚度的关键。根据式 (4-2)，提高动刚度的有效措施是提高系统的静刚度、适当增大系统的阻尼比、提高系统的固有频率或改变激振频率，以使两者远离。

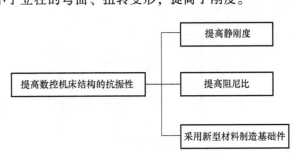

图 4-6 提高数控机床抗振性的措施

提高静刚度的措施已在前面详细介绍。下面主要介绍数控机床在增加阻尼方面采取的措施。

（1）基础件内腔填充泥芯、混凝土等阻尼材料 在基础件内腔填充泥芯、混凝土，振动时可利用相对摩擦来耗散振动能量，从而提高结构的阻尼特性，抑制振动。图 4-7 所示为两种车床床身横截面结构的对比，填充泥芯的床身阻尼显著增加。

（2）采用新材料制造基础件 高速切削对机床的支承件，如床身、立柱的动、静态特性要求很高，这些支承件必须有足够的强度、刚度和高的阻尼特性。近年来很多高速机床的床身材料采用了俗称人造花岗石材料。这种材料以大小不等的花岗岩颗粒作填料，用热固性树脂作黏结剂，在模型中浇注后通过聚合反应成形，制成高速加工机床的床身和立柱。这种材料性能优越，其阻尼特性为铸铁的 7~10 倍，密度为铸铁的 1/3，振幅对数衰减率比铸铁大 10 倍，热导率仅为铸铁的 1/40~1/25，浇注成形工件的能耗仅为铸铁的 1/4，浇制后的尺寸精度可达到 0.1~0.3mm。与金属的黏结力强，具有刚度高、抗振性好、耐化学腐蚀和耐热等特点。

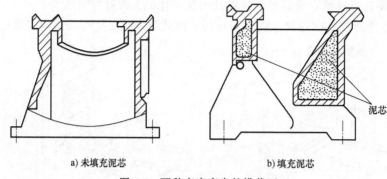

a) 未填充泥芯   b) 填充泥芯

图 4-7　两种车床床身的横截面

4.3.2　减小机床热变形

　　数控机床的主轴转速、快进速度都远远高于普通机床，且机床又长时间处于连续工作状态，电动机、丝杠、轴承、导轨、切屑及刀具与工件的切削部位、液压系统等均会产生大量热量，使得数控机床的热变形问题比普通机床要严重得多。虽然在先进的数控系统中有热变形补偿功能，但它并不能完全消除热变形对加工精度的影响，图 4-8 为机床各部位热变形对加工精度的影响。

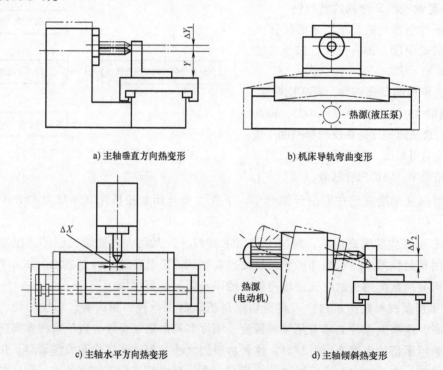

a) 主轴垂直方向热变形   b) 机床导轨弯曲变形

c) 主轴水平方向热变形   d) 主轴倾斜热变形

图 4-8　机床各部位热变形对加工精度的影响

　　为了减少数控机床的热变形，在数控机床结构中，通常采用以下措施。

　　（1）减少发热　机床内部发热是产生热变形的主要热源，应当尽可能地将热源从主机中分离出去。

（2）控制温升 通过良好的散热和冷却来控制温升，以减少热源的影响。

（3）改善机床结构 采用左右对称双立柱结构，受热后的主轴轴线除产生垂直方向平移外，其他方向的变形很小，而垂直方向的轴线移动可以方便地用一个坐标的修正量进行补偿。

4.3.3 提高机床的低速运动平稳性

传统机床所用的滑动导轨，其静摩擦力和动摩擦力相差较大，如果起动时的驱动力克服不了数值较大的静摩擦力，工作台就不能立即运动，而是将能量储存起来。当继续加大驱动力，使之超过静摩擦力时，工作台由静止状态变为运动状态，摩擦阻力也变为较小的动摩擦力，弹性变形恢复，能量释放，使工作台突然向前窜动，这样可能出现明显的速度不均匀，从而产生"爬行"现象。图4-9a所示为机床工作台进给系统的运动。伺服电动机虽匀速旋转，如果速度较低，则工作台可能出现明显的速度不均匀：有时是时走时停，见图4-9b，有时是时快时慢，见图4-9c。

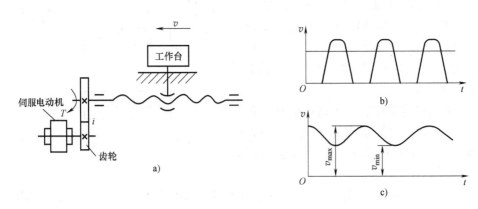

图4-9 工作台的低速运动

数控机床工作台的位移量是以脉冲当量作为它的最小单位，它常常以极低的速度运动，这时要求工作台对数控装置发出的指令要做出准确响应，这与运动件之间的摩擦特性有直接关系。图4-10示意了各种导轨的摩擦力和运动速度的关系。

对于图4-10a所示的滑动导轨，初始作用力用于克服传动元件（电动机、齿轮、丝杠、螺母等）弹性变形的能量，当作用力超过静摩擦力时，弹性变形恢复，工作台突然运动，静摩擦力变为滑动摩擦力，工作台加速运动，惯性力使工作台偏离给定位置。

图4-10b和图4-10c所示的摩擦力较小，而且很接近于动摩擦力，加上润滑油的作用，摩擦力会随着速度的提高而增大，避免了"低速爬行"，提高了定位精度和运动平稳性。

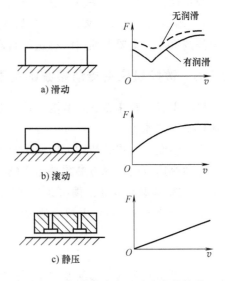

图4-10 摩擦力和运动速度的关系

因此现代数控机床均采用滚动导轨和静压导轨以确保数控加工的低速运动平稳性。

4.4 数控机床主传动系统

主传动系统是数控机床的重要组成部分，它将电动机的转矩和功率传递给主轴部件，实现刀具的主切削运动，具有速度高、功率消耗大等特点，同时它也提供了切削加工获得要求的表面形状所必需的成形运动。

4.4.1 数控机床主传动系统的组成

数控机床主传动系统的组成如图 4-11 所示。

4.4.2 数控机床对主传动系统的要求

由于数控机床具有高精度、高效率和高自动化等特点，因而决定了数控机床的主轴转速更高、变速范围更宽、功率消耗更大。根据机床不同类型和加工工艺特点，数控机床对其主传动系统提出以下要求：

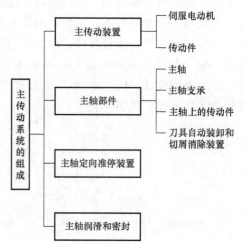

图 4-11 数控机床主传动系统的组成

1）主轴调速范围广。为了适应各种切削工艺的要求，主轴应具有一定的调速范围，以保证加工时选用合理的切削用量，获得最佳切削效率、加工精度和表面质量。

2）驱动功率大且恒功率范围宽。要求主轴具有足够的驱动功率或输出转矩，能在整个变速范围内提供切削加工所需的功率和转矩，特别是满足机床强力切削加工时的要求。

3）精度要求高。不仅要求主轴的回转精度高，而且要求主轴具有足够的刚度、抗振性及热稳定性，保证传动平稳、噪声低。

4）动态响应性能。要求主轴升降速时间短，调速时运转平稳。对于要求同时实现正反转切削的机床，则要求换向时可进行自动加减速控制。

4.4.3 数控机床主传动系统的主要参数

机床主运动转速高低及范围、传递功率大小及动力特性，决定了数控机床的切削加工效率和加工工艺能力。

主传动变速系统的特性可用两个参数来表征，即运动参数和动力参数。运动参数是指主轴转速和变速范围；动力参数是指主轴的输出功率和转矩。

1. 主轴转速和变速范围（运动参数）

主轴转速 $n(\mathrm{r/min})$ 由切削速度 $v(\mathrm{m/min})$ 和工件或刀具的直径 $d(\mathrm{mm})$ 来确定，即：

$$n=\frac{1000v}{\pi d} \tag{4-5}$$

由此可见，机床的切削速度范围决定于主轴的变速范围，主轴变速范围越大，切削速度的范围也越宽，机床适用范围就越广。

为了适应切削速度和工件或刀具直径的变化，主轴的最低转速 n_{min}（r/min）和最高转速 n_{max}（r/min）可根据下式确定：

$$n_{min} = \frac{1000v_{min}}{\pi d_{max}} \tag{4-6}$$

$$n_{max} = \frac{1000v_{max}}{\pi d_{min}} \tag{4-7}$$

主轴最高转速与最低转速之比称为调速范围 R_n：

$$R_n = \frac{n_{max}}{n_{min}} = \frac{v_{max}d_{max}}{v_{min}d_{min}} \tag{4-8}$$

现代中型数控机床的主轴转速很多高达 5000~10000r/min，有的则大于 20000r/min。同时，有些加工工序又要求在较低切削速度下对较大尺寸工件进行加工。因此，数控机床的调速范围比普通机床大，一般 $R_n > 100$，有的甚至 $R_n > 1000$。

为了保证数控机床总能在最有利的切削速度下进行加工，或实现恒速切削的功能，数控机床的主轴转速通常在其调速范围内连续无级可调。因此，现代数控机床采用直流或交流调速电动机作为主运动的动力源。

2. 主传动功率、转矩特性（动力参数）

主传动系统为切削加工提供所需的切削功率 P_c（kW）或转矩 T 可由主切削抗力 F_z 按下式来确定：

$$P_c = \frac{F_z v}{60000} = \frac{Tn}{9550} \tag{4-9}$$

式中　F_z——切削力的切向分力（N）；

　　　v——切削速度（m/mim）；

　　　T——切削转矩（N·m）；

　　　n——主轴转速（r/min）。

主传动所输出的最大功率（或转矩）与主轴转速之间的关系称为功率（转矩）特性。为了保证数控机床总能在最有利的切削速度下进行加工，或实现恒速切削的功能，必须重视机床主轴与电动机在功率特性方面的匹配。图 4-12 为机床主轴要求的功率、转矩特性图。

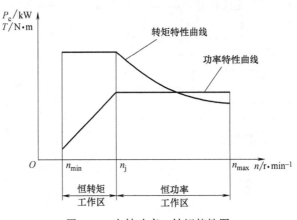

图 4-12　主轴功率、转矩特性图

在整个调速范围内，主轴的功率、转矩特性曲线分为恒转矩和恒功率两个工作区域，其交界点转速 n_j 称为主轴的计算转速，也是主轴输出全部功率（最大功率）时的最低转速。在恒转矩区，功率与转速成正比；而在恒功率区转矩与速度成反比。通常要求恒功率区约占整个主轴变速范围的 $2/3 \sim 3/4$；恒转矩区约占 $1/4 \sim 1/3$。

例如有一台数控车床，主轴最高转速 $n_{max} = 4000 \text{r/min}$，最低转速 $n_{min} = 40 \text{r/min}$，计算转速 $n_j = 160 \text{r/min}$。则该机床变速范围 $R_n = n_{max}/n_{min} = 100$，恒功率变速范围 $R_{np} = n_{max}/n_j = 25$。

4.5 主传动的形式及主轴部件

4.5.1 主传动的形式

现代数控机床的主传动系统广泛采用交流调速电动机和直流调速电动机作为驱动元件。随着电主轴性能的日趋完善，数控机床能方便地实现无级变速，且具有传动链短、传动件少、变速可靠性高等特点。表 4-4 为四种典型的主传动形式。

表 4-4　数控机床的主传动形式

传动形式	简图	特点
二级变速齿轮传动		主轴可获得低速和高速两种转速系列，确保低速时的大转矩，满足机床对转矩特性的要求，适应于大中型数控机床配置
定比传送带（V 带或同步带）		传动带具有吸振、传动平稳、噪声小的特点，但变速范围不大，适用于低转矩特性要求的小型数控机床上的主轴传动
经联轴器驱动的主轴传动		主轴转速的变化及转矩的输出完全与电动机的输出特性一致，适应于精密机床、高速加工中心等
内置电动机主轴（电主轴）		简化了主轴传动装置，可以使主轴达到每分钟数万转、甚至十几万转的高速度，目前主要用于中小型高速、超高速数控机床

4.5.2 主轴部件

主轴部件是机床重要的组成部分之一，包括主轴的支承和安装在主轴上的传动零件等。由于数控机床的转速高，功率大，并且在加工过程中不进行人工调整，因此要求主轴部件应具有良好的回转精度、结构刚度、抗振性、热稳定性及耐磨性和精度的保持性。对于带有自动换刀的数控机床，为了实现刀具在主轴上的自动装卸和夹持，还必须有刀具的自动装卸装置、主轴准停装置和切屑清除装置等结构。

1. 主轴轴端结构

主轴轴端部主要用于安装刀具和夹具。要求刀具和夹具在轴端定位精度高，刚度好，装卸方便，同时缩短主轴悬伸长度，以传递足够的转矩和高的刚度。表4-5为几种典型的数控机床的主轴端部结构。

表 4-5 主轴端部的结构形式

名　　称	主轴端部结构形式	说　明
数控车床		主轴为空心，前端有莫氏锥度孔，用以安装顶尖或心轴。卡盘靠前端的短圆锥面和凸缘端面定位，用拔销传递转矩
数控镗铣床和加工中心		铣刀或刀杆在前端 7：24 的锥孔内定位，并用拉杆从主轴后端拉紧，由前端的端面键传递转矩
外圆磨床、平面磨床、无心磨床等砂轮		外圆磨床砂轮主轴的端部

（续）

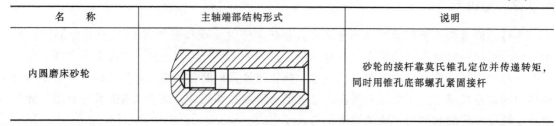

名　　称	主轴端部结构形式	说明
内圆磨床砂轮		砂轮的接杆靠莫氏锥孔定位并传递转矩，同时用锥孔底部螺孔紧固接杆

2. 主轴部件的支承

根据主轴部件的转速、承载能力及回转精度等要求的不同，数控机床主轴支承采用不同种类的轴承。一般中小型数控机床（如车床、铣床、加工中心、磨床）的主轴部件多数采用滚动轴承；重型数控机床采用液体静压轴承；高精度数控机床（如坐标磨床）采用气体静压轴承；超高转速（20000~100000r/min）的主轴可采用磁悬浮轴承或陶瓷滚珠轴承。现代数控机床主轴滚动轴承常用的配置有以下几种形式，见表4-6。

表4-6　数控机床主轴支承形式

轴承配置形式	简图	说明
前支承采用双列短圆柱滚子轴承和60°角接触球轴承组合，后支承采用成对角接触球轴承		综合刚度高，能进行强力切削，应用于中等转速的数控机床主轴
前支承采用角接触球轴承，由2~3个组成一组，后支承采用双列短圆柱滚子轴承		具有良好的高速性能和径向轴向承载能力，适用于高速较重载荷的主轴
前支承采用高精度双列（或三列）角接触球轴承，后支承采用单列（或双列）角接触球轴承		该种配置形式具有良好的高速性能，但承载能力小，因而适用于高速、轻载和精密的数控机床主轴
前支承采用双列圆锥滚子轴承，后支承采用单列圆锥滚子轴承		能承受重载荷和较强动载荷，适用于中等精度、低速与重载的数控机床主轴

3. 滚动轴承的预紧

轴承预紧是使滚道与滚动体预先承受一定的载荷，这样不仅能消除间隙，还能使滚动体与滚道之间发生一定的变形，增大接触面积，使轴承受力时变形减小，变形抗力增大。因此，对主轴滚动轴承进行预紧和合理选择预紧量，可以提高主轴部件的旋转精度、刚度抗振性。滚动轴承间隙的调整或预紧，通常是使轴承内外圈相对轴向移动来实现的。常用的方法有：

（1）轴承内圈移动　如图 4-13a、b 所示方法适用于内圈锥孔为 1∶12 的双列短圆柱滚子轴承。用锁紧螺母通过套筒推动内圈在锥形轴颈上做轴向移动，使内圈径向胀大，在滚道上产生过盈，从而达到径向预紧的目的。图 4-13a 结构简单，但预紧量不易控制，常用于轻载机床主轴部件。实际使用时常需要在主轴前端增加挡圈，如图 4-13b 所示，通过修磨挡圈来控制轴向移动量和预紧力。锁紧螺母一般采用细牙螺纹，便于微量调整，而且在调整好后要能锁紧或放松。

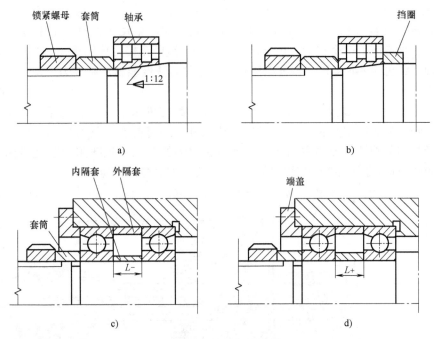

图 4-13　轴承径向预紧

同样，对于角接触球轴承、圆锥滚子轴承，也可通过内圈的轴向移动，使内外圈错位压紧滚动体预紧。内圈的轴向移动量也可通过直接修磨轴承内圈控制，但这种方式不利于轴承更换和调整，因此，实际使用时一般需要通过图 4-13c、d 所示的轴承内、外隔套的厚度差来调整轴承的预紧力。对于背靠背安装的轴承（图 4-13c），其内隔套应比外隔套稍薄，此时可通过锁紧螺母、套筒，来调整内圈的轴向位置预紧轴承；对于面对面安装的轴承（图 4-13d），其内隔套应比外隔套稍厚，此时可通过端盖调整外圈的轴向位置来预紧轴承。

（2）修磨座圈或隔套　利用修磨座圈或隔套的方法，也可对轴承进行轴向间隙调整和预紧，见图 4-14。

图 4-14a 为角接触球轴承外圈宽边相对（背对背）安装，这时修磨轴承内圈的内侧。图 4-14b 为外圈窄边相对（面对面）安装，这时修磨轴承外圈的窄边。在安装时按图示的相对关系装配，并用螺母或法兰盖将两个轴承轴向压拢，使两个修磨过的端面贴紧，让两个轴承

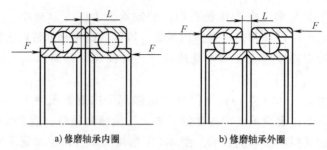

a) 修磨轴承内圈   b) 修磨轴承外圈

图 4-14   修磨轴承座圈

的滚道之间产生轴向预紧。

4. 主轴部件结构及刀具自动装卸装置

（1）主轴部件结构   数控机床主传动系统通常采用交流无级调速电动机，通过带传动带动主轴旋转。图 4-15 所示为主轴部件的典型结构。主轴电动机通过 V 带将运动和动力传递给主轴。主轴有前后两个支承，前支承采用三个一组的角接触球轴承，后支承采用双列短圆柱滚子轴承，由表 4-6 可知，该种配置具有良好的高速性能和承载能力，适用于高速、较重载荷加工机床。

（2）刀具自动装卸装置   带有刀库的自动换刀数控机床中，为了实现刀具在主轴上的自动装卸，除了要保证刀具在主轴上正确定位之外，还需要有刀具的自动夹紧等装置。图 4-15 是自动换刀数控镗铣床的主轴部件，其主轴前端的 7∶24 锥孔用于装夹锥柄刀具或刀杆。主轴的端面键可用于传递刀具的转矩，也可用于刀具的周向定位。

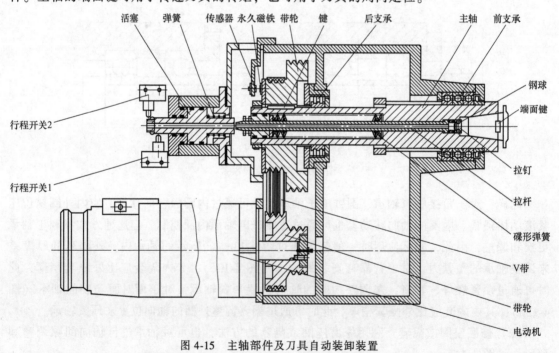

图 4-15   主轴部件及刀具自动装卸装置

从图中可以看出，该机床是由拉紧机构拉紧刀具锥柄尾端的轴颈（拉钉）来实现刀具的定位和夹紧的。夹紧刀具时，液压缸右腔接通压力油，弹簧推动活塞向左移动，处于图示位置，拉杆在碟形弹簧的作用下向左移动。由于此时装在拉杆前端径向孔中均匀分布的钢球进入主轴孔中直径较小的 d_1 处，如图 4-16 所示，被迫径向收拢而卡进拉钉的环形凹槽内，因而刀杆被拉杆拉紧，依靠摩擦力紧固在主轴上，此时行程开关 2 发出信号。换刀前需将刀具松开，这时压力油进入液压缸左腔，活塞推动拉杆向右移动，碟形弹簧被压缩；当钢球随拉杆一起向右移至进入主轴孔中直径较大的 d_2 处时，它就不再能约束拉钉的头部，紧接着拉杆前端内孔的台肩端面碰到拉钉，把刀柄顶松。此时行程开关 1 发出信号，换刀机械手随即将刀具取下。

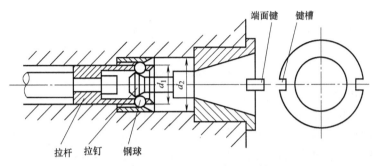

图 4-16　钢球式卡爪拉紧机构

与此同时，压缩空气由管接头经活塞和拉杆的中心通孔吹入主轴装刀孔内，把切屑或脏物清除干净，以保证刀具的装夹精度。机械手把新刀装上主轴后，液压缸右腔接通回油，被压缩的碟形弹簧恢复弹力，又拉紧刀具。

5. 主轴的定向准停装置

具有自动换刀功能的数控机床，多数情况下，主轴与刀杆靠端面键传递转矩，当主轴停转进行刀具交换时，主轴需停在一个固定不变的方位上，保证主轴端面键也在一个固定的方位，使刀柄上的键槽能恰好对正主轴端面键。如图 4-16 所示，主轴的准停装置设置在主轴的尾端，如图 4-15 所示，采用磁性传感器作为主轴到位的检测元件，由电气控制准停。交流调速电动机通过多联 V 带、带轮和键带动主轴旋转。当主轴需要停车换刀时，系统发出降速信号，主轴电动机以低转速回转。时间继电器延时数秒后，系统发出准停信号，立即切断主轴电动机电源，脱开与主轴的传动联系，以排除传动系统中大部分回转零件的惯性对主轴准停的影响，使主轴低速惯性空转。位于图中带轮左侧的永久磁铁对准磁性传感器时，主轴准确停止。同时发出主轴停转信号，自动换刀装置可以开始动作。

4.5.3　主轴功率选择

数控机床的主电动机功率决定了机床的切削能力。机床的切削能力常以单位时间（每分钟）能切削的典型金属材料体积 V 来衡量。对于固定材料的工件和刀具，单位时间的切削体积 V 所需要的功率 P 是一个大致不变的值，因此，如果主轴变速时，其输出功率能够保持不变，机床的切削能力（加工效率）就可维持不变，这就是机床主轴希望主电动机的恒功率调速范围尽可能大的原因所在。

金属切削机床的切削功率计算式如下：

$$P = \frac{Q}{\eta M_r} \tag{4-10}$$

式中　P——切削功率（kW）；

Q——金属切削率（cm^3/min），指每分钟切下工件材料的体积，它是衡量切削效率高低的指标；

η——机械传动效率；

M_r——切削能力 [（cm^3/min）kW^{-1}]，切削能力是指刀具在单位功率和单位时间内，单位功率能够切削的金属材料体积，它与刀具材料、切削用量、工件材质和硬度等有关，常规加工时可参考刀具生产厂家提供的手册。

1. 车削加工

车削加工的每分钟切削体积与加工直径 D、进给速度 F、切削深度 d 有关，其计算式如下：

$$Q = \pi D d F / 1000 \tag{4-11}$$

式中　Q——金属切削率（cm^3/min）；

D——平均切削直径（mm）；

d——切削深度（mm）；

F——切削进给速度（mm/min）。

2. 铣削加工

铣削加工的每分钟切削体积与图 4-17 所示的铣削宽度 W、进给速度 F、铣削深度 d 有关，计算公式如下：

$$Q = W d F / 1000 \tag{4-12}$$

式中　Q——金属切削率（cm^3/min）；

W——铣削宽度（mm）；

d——铣削深度（mm）；

F——切削进给速度（mm/min）。

3. 孔加工

钻孔加工的金属切削率与钻孔直径 D、进给速度 F 有关，计算公式如下：

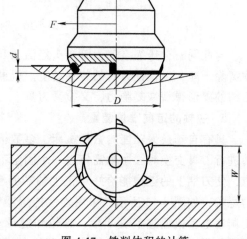

图 4-17　铣削体积的计算

$$Q = \pi \left(\frac{D}{2} \right)^2 F / 1000 \tag{4-13}$$

式中　Q——金属切削率（cm^3/min）；

D——钻孔直径（mm）；

F——切削进给速度（mm/min）。

【例 4-1】　设某数控车床要求的切削能力为：能够利用高速钢刀具，对硬度为 180HBW、直径为 100mm 的钢件，进行单边 3mm 以上的切削加工。机床主传动系统采用 2 级齿轮变速，低速档传动比为 1：6、传动效率为 0.8，单位功率切削能力 M_r 为 25（cm^3/min）kW^{-1}，其主电动机功率可按以下方法选择。

解：利用高速钢刀具加工硬度为 180HBW 的钢件，其切削速度可取 30m/min，主轴每转进给量可取 0.3mm，因此，其切削参数可计算如下：

主轴转速：$n = \dfrac{v}{\pi D} = \dfrac{30\text{m/min} \times 1000}{\pi \times 100\text{mm}} = 95\text{r/min}$

进给速度：$F = 0.3\text{mm} \times 95\text{r/min} = 29\text{mm/min}$

车削能力：$Q = \pi DdF/1000 = \pi \times 100\text{mm} \times 3\text{mm} \times 29\text{mm/min}/1000 = 27.33\text{cm}^3/\text{min}$

切削功率：$P \geqslant \dfrac{Q}{\eta M_r} = \dfrac{27.33\text{cm}^3/\text{min}}{0.8 \times 25(\text{cm}^3/\text{min})\text{kW}^{-1}} = 1.37\text{kW}$

以上切削功率 P 是主轴在转速95r/min 时的输出功率，它不是主轴在计算转速（额定转速）下的功率输出。在本机床上，由于低速档传动比为 1∶6，当主轴转速为 95r/min 时，主电动机的转速应为 570r/min，要求的电动机输出功率应大于 1.37kW。因此，当选择额定转速为 2000r/min 的交流主轴电动机驱动时，由于电动机在额定转速以下区域为恒转矩调速，其输出功率与转速成正比，故电动机的额定功率应选择为

$$P_e \geqslant 2000 \times 1.37/570\text{kW} = 4.8\text{kW}$$

故可选择额定转速 2000r/min、额定输出功率 5.5kW 的交流主轴电动机。

4.5.4 高速主轴系统

高速主轴系统是高速切削机床最重要的部件，数控机床及加工中心的主轴正在向高速化发展。高速数控机床传动的机械结构已得到极大的简化，取消了带传动和齿轮传动，机床主轴由内装式电动机直接驱动，从而把机床主传动链的长度缩短为零，实现了机床主运动的"零传动"，这种结构称为电主轴，如图 4-18 所示。它具有结构紧凑、机械效率高、转速高、振动小等优点，因而在现代数控机床中获得了越来越广泛的应用。在国外，电主轴已成为一种机电一体化的高科技产品。

1. 高速主轴的结构及工作原理

高速主轴（图 4-18）在结构上几乎全部是交流伺服电动机直接驱动的集成化结构，取消了齿轮变速机构，并配备有强力的冷却和润滑装置。集成电动机主轴的特点是振动小、噪声低、结构紧凑。集成主轴有两种构成方式：一种是通过联轴器把电动机与主轴直接连接，另一种则是把电动机转子与主轴做成一体，即将无壳电动机的空心转子用压合的形式直接装在机床主轴上，带有冷却套的定子则安装在主轴单元的壳体中，形成内装式电动机主轴。这种电动机与机床主轴"合二为一"的传动结构形式，把机床主传动链的长度缩短为零，大大减少了主传动的转动惯量，提高了主轴动态响应速度和工作精度，彻底解决了主轴高速运转时齿轮或传动带和带轮等传动的振动和噪声问题。

图 4-19 所示为立式加工中心的高速电主轴的组成。由于高速主轴对轴上零件的动平衡

图 4-18 高速电主轴

要求很高，因此，轴承的定位元件与主轴不宜采用螺纹连接，电动机转子与主轴也不宜采用键联结，而普遍采用可拆的阶梯过盈连接。电主轴是一个套件，它包括电主轴本身及高频变频装置、油雾润滑器、冷却装置、内置编码器、换刀装置等附件。电主轴主要由主轴、轴承、内装式电动机和刀具夹持装置、传感器及反馈装置等组成。

工作时，电主轴中的电动机直接驱动主轴，通过改变电源的频率，使主轴以不同的速度旋转。电主轴的工作转速极高，这对结构设计、制造和控制提出了非常严格的要求，并带来了一系列技术难题，如主轴的散热、动平衡、支承、润滑及控制等，只有妥善解决这些技术难题，才能确保电主轴高速运转和精密加工的可靠性。

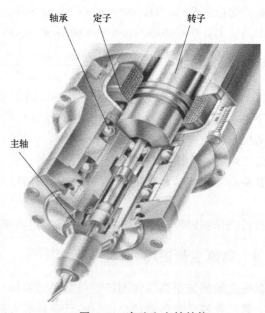

图 4-19　高速电主轴结构

2. 高速主轴系统的发展

因电主轴具有结构紧凑、易于平衡、传动效率高等特点，其主轴转速可以达到每分钟几万转到几十万转，现正在逐渐向高速、大功率方向发展。国外高速主轴单元的发展较快，中等规格的加工中心的主轴转速已普遍达到 10000r/min，部分产品的转速甚至更高。美国福特汽车公司推出的 HVM800 卧式加工中心主轴单元采用液体动静压轴承，最高转速为 15000 r/min；德国 GMN 公司的磁浮轴承主轴单元的转速最高达 100000r/min 以上；瑞士 Mikron 公司采用的电主轴具有先进的矢量式闭环控制，动平衡较好的主轴结构，油雾润滑的混合陶瓷轴承，可以随室温调整的温度控制系统，确保主轴在全部工作时间内温度恒定。现在国内 10000～15000r/min 的立式加工中心和 18000r/min 的卧式加工中心已开发成功并投放市场，生产的高速数字化仿形铣床最高转速达到了 40000r/min。

4.6　数控机床的进给伺服系统

数控机床的进给运动以保证刀具与工件相对位置关系为目的，被加工工件的轮廓精度和位置精度都要受到进给运动的传动精度、灵敏度和稳定性的直接影响。不论是点位控制还是轮廓控制，其进给运动是数控系统的直接控制对象。因此，必须对数控机床进给系统的机械结构提出设计要求。

4.6.1　数控机床进给系统的要求和传动形式

1. 数控机床进给系统的要求

为确保数控机床进给系统的传动精度和工作稳定性，数控机床进给运动系统应具有高精度、高稳定性和快速响应等能力。为了满足这样的性能，首先需要高性能的伺服驱动电动机，同时还需要高质量的机械结构。因此，在设计数控机床进给传动机构时，数控机床进给系统必须满足以下几方面要求：

1）减小运动件的摩擦阻力。采用滚珠丝杠螺母副、静压丝杠螺母副、滚动导轨、静压导轨和塑料导轨，以减小摩擦力，消除低速爬行现象，提高整个伺服进给系统的稳定性。

2）提高传动精度和刚度。对滚珠丝杠螺母副和轴承支承进行预紧、消除齿轮、蜗轮蜗杆等传动件之间的间隙，可提高进给精度和刚度。

3）减小各运动零件的惯量。尽可能减小运动部件的质量，减小旋转零件的直径和重量，以减小运动部件的惯量。

4）响应速度快。使机床工作台及传动机构的刚度、间隙、摩擦以及转动惯量尽可能达到最佳值，以提高伺服进给系统的快速响应性。

5）稳定性好及寿命长。合理选择各传动件的材料、热处理方法及加工工艺，并采用适宜的润滑方式和防护措施以延长寿命。

2. 数控机床进给系统传动形式

数控机床的进给传动系统对位置精度、快速响应性能、调速范围等有很高的要求。常用的进给传动系统的驱动电动机为直流伺服电动机、步进电动机和交流伺服电动机。采用不同的驱动电动机，则相应的传动形式有差异。数控机床的进给传动系统主要由传动机构、运动变换机构、导向机构、执行件组成，它是实现成形加工运动所需的运动及动力的执行机构。

数控机床进给传动系统的典型传动形式见表4-7。

表 4-7　数控机床进给传动系统的典型传动形式

传动形式	简图	特点
电动机通过联轴器直接与丝杠连接	联轴器　进给电动机	具有较高的传动精度和刚度，广泛应用于加工中心和高精度数控机床
带有齿轮传动的进给传动	齿轮　进给电动机	采用齿轮副达到一定降速比，但易产生齿侧间隙，造成反向死区，故要采取齿侧间隙消除措施
同步齿形带传动	进给电动机　同步带	无相对滑动，传动比准确，传动精度高，可用于高速传动

4.6.2　滚珠丝杠螺母副

滚珠丝杠螺母副（简称滚珠丝杠副）是一种在丝杠与螺母间装有滚珠作为中间传动元件的丝杠副，是直线运动与回转运动能相互转换的传动装置，如图4-20所示。与传统丝杠相比，滚珠丝杠副具有高传动精度、高效率、高刚度、可预紧、运动平稳、寿命长、低噪声等优点。

1. 滚珠丝杠螺母副的结构

滚珠丝杠螺母副由滚珠丝杠、螺母和滚珠组成。按照滚珠的循环方式，可以分为内循环方式和外循环方式。

内循环方式指在循环过程中滚珠始终保持和丝杠的接触，并且靠螺母上安装的反向器接通相邻滚道，使滚珠成单圈环，如图4-21所示。

外循环方式指滚珠在循环过程结束后，通过螺母外表面上的螺旋槽或插管返回丝杠螺母间重新进入循环。图4-22所示为常用的一种外循环方式。外循环结构的滚珠丝杠螺母副制造工艺简单，使用较为广泛；但其对滚道接缝处的要求高，

图 4-20　滚珠丝杠螺母副

通常很难做到平滑，影响滚珠滚动的平稳性，严重时甚至会发生卡珠现象，其噪声也较大，目前主要应用于重载传动系统中。

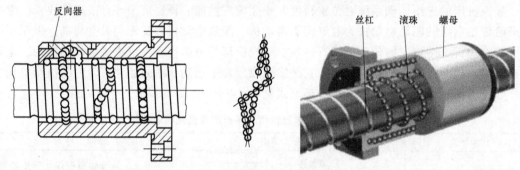

图 4-21　滚珠丝杠内循环方式

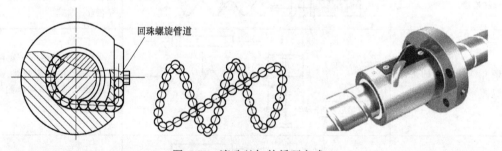

图 4-22　滚珠丝杠外循环方式

2. 滚珠丝杠螺母副的工作原理及特点

滚珠丝杠螺母副的工作原理如图4-23所示。

在丝杠和螺母上各加工有圆弧形的螺旋槽，当将它们套装在一起时，形成了滚珠的螺旋滚道，螺母上有滚珠回路管道，在滚道内填满滚珠。当丝杠相对于螺母旋转时，滚珠在滚道内既自转又沿滚道循环转动，因而迫使螺母（或丝杠）轴向移动，产生轴向位移。螺母旋转槽的两端用回珠管连接起来，使滚珠能够从一端回到另一端，构成一个闭合的循环回路。同理，内循环方式的滚珠丝杠螺母副工作原理也是如此。

按螺旋滚道法向截面形状可分为单圆弧型和双圆弧型，如图4-24所示。

单圆弧型的滚道半径R稍大于滚珠半径r，圆弧滚道偏心距为e，接触角α是由轴向负

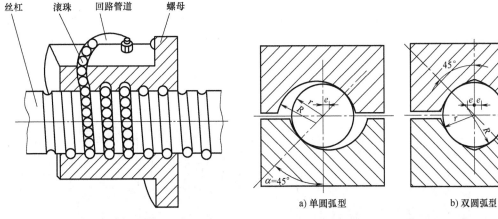

图 4-23　外循环方式的滚珠丝杠螺母副　　　　图 4-24　滚珠丝杠副螺旋滚道型面的形状

荷 F 的大小决定的。当 α 增大后，传动效率随之增大。为消除轴向间隙和调整预紧，需采用双螺母结构。

双圆弧型的滚道由半径 R 稍大于滚珠半径 r 的对称双圆弧组成且双圆弧的偏心距 e 相同。理论上轴向和径向间隙为零，接触角 $\alpha = 45°$ 是恒定的。这种截面形状的滚道接触是稳定的，应用较广，但其加工复杂。另外，两圆弧交接处有一小沟槽，可容纳润滑油和脏物。

由于滚珠丝杠在传动时，丝杠与螺母之间基本上是滚动摩擦，所以具有以下特点：

1）传动效率高，摩擦损失小。滚珠丝杠螺母副的传动效率 η 很高，范围在 $0.92 \sim 0.96$，是普通滑动丝杠副的 $3 \sim 4$ 倍。因此功率消耗只相当于普通滑动丝杠副的 $1/4 \sim 1/2$，并可实现高速运动。

2）运动平稳无爬行。由于摩擦阻力小，动、静摩擦系数之差极小，因而起动转矩小，动作灵敏，运动平稳，即使在低速下也不会出现爬行现象。

3）传动精度高，反向无空程。由于对丝杠采取预拉伸并预紧消除轴向间隙等措施，使得滚珠丝杠副无反向传动死区，因此具有高的轴向刚度、定位精度和重复定位精度。

4）使用寿命长。由于滚珠丝杠副的磨损小，同时对滚道形状的准确性、表面硬度、材料选择等方面又加以严格控制，因此滚珠丝杠副的精度保持性好，使用寿命长。

5）传动具有可逆性、不能自锁。滚珠丝杠螺母副的摩擦角小于 $1°$，不能自锁，有可逆性，因此当丝杠立式使用时，应增加制动装置。

4.6.3　滚珠丝杠螺母副的间隙调整

为了保证滚珠丝杠反向传动精度和轴向刚度，必须消除滚珠丝杠螺母副轴向间隙。轴向间隙通常是指丝杠和螺母无相对转动时，丝杠和螺母之间的最大轴向窜动量，除了结构本身所有的游隙之外，还包括施加轴向载荷后丝杠产生弹性变形所造成的轴向窜动量。为了保证滚珠丝杠反向传动精度和轴向刚度，必须消除轴向间隙。

消除轴向间隙的常用方法是用双螺母消除丝杠螺母的间隙，只要调整两个螺母的轴向相对位置，就可使螺母产生整体变位，使螺母中的滚珠分别和丝杠螺纹滚道的两侧面接触，从而消除间隙、实现预紧。

1. 双螺母垫片调隙式结构

垫片预紧原理如图 4-25 所示，垫片有压紧式和嵌入式两种。通过修磨调整垫片

（图 4-25a）或垫圈（图 4-25b）的厚度，使左右两螺母产生轴向相反位移，使两个螺母中的滚珠分别贴紧在螺旋滚道的两个相反的侧面上，即可消除间隙和产生预紧力。这种方法结构简单，刚性好，但调整不便，为了使调整垫片装卸方便，最好将调整垫片做成半环结构。

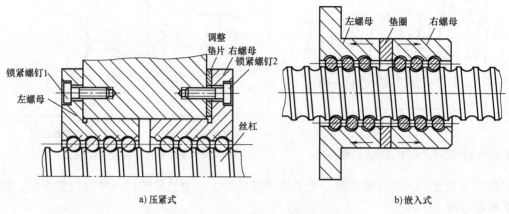

a) 压紧式   b) 嵌入式

图 4-25 垫片（垫圈）调隙式结构

2. 双螺母齿差调隙式结构

齿差调隙式原理如图 4-26 所示，在螺母 1 和 2 的凸缘上各制有一个圆柱外齿轮，齿数分别是 z_1 和 z_2，两个齿轮的齿数相差一个齿，即 $z_2 - z_1 = 1$。它们分别与两个内齿圈啮合，而两个内齿圈圆柱齿轮 3、4 与外齿轮齿数分别相同，并用预紧螺钉和销钉固定在螺母座的两端，两个螺母分别插入两个内齿轮中而被锁紧。

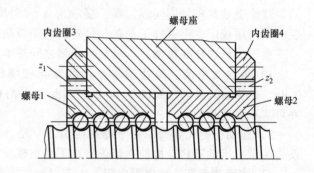

图 4-26 双螺母齿差调隙式结构

调整时先取下两个内齿圈 3、4，根据间隙的大小调整两个螺母 1、2 分别向相同的方向转过一个或多个齿，使两个螺母在轴向移近了相应距离，达到调整间隙和预紧的目的，然后再装入内齿圈，锁紧两圆柱齿轮。间隙消除量可用下式计算：

$$\Delta = \left(\frac{P_\mathrm{h}}{z_1} - \frac{P_\mathrm{h}}{z_2}\right)n = \left(\frac{z_2 - z_1}{z_1 \times z_2}\right)P_\mathrm{h}n = \frac{P_\mathrm{h}n}{z_1 z_2} \tag{4-14}$$

式中　n——两螺母同方向转过的齿数；

P_h——滚珠丝杠的导程（mm）；

z_1、z_2——两齿轮的齿数。

例如，当 $z_1 = 99$、$z_2 = 100$、$P_\mathrm{h} = 10\mathrm{mm}$ 时，如果两个螺母向相同方向各转过 1 个齿时，其相对轴向位移量为 $s = \dfrac{P_\mathrm{h}}{z_1 \times z_2} = \dfrac{10\mathrm{mm}}{99 \times 100} \approx 0.001\mathrm{mm} = 1\mu\mathrm{m}$

若间隙量 Δ 为 0.005mm，则相应的两螺母沿相同方向转过 5 个齿即可消除。

$$n = \frac{\Delta}{s} = \frac{0.005}{0.001} = 5$$

虽然齿差调隙式的结构较为复杂，尺寸较大，但是调整方便，可通过简单的计算获得精确的调整量，预紧可靠，因此适用于高精度传动。

3. 双螺母螺纹调隙式结构

图 4-27 所示是双螺母螺纹调隙式结构。平键限制左、右两螺母和在螺母座内相对转动，左螺母的外端有凸缘，右螺母的外伸端没有凸缘，但制有外螺纹。用调整圆螺母通过垫片、螺母座可使左、右螺母相对于丝杠做轴向移动，在消除间隙后，用锁紧圆螺母将调整圆螺母锁紧。这种调整方法结构简单、刚性好，预紧可靠，调整方便，但不能精确定量调整。

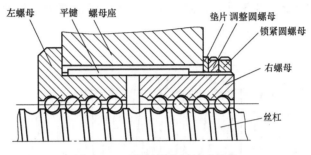

图 4-27　双螺母螺纹调隙式结构

4.6.4　滚珠丝杠的支承方式及主要参数

1. 滚珠丝杠的支承方式

合理的支承结构及正确的安装方式对于提高传动刚度很重要。滚珠丝杠主要承受轴向载荷，径向载荷主要是卧式丝杠的自重，因此对滚珠丝杠的轴向精度和刚度要求较高。其支承方式见表 4-8 中。

表 4-8　滚珠丝杠的支承方式

支承方式	简图	特点
双推—自由式		轴向刚度和承载能力低，多用于轻载、低速的垂直安装丝杠传动系统
单推—单推式		轴向刚度高，但对丝杠的热变形较为敏感。适合于高刚度、高速度、高精度的精密丝杠传动系统
双推—简支式		轴向刚度不太高，双推端可预拉伸安装，预紧力小，轴承寿命较高，适用于中速、精度较高的长丝杠传动系统

（续）

支承方式	简图	特点
双推—双推式	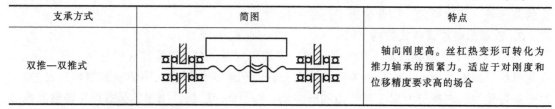	轴向刚度高。丝杠热变形可转化为推力轴承的预紧力。适应于对刚度和位移精度要求高的场合

2. 滚珠丝杠副的主要参数

滚珠丝杠副的主要参数与滚珠丝杠副的承载能力、精度要求、传动效率和寿命等有关，其主要参数如图 4-28 所示。

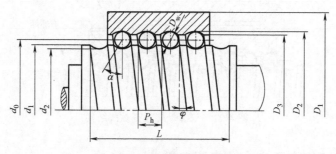

图 4-28 滚珠丝杠副主要尺寸

（1）公称直径 d_0　滚珠与螺纹滚道在理论接触角状态时包络滚珠球心的圆柱直径，它是滚珠丝杠副的特征尺寸。公称直径越大，承载能力和刚度越大，推荐滚珠丝杠副的公称直径应大于丝杠工作长度的 1/30。

（2）基本导程 P_h　丝杠相对于螺母旋转 2π 弧度角时，螺母上基准点的轴向位移。导程小，精度高，但承载能力变小。

（3）接触角 α　在螺纹滚道法向剖面内，滚珠球心与滚道接触点连线和螺纹轴线的垂直线间的夹角，因接触角对传动性能有重要影响，经研究，理想接触角 α 等于 45°。

（4）滚珠的工作圈数 j　滚珠丝杠各工作圈的滚珠所承受的轴向负载是不相等的，第一圈滚珠所承受总负载的 50% 左右，第二圈约承受 30%，第三圈约承受 20%。因此外循环滚珠丝杠副中的滚珠工作圈数应取 2.5~3.5，工作圈数大于 3.5 是无实际意义的。

（5）滚珠总数 N　为了提高滚珠的流畅性，一般滚珠总数不超过 150 个。若设计计算时超过规定的最大值，则易因流通不畅而产生堵塞现象；反之，若工作滚珠的总数 N 太少，将使得每个滚珠的负载加大，引起过大的弹性变形。

（6）滚珠直径 D_w　滚珠直径大，则承载能力也大。但在导程已确定的情况下，滚珠的直径受到丝杠相邻两螺纹过渡部分最小宽度的限制，在一般情况下，滚珠直径 $D_w \approx 0.6 P_h$，计算出的滚珠直径要按滚珠标准尺寸系列圆整。

（7）其他参数　除了上述参数外，滚珠丝杠副还有丝杠螺纹大径 d_1、丝杠螺纹小径 d_2、螺母螺纹大径 D_2、螺母螺纹小径 D_3、螺纹全长 L、螺母外径 D_1、螺旋升角 φ 等参数。

4.6.5　静压丝杠螺母副

静压丝杠螺母副是在丝杠和螺母的螺旋面之间供给压力油，使之保持一定厚度、一定刚度的压力油膜，使丝杠和螺母之间由边界摩擦变为液体摩擦。当丝杠转动时通过油膜推动螺母直线移动，反之，螺母转动也可使丝杠直线移动。它在国内外重型数控机床和精密机床的进给机构中广泛采用，如图4-29所示。

图4-29　静压丝杠螺母副

1. 静压丝杠螺母副的工作原理

静压丝杠螺母副是丝杠和螺母之间为纯液体摩擦的传动副，如图4-30所示。

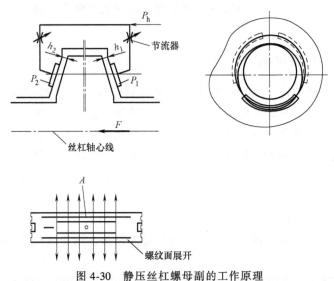

图4-30　静压丝杠螺母副的工作原理

油腔在螺旋面的两侧，而且互不相通，压力油经节流器进入油腔，并从螺纹根部与端部流出。设供油压力为P_h，经节流器后的压力为P_1（即油腔压力）。当无外载时，螺纹两侧间$h_1 = h_2$，从两侧油腔流出的流量相等，两侧油腔中的压力也相等，即$P_1 = P_2$。这时，丝杠螺纹处于螺母螺纹的中间平衡状态的位置。

当丝杠或螺母受到轴向力F作用后，受压一侧h_2的间隙减小，图4-30是丝杠受到轴向力F时的状态。由于节流器的作用，油腔压力P_2增大；相反的一侧h_1间隙增大，而压力P_1下降。因而形成油膜压力差$\Delta P = P_2 - P_1$，以平衡轴向力F，平衡条件近似地表示为：

$$F = (P_2 - P_1) A n Z \tag{4-15}$$

式中　A——单个油腔在丝杠轴线垂直面内的有效承载面积（mm^2）；

　　　n——每圈螺纹单侧油腔数；

　　　Z——螺母的有效圈数。

油膜压力差 ΔP 力图平衡轴向力 F，使得间隙差 $\Delta h = h_2 - h_1$ 减小并保持不变，这种调节作用总是自动进行的。

随着科学技术的迅速发展，国内外已将静压技术应用于各种精密机床及数字控制机床进给机构中的丝杠螺母上，如 YKS3 非圆数控插齿机工作的横向进给丝杠螺母副，S7450 丝杠磨床工作台纵向进给系统的丝杠螺母副，都采用了静压丝杠螺母副。

2. 静压丝杠螺母副的特点

1）摩擦因数很小，仅为 0.0005，比滚珠丝杠（摩擦因数为 0.002~0.005）的摩擦损失还小，起动力矩很小，传动灵敏，避免了爬行。

2）油膜层可以吸振，提高了运动的平稳性，由于油液不断流动，有利于散热和减少热变形，提高了机床的加工精度和表面质量。

3）油膜层具有一定刚度，大大减小了反向间隙，同时油膜层介于螺母与丝杠之间，对丝杠的误差有"均化"作用，即丝杠的传动误差比丝杠本身的制造误差还小。

4）承载能力与供油压力成正比，与转速无关。

5）当丝杠转动时通过油膜推动螺母直线移动；反之，螺母转动也可使丝杠直线移动。

静压丝杠螺母副要有一套供油系统，而且对油的清洁度要求较高，如果在运行中供油突然中断，将造成不良后果。

4.6.6 传动间隙补偿机构

在机电伺服系统中，除了滚珠丝杠螺母副将执行元件（电动机或液压马达）输出的高转速、小转矩转换成被控对象所需的低转速、大转矩外，其中齿轮传动副应用也较广泛。数控机床进给系统中的减速齿轮副除要求有很高的运动精度及工作平稳性外，还须尽可能消除传动齿轮副的齿侧间隙。否则，齿侧间隙会造成系统每次反向运动将滞后于指令信号，丢失指令脉冲并产生反向死区，这极大地影响了加工精度，因此必须采用各种措施，减小或消除齿轮传动间隙。

1. 直齿圆柱齿轮副间隙消除

直齿圆柱齿轮有三种间隙消除方法，即偏心套调整法、垫片调整法和双片薄齿轮错齿调整法。

（1）偏心套调整法　如图 4-31 所示，电动机通过偏心套装到壳体上，通过转动偏心套就能够方便地调整两齿轮的中心距，从而消除齿侧间隙。

（2）垫片调整法　如图 4-32 所示，在加工相互啮合的两个齿轮 1、2 时，将分度圆柱面制成带有小锥度的圆锥面，使齿轮齿厚在轴向稍有变化，装配时只需改变垫片的厚度，使齿轮 2 做轴向移动，调整两齿轮在轴向的相对位置即可达到消除齿侧间隙的目的。

以上两种方法均属于刚性调整法，其特点是结构简单、传动刚度好、能传递较大的动力，但齿轮磨损后齿侧间隙不能自动补偿，因此加工时对齿轮的齿厚及齿距公差要求较严，否则传动的灵活性将受到影响。

（3）双齿轮错齿调整　如图 4-33 所示，两个齿数相同的薄片齿轮 1、2 与另外一个宽齿轮啮合。薄片齿轮 1、2 套装在一起，并可作相对回转运动。每个薄片齿轮上分别开有周向圆弧槽，并在齿轮 1、2 的槽内压有安装弹簧的短圆柱，由于弹簧的作用使齿轮 1、2 错位，分别与宽齿轮的齿槽左右侧贴紧，从而消除齿侧间隙。

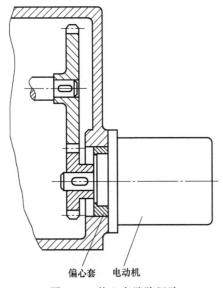

图 4-31　偏心套消除间隙

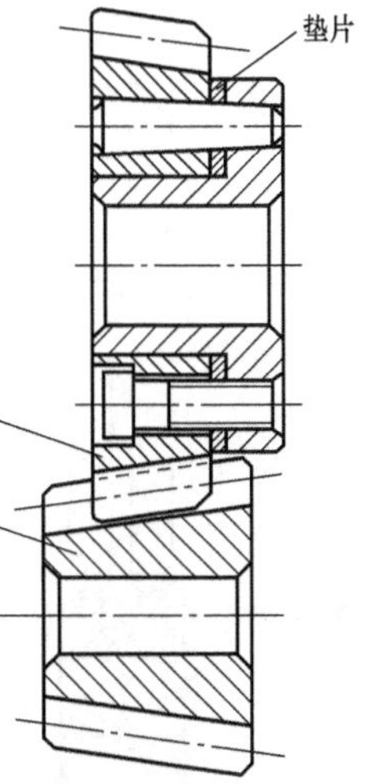

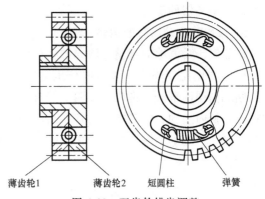

图 4-32　垫片调整消除间隙

无论正向或反向旋转，都分别只有一个齿轮承受转矩，因此承载能力受到限制，设计时须计算弹簧的拉力，使它能克服最大转矩。这种调整方法结构较复杂，传动刚度低，不宜传递大转矩；对齿轮的齿厚和齿距要求较低，可始终保持啮合无间隙，尤其适用于检测装置。

2. 斜齿圆柱齿轮传动间隙的消除

斜齿圆柱齿轮传动副有两种调整方法，即轴向垫片调整和轴向压簧调整。

（1）轴向垫片调整　如图 4-34 所示，

图 4-33　双齿轮错齿调整

该调整法原理与错齿调整法相同。宽斜齿轮同时与两个相同齿数的薄片齿轮 1 和 2 啮合，两个薄片斜齿轮经平键与轴连接，相互间无相对回转。装配时在齿轮 1 和 2 间加厚度为 t 的垫片。将螺母拧紧，使两薄片斜齿轮 1 和 2 的螺旋线产生错位，然后两齿面分别与宽斜齿轮的左右齿面贴紧消除间隙。垫片的厚度和齿侧间隙 Δ 的关系可由下式算出：

$$t = \Delta \cot \beta \tag{4-16}$$

式中　β——斜齿轮的螺旋角，（°）；

Δ——齿侧间隙（mm）；

t——增加垫片的厚度（mm）。

（2）轴向压簧调整　如图 4-35 所示，薄片斜齿轮 1 和 2 用键滑套在轴上，相互间无相对转动，两薄片斜齿轮同时与宽齿轮啮合，螺母调节压缩弹簧，使齿轮 1 和 2 的齿侧分别贴紧宽齿轮的左右齿面，消除了间隙。

弹簧压力的调整力度应适当，压力过小则起不到消隙的作用，压力过大会使齿轮磨损加快，缩短使用寿命。齿轮内孔应有较长的导向长度，因而轴向尺寸较大，结构不紧凑。优点

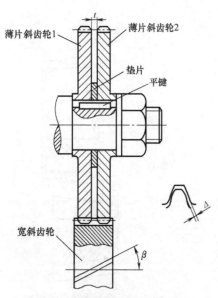

图 4-34 垫片调整消除斜齿轮间隙

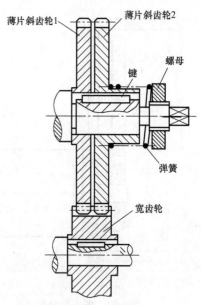

图 4-35 轴向压簧调整

是可以自动补偿间隙。

3. 锥齿轮传动间隙的调整

锥齿轮传动间隙的调整方法与圆柱齿轮一样，主要有以下两种方法。

（1）周向压簧调整 图 4-36 所示是压力弹簧消除间隙的结构。它将一个大锥齿轮加工成外圈和内圈两部分，齿轮的外圈上开有三个圆弧槽，齿轮的内圈的端面带有三个凸爪，套装在圆弧槽内。弹簧的两端分别顶在凸爪和镶块上，利用弹簧力使内、外齿圈的锥齿错位与小锥齿轮啮合达到消除间隙的作用。螺钉将内外齿圈相对固定是为了安装方便，安装完毕后即刻卸去。

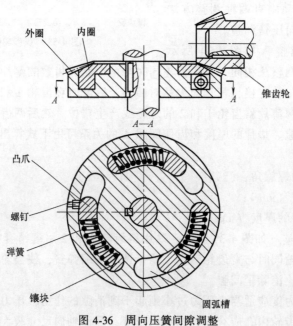

图 4-36 周向压簧间隙调整

（2）轴向压簧调整　如图 4-37 所示，锥齿轮
1、2 相互啮合。在锥齿轮 1 的传动轴上装有压
簧，用螺母调整压簧的弹力。锥齿轮 1 在弹力作
用下沿轴向移动，可消除锥齿轮 1 和 2 的间隙。

4.6.7　高速进给单元

随着超高速切削、超精密加工等先进制造技
术的发展，数控机床对进给系统的伺服性能提出
了更高的要求：很大的驱动推力、快速进给速度
和更高的进给加速度。尽管先进的交直流伺服
（旋转电动机）系统性能已大有改进，但由于受
到传统机械结构（即旋转电动机+滚珠丝杠）进
给传动方式的限制，其伺服性能指标（特别是快
速响应性）难以突破提高。

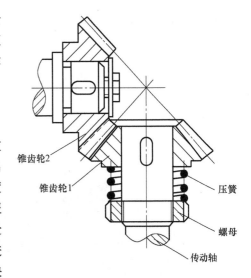

图 4-37　轴向压簧调整

近年来，随着直线电动机技术的成熟，越来越多的高速机床在其伺服进给系统中应用了
直线电动机。此结构无中间传动链，精度高、进给快、无长度限制，但散热差、防护要求特
别高。在机床进给系统中，采用直线电动机直接驱动与原旋转电机传动的最大区别是取消了
从电动机到工作台（拖板）之间的机械传动环节，把机床进给传动链的长度缩短为零，因
而这种传动方式又被称为"零传动"。正是由于这种"零传动"方式，带来了原旋转电动机
驱动方式无法达到的性能指标和优点。目前，高速切削机床上实现高速进给运动主要有两种
途径，即采用滚珠丝杠传动和直线电动机传动。两者之间的性能比较见表 4-9。

表 4-9　滚珠丝杠与直线电动机驱动性能对比

性　　能	旋转电动机+滚珠丝杠	直线电动机
定位精度/μm	2 ~ 5	0.1
重复定位精度/（μm/300mm）	2	0.1
最高速度/（m/min）	120	300
最大加速度	1.5g	10g
静态刚度/（N/μm）	180	270
动态刚度/（N/μm）	180	210
调整时间/ms	100	20
寿命/h	6000 ~ 10000	50000

1. 直线电动机驱动系统

在由伺服电动机、滚珠丝杠和工作台组成的进给传动系统中，存在着机械传动误差
（如减速机构和丝杠螺母的反向间隙、丝杠螺距累积误差等）和传动刚度低的因素，这些因
素会影响到位置精度；另外，受伺服电动机及传动机构的影响，最高运动速度和加速度也受
到限制。进给传动采用直线电动机后，取消了电动机到工作台之间的一切中间环节，减小了
机械传动误差，提高了传动刚度和定位，加快了响应速度（加速度一般可达 5 ~ 10g）。目
前，直线电动机越来越多地应用在高速、高精度的数控机床上。如图 4-38 所示为直线电动

机组成的进给驱动系统。

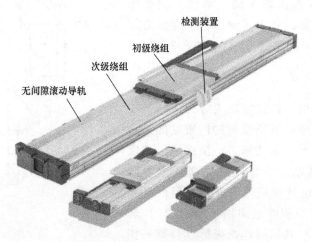

检测装置

初级绕组

次级绕组

无间隙滚动导轨

图 4-38　直线电动机驱动系统

　　但由于受制造技术和应用能力的限制，直线电动机一直未能在制造业领域作为驱动电动机而广泛地使用。在常规的机床系统中，仍一直采用"旋转电动机+滚珠丝杠"的传动体系。随着近几年来超高速加工技术的发展，滚珠丝杠机构已不能满足高速度和高加速度的要求，直线电动机才有了用武之地。特别是大功率电子器件、新型交流变频调速技术，微型计算机数控技术和现代控制理论的发展，为直线电动机在高速数控机床的应用提供了条件。使用直线电动机的驱动系统，有以下特点：

　　（1）精度高　由于取消了丝杠等机械传动机构，可减少插补时因传动系统滞后带来的跟踪误差。利用光栅作为工作台的位置测量元件，并采用闭环控制，通过反馈对工作台的位移精度进行控制，可使定位精度达到 $0.1 \sim 0.01 \mu m$。

　　（2）加减速过程短　直线电动机直接驱动进给部件，取消了中间机械传动元件，无旋转运动和离心力的作用，更容易实现高速直线运动。目前，其最大进给速度可达 $80 \sim 200 m/min$。同时"零传动"的高速响应性能使其加减速过程大大缩短，从而实现启动时瞬时达到高速，高速运行时又能瞬时准停，其加速度可达 $2 \sim 10g$。

　　（3）刚度好、效率高、行程长　直线电动机系统在动力传动中，由于没有低效率的中介传动部件而能达到高效率，可获得很好的动态刚度（动态刚度即为在脉冲负荷作用下，伺服系统保持其位置的能力）；直线电动机驱动系统不像滚珠丝杠那样有行程限制，使用多段拼接技术可以满足超长行程机床的要求。

　　（4）调速范围宽　现代直线电动机技术，很容易实现宽调速，速度变化范围可达 $1:10000$ 以上。

　　2. 直线电动机的工作原理

　　从原理说，直线电动机只是相当于一台旋转电动机径向剖开后的展平，使原来的旋转运动变成直线运动而已。因此，根据工作原理，直线电动机同样有感应式、永磁同步式、步进式等不同类型；其外形也有扁平形、管状、圆盘形、圆弧形等多种。数控机床进给驱动用的直线电动机一般都为扁平形交流永磁同步电动机，直线电动机的基本结构与普通旋转电动机相似。如图 4-39 所示，设想把一台旋转电动机沿半径方向剖开，并且展平，就形成了一台直线电动机。在直线电动机中，相对于旋转变压器转子的称为次级；相对于旋转变压器定子的称为初级。

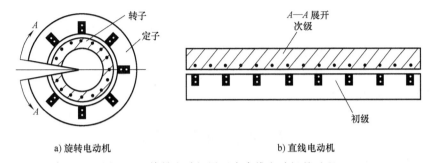

a) 旋转电动机　　　　　　　　　　　b) 直线电动机

图 4-39　旋转电动机展开为直线电动机的过程

在结构上，可以有如图 4-40 所示的短次级和短初级两种形式。为了减小发热量和降低成本，高速机床用直线电动机一般采用图 4-40b 所示的短初级、长次级结构。

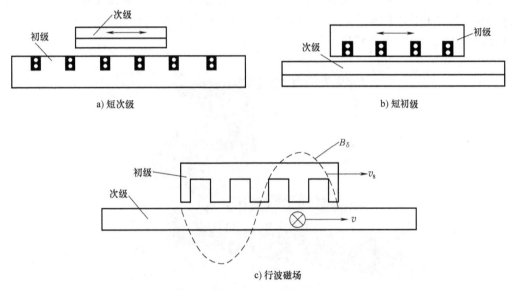

a) 短次级　　　　　　　　　　　　b) 短初级

c) 行波磁场

图 4-40　直线电动机结构及行波磁场

当直线电动机初级的多相绕组中通入多相电流后，就会在直线电动机初级和次级之间的气隙中产生一个动态磁场，只不过这个磁场的磁通密度波 B_δ 是沿直线运动的，故称为行波磁场。如图 4-40c 所示，显然，行波的移动速度与旋转磁场在定子内圆表面上的线速度是一样的，用 $v_s(\mathrm{cm/s})$ 表示，称为同步速度。

$$v_s = 2f\tau \tag{4-17}$$

式中　　τ——极距（cm），两个相邻磁极轴线之间沿定子铁芯内表面的距离；

f——电源频率（Hz）。

在行波磁场切割下，次级导条将产生感应电动势和电流，所有导条的电流和气隙磁场相互作用，便产生切向电磁力。如果初级是固定不动的，那么次级就顺着行波磁场运动的方向做直线运动。若次级移动的速度用 v 表示，则滑差率为

$$s = \frac{v_s - v}{v_s}$$

$$v = (1-s)\,v_s = 2f\tau(1-s) \tag{4-18}$$

从式（4-18）可以看出，直线感应电动机的速度与电动机极距及电源频率成正比，因此改变极距或电源频率都可改变电动机的速度。

与旋转电动机一样，改变直线电动机初级绕组的通电相序，可改变电动机运动的方向，因而可使直线电动机做往复直线运动。

4.7　数控机床导轨副

数控机床的运动部件（如刀架、工作台等）都是沿着床身、立柱、横梁等基础件的导轨面运动的，因此导轨的功用就是支承和导向，也就是支承运动部件并保证运动部件在外力（运动部件本身的质量、工件的质量、切削力、牵引力等）的作用下，能准确地沿着直线或圆周轨迹方向运动。所以导轨副作为数控机床的重要部件之一，它在很大程度上决定数控机床的刚度、精度和精度保持性。导轨副是由与支承件构成一体固定不动的支承导轨和与运动部件连成一体的运动导轨组成的，如图 4-41 所示。

图 4-41　TPX 数显卧式铣镗床导轨副

4.7.1　数控机床对导轨的要求

数控机床的导轨比普通机床的导轨要求更高，主要体现在高速进给时不发生振动，低速进给时不出现爬行两方面。所以，数控机床导轨应具有如下特性：

1）导向精度高。导轨的导向精度是指机床的运动部件沿导轨移动时，与有关基面之间的相互位置的准确性。无论在空载或切削工件时，导轨都应有足够的导向精度，这是对导轨的基本要求。

2）耐磨性好。导轨的耐磨性是指导轨在长期使用过程中保持一定导向精度的能力。因导轨在工作过程中难免磨损，所以应力求减少磨损量，并在磨损后能自动补偿或便于调整。

3）足够的刚度。数控机床常采用加大导轨截面的尺寸，或在主导轨外添加辅助导轨来提高刚度。另外要使导轨的摩擦阻力小，运动轻便，低速运动时无爬行现象。

4.7.2 数控机床导轨副的类型和特点

现代数控机床导轨副按接触面的摩擦性质可以分为滑动导轨、滚动导轨和静压导轨。

1. 滑动导轨

滑动导轨分为金属对金属的一般类型的导轨和金属对塑料的塑料导轨两类，如图 4-42 所示。

金属对金属的类型，属于传统滑动导轨，其摩擦阻力大，磨损快，动静摩擦系数差别大，低速时易发生爬行现象。而塑料导轨具有塑料化学成分稳定、摩擦系数小、耐磨性好、耐腐蚀性强、吸振性好，能在任何液体或无润滑条件下工作等特点，在数控机床中得到了广泛应用。

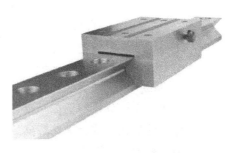

图 4-42 滑动导轨

常见的导轨截面形状有矩形、三角形、燕尾形及圆柱形等四种，每种又有凸、凹之分。凸形需要有良好的润滑条件，凹形容易存油，但也容易积存切屑和尘粒，因此适用于具有良好防护的环境。四种形式的导轨可以互相组合，各种导轨副的截面形状及特点见表 4-10。

表 4-10 各种导轨副的截面形状及特点

类型	截面形状		特点
	凸形	凹形	
三角形			凸形称三角形导轨，凹形称 V 形导轨。导轨在载荷的作用下能自行补偿而消除间隙，导向精度高
矩形			导轨承载能力强，制造简单，但侧面间隙不能自动补偿，需设置间隙调整机构
燕尾形			导轨高度值最小，能承受颠覆力矩，但摩擦阻力较大

（续）

类型	截面形状		特点
	凸形	凹形	
圆柱形	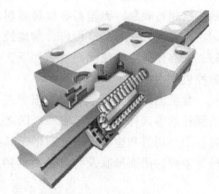		导轨制造容易，但不能承受大的扭矩，主要用于受轴向载荷的场合

2. 滚动导轨

滚动导轨即在两导轨面之间放置滚珠、滚柱或滚针等滚动体，使导轨面成为滚动摩擦。如图 4-43 所示为直线滚动导轨的外形图。

滚动导轨的最大优点是摩擦系数小 （$f = 0.0025 \sim 0.005$），动、静摩擦系数很接近。因此，滚动导轨的运动轻便灵活，所需驱动功率小，摩擦发热少，磨损小，精度保持性好，低速运动平稳性好，移动精度和定位精度都较高。滚动导轨可以预紧，能显著提高刚度，另外还具有润滑简单的特点，很适合用于要求移动部件运动平稳、灵敏，以及实现精确定位的场合，在数控机床上得到了广泛的应用。滚动导轨的滚动体，常采用滚珠、滚柱、滚针。

图 4-43　直线滚动导轨结构

（1）滚珠导轨　如图 4-44 所示滚珠导轨，两排滚珠安装在保持架内，与两淬硬导轨接触，其中一个为固定导轨，另一个为运动导轨。图 4-44a 所示导轨相当于 V 形导轨与平导轨组合，属于开式导轨。其结构简单，制造容易，成本低。但由于是点接触，承载能力较小，刚度低，承受颠覆力矩也小，故适用于运动部件质量不大，切削力和颠覆力矩都较小的机床。图 4-44b 所示滚动导轨刚度比前者好，结构较简单，V 形块不需很高的制造精度，能承载不大的颠覆力矩。

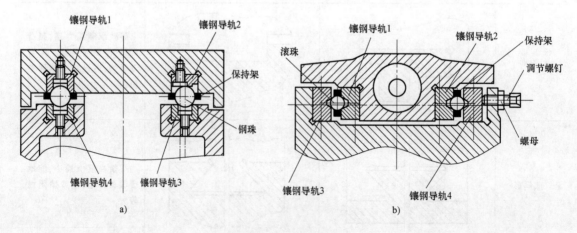

a)　　　　　　　　　　　　　　　　b)

图 4-44　滚珠导轨

图 4-44 中，滚珠用保持架隔开，在淬硬的镶钢导轨中滚动。图 4-44a 的镶钢导轨 1、2 和 3、4 分别固定在工作台和床身上。图 4-44b 可用调节螺钉调节间隙或预紧，调节完后用螺母锁紧。

（2）滚柱导轨　滚柱导轨如图 4-45 所示，滚动体与导轨之间是线接触，其承载能力和刚度都比滚珠导轨大，适用于载荷较大的机床。但是滚柱比滚珠对导轨平行度（扭曲）要求要高，即使滚柱轴线与导轨面有微小的不平行，也会引起滚柱的偏移和侧向滑动，使导轨磨损加剧和精度降低。因此滚柱最好做成腰鼓形，即中间直径比两端大 0.02mm 左右。

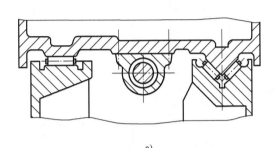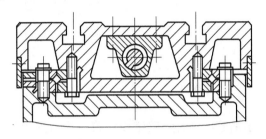

a)　　　　　　　　　　　　　　　　b)

图 4-45　滚柱导轨

图 4-45a 所示为 V—平组合的开式滚柱导轨。它的结构简单，导轨面可以配制或配磨，制造较方便，应用较多。其中 V 形导轨中的滚柱直径比平面导轨上的直径要小，前者为后者的 $1/\sqrt{2}$ 倍。

图 4-45b 所示为十字交叉滚柱导轨，它的一对导轨之间是截面为正方形的空腔，在空腔里装入滚柱，相邻的滚柱轴线交叉成 90°，使导轨无论哪一方向受力，都有相应的滚柱支承。各个滚柱由保持架隔开。这种导轨的特点是精度高，动作灵敏，刚度高，结构较紧凑。但由于工作表面直接配磨，对精度要求又较高，故导轨的制造较困难。图 4-45b 所示的结构可以预紧，用螺钉调节预紧力，在预紧方向的刚度比同尺寸的矩形滑动导轨高 2~3 倍。

（3）滚针导轨　滚针比滚柱的长径比大，由于直径尺寸小，故结构紧凑，与滚柱导轨相比，可在同样长度上排列更多的滚针，因而承载能力比滚柱导轨大，但产生的摩擦力也要大一些，主要适用于导轨尺寸受限制的数控机床。

3. 静压导轨

液体静压导轨是将具有一定压力的油液，经节流器输送到导轨面上的油腔中，形成承载油膜，将相互接触的导轨表面隔开，实现液体摩擦。静压导轨由于导轨面处于纯液体摩擦状态，工作时摩擦系数极低（$f = 0.0005 \sim 0.001$），因而摩擦损耗功率大大降低，低速运动时无爬行现象；导轨面不易磨损，精度保持性好；由于油膜有吸振作用，因而抗振性好、运动平稳、承载能力大、刚性强、摩擦发热少。但静压导轨结构复杂，且需要一套过滤良好的供油系统，成本高，制造和调试都较困难，主要用于大型、重型数控机床上。

静压导轨可分为开式和闭式两大类。如图 4-46 所示为开式静压导轨的工作原理。

来自液压泵的压力 P_0 经节流器后，压力降至 P_1，进入导轨的各个油腔内，借助油腔内的压力将运动导轨浮起，使导轨面间以一层厚度为 h_0 的油膜隔开，油腔中的油不断地穿过

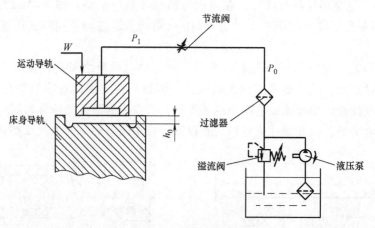

图 4-46 开式静压导轨

各油腔的封油间隙流回油箱，压力降为零。当动导轨受到外载荷 W 作用时，使运动导轨向下产生一个位移，导轨间隙由 h_0 降至 h（$h<h_0$），使油腔回油阻力增大，油腔中压力也相应增大变为 P_0（$P_0>P_1$），以平衡负载，使导轨仍在纯液体摩擦下工作。

开式静压导轨依靠运动件自身重量及外载荷保持运动件不从床身导轨上分离，因而只能承受垂直方向的负载，或只能用于颠覆力矩较小的机床上。

图 4-47 所示为闭式静压导轨的工作原理。闭式静压导轨在各方向导轨面上都开有油腔，只有运动方向未受限制。设油腔各处的压强分别为 P_1、P_2、P_3、P_4、P_5、P_6，当运动部件受到颠覆力矩 M 时，P_1、P_6 处间隙变小，而 P_3、P_4 处间隙变大，由于各节流器的作用，使压强 P_3 和 P_4 减小，而压强 P_1 和 P_6 增大，这些力作用在运动部件上形成一个与颠覆力矩反向的力矩，从而使运动导轨保持平衡。闭式静压导轨多用于颠覆力矩较大的场合。

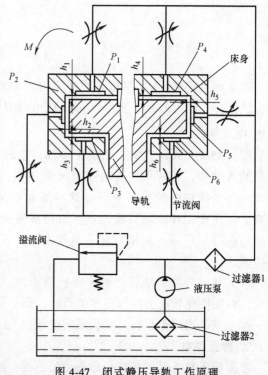

图 4-47 闭式静压导轨工作原理

4.8 进给伺服系统特性

对于滚珠丝杠进给伺服传动系统，负载惯量、负载转矩和加减速扭矩是选择伺服电动机的重要依据，是影响进给系统运动响应性、准确性和稳定性的重要因素，直接决定着工件加工精度和表面质量。

4.8.1　系统负载惯量

所有的机械传动部件都具有质量，因此也就具有相应的惯量。

在伺服电动机驱动的滚珠丝杠进给传动系统中，负载惯量包括旋转运动部件的惯量和直线运动部件惯量折算到电动机轴上的惯量两大部分。而系统总惯量为电动机转子惯量和上述负载惯量之和。计算惯量的目的是选择伺服电动机动力参数及进行系统动态特性分析与计算。

1. 旋转运动部件惯量

旋转运动部件惯量主要包括电动机转子惯量 J_M、滚珠丝杠惯量 J_{SP}、联轴器（或齿轮、同步带轮）惯量等，其中电动机转子惯量 J_M 可直接从电动机样本中查得；滚珠丝杠、联轴器、齿轮、同步带轮等部件的惯量，可按照如下实心圆柱体的惯量计算公式，通过加减运算合成。

$$J_C = \frac{\pi\rho}{32}d^4 l \tag{4-19}$$

式中　J_C——实心圆柱体惯量（$kg \cdot m^2$）；

　　　ρ——旋转部件材料密度（kg/m^3）；

　　　d——实心圆柱体直径（m）；

　　　l——实心圆柱体长度（m）。

2. 直线运动物体惯量

直线运动部件有工作台、拖板、工件等。其惯量的计算公式为：

$$J_Z = m\left(\frac{P_h}{2\pi}\right)^2 \tag{4-20}$$

式中　J_Z——直线运动部件的惯量（$kg \cdot m^2$）；

　　　m——运动部件质量（kg）；

　　　P_h——丝杠导程（m）。

如图 4-48 所示为滚珠丝杠螺母副驱动装置。设工作台质量为 m_T，工件质量为 m_W，丝杠导程为 P_h，则直线运动惯量折算到丝杠上的转动惯量为 $J_{(T+W)}$。根据能量守恒定律，有：

$$\frac{1}{2}(m_T + m_W)v^2 = \frac{1}{2}J_{(T+W)}\omega^2 \tag{4-21}$$

式中　v——切削速度（mm/s）；

　　　ω——丝杠旋转的角速度（rad/s）。

设在 Δt 时间里，丝杠转过一圈，则上式变为：

$$\frac{1}{2}(m_T + m_W)\left(\frac{P_h}{\Delta t}\right)^2 = \frac{1}{2}J_{(T+W)}\left(\frac{2\pi}{\Delta t}\right)^2 \tag{4-22}$$

于是得直线运动物体惯量为：

$$J_{(T+W)} = (m_T + m_W)\left(\frac{P_h}{2\pi}\right)^2 \tag{4-23}$$

3. 系统负载转动惯量

在传动比为 i 条件下，各传动件的转动惯量按下式折算到伺服电动机轴上，以获得总当

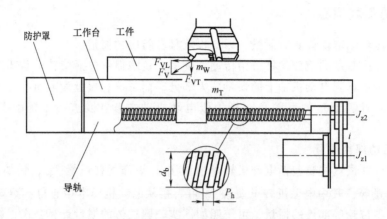

图 4-48 伺服电动机驱动进给系统结构

量负载转动惯量 J_L（kg·m^2）为：

$$J_L = J_{Z1} + (J_{Z2} + J_s)\frac{1}{i^2} + (m_T + m_W)\left(\frac{P_h}{2\pi i}\right)^2 \qquad (4\text{-}24)$$

式中　J_L——系统负载总当量转动惯量（kg·m^2）；

　　　J_{Z1}, J_{Z2}——分别是电动机轴上和丝杠轴上齿轮或齿形带轮的转动惯量（kg·m^2）；

　　　J_s——丝杠转动惯量（kg·m^2），其他参数同上。

4. 惯量匹配原则

为使伺服进给系统的进给执行部件具有快速响应能力，必须选用加速能力大的电动机，亦即能够快速响应的电动机（如采用大惯量伺服电动机）。但又不能盲目追求大惯量，否则将由于不能充分发挥其加速能力，导致较大的浪费。因此，必须使电动机惯量 J_M 与进给负载惯量 J_L 有较合理的匹配，一般要求负载惯量越小越好，因为惯量越大，时间常数越大，系统的灵敏度变差。为使系统惯量达到较合理的匹配，应遵循下列匹配原则：

$$\frac{1}{4} \leqslant \frac{J_L}{J_M} \leqslant 1 \qquad (4\text{-}25)$$

式中　J_M——电动机转子的转动惯量。

若验算发现 $\dfrac{J_L}{J_M}$ 不满足上式，可根据公式（4-24），通过适当调整减速器传动比 i 和丝杠导程 P_h，以使惯量匹配趋于合理。

4.8.2　电动机负载转矩

将进给传动系统中由切削力产生的切削转矩、摩擦力产生的摩擦转矩及重力产生的重力转矩等各种力及转矩折算到伺服电动机的轴上，以确定电动机的最大静态转矩 T_{st}。

由图 4-48 可知，电动机的负载转矩是由导轨摩擦力、传动摩擦力、机械切削力以及重力的作用而产生的转矩，由以下公式确定：

$$T_L = \sum T_R + T_V + T_G \qquad (4\text{-}26)$$

式中　T_L——电动机的负载转矩；

T_R——各种摩擦力矩的总和；

T_V——切削力矩；

T_G——重力矩。

上述各种负载转矩的单位均为 N·m。

1. 摩擦转矩

摩擦力包括导轨摩擦力、丝杠螺母传动摩擦力以及齿轮传动摩擦力。将这些摩擦力折算到伺服电动机轴上，则成为摩擦转矩。

（1）导轨摩擦转矩 导轨摩擦力折算到电动机轴上的摩擦转矩 T_g 为：

$$T_g = \frac{\mu_g P_h}{2\pi i \eta_s \eta_G}(mg\cos\alpha + F_{VT} + F_{gp}) \tag{4-27}$$

式中 T_g——导轨摩擦力矩；

μ_g——导轨的摩擦因数，常用导轨的摩擦系数见表 4-11；

m——工件、工作台及拖板的总质量（kg）；

g——重力加速度，$g = 9.81 \text{m/s}^2$；

α——轴倾斜角度，由机床结构决定，水平轴 $\alpha = 0°$，垂直轴 $\alpha = 90°$；

F_{VT}——切削力在垂直方向的分力（N）；

F_{gp}——滚动导轨预载荷（预紧力）（N）；

η_s——丝杠螺母副传动效率；

η_G——齿轮传动副效率，当伺服电动机与丝杠直连时，i 和 η_G 均为 1；

P_h——丝杠导程（m）；

i——减速比（$i \geqslant 1$）。

表 4-11 常用导轨的摩擦系数表

导轨类型	铸铁/铸铁	铸铁/环氧树脂	铸铁/聚四氟乙烯	圆柱滚动导轨	滚珠导轨
摩擦系数μ_g	0.18	0.1	0.06	0.005 ~ 0.01	0.002 ~ 0.003

（2）丝杠支承轴承摩擦转矩 丝杠螺母传动的摩擦损耗可通过传动效率 η_s 来表示，对于不加预紧的滚珠丝杠，它可按下式计算：

$$\eta_s = \frac{1}{1 + 0.02\dfrac{d_b}{P_h}} \tag{4-28}$$

式中 d_b——滚珠丝杠直径；

P_h——滚珠丝杠导程。

（3）齿轮传动装置摩擦 齿轮传动装置的摩擦损耗用传动效率 η_G 来表示，它和齿形、齿轮加工和安装精度有关，η_G 值可在 0.8 ~ 0.95 范围内选取。

将以上各种摩擦力矩综合起来，得到折算到电动机轴上的摩擦力矩 $\sum T_R$，其中对于丝杠螺母传动，有：

$$\sum T_R = \frac{\mu_g(mg\cos\alpha + F_{VT})P_h}{2\pi i \eta_s \eta_G} \tag{4-29}$$

2. 切削转矩 T_V

切削转矩是切削力折算到伺服电动机轴上的转矩，它来自于切削加工时轴向抗力。切削力与工件材料、刀具形状与材质、进给速度、切削速度、冷却润滑等诸多因素有关。而切削加工时的轴向最大切削力 F_{VL} 是折算到电动机的转矩 T_V 的主要参数，即：

$$T_V = \frac{F_{VL}P_h}{2\pi i \eta_s \eta_G} \tag{4-30}$$

式中　F_{VL}——切削力在轴向的分力（N）。

其他参数同上。

3. 重力转矩 T_G

重力转矩 T_G 只存在于 $\alpha \neq 0$ 的垂直轴或倾斜轴，水平安装的轴即 $\alpha = 0$，则 $T_G = 0$，无须考虑，重力转矩 T_G 的计算式如下：

$$T_G = \frac{P_h}{2\pi i \eta_s \eta_G} mg\sin\alpha \tag{4-31}$$

式中各参数的含义同前。

4. 加减速时的转矩

由于电动机轴上的驱动系统总惯量 $J_Z = J_L + J_M$，故电动机起动和制动时的加减速转矩：

$$T_Z = J_Z \varepsilon = (J_L + J_M)\frac{2\pi n_m}{60 t_a} \tag{4-32}$$

式中　ε——角加速度（r/s^2）；

$\quad\quad n_m$——快速移动的电动机转速（r/min）；

$\quad\quad t_a$——加速、减速时间（s）；

$\quad\quad J_L$——负载惯量（kg·m^2）；

$\quad\quad J_M$——电动机惯量（kg·m^2）。

因此，作用在电动机轴上的总负载转矩 $T = T_Z + T_L$。

5. 转矩匹配

从系统快速性、稳定性等方面综合考虑，理想的进给系统，其传动系统总负载转矩 T 与电动机静态转矩 T_{st} 之间应满足如下关系：

$$(0.3 \sim 0.5)T_{st} = T \tag{4-33}$$

4.9　数控机床辅助装置

数控机床的自动换刀装置和回转工作台是实现数控装备多功能化的体现，是数控机床、加工中心必备的工作功能，它们连续准确的动作过程均是由数控系统的可编程控制器进行控制的。

4.9.1　自动换刀装置

为了能在工件一次装夹中完成多种甚至所有加工工序，以缩短辅助时间和减少多次装夹所引起的误差，数控机床必须带有自动换刀装置。

自动换刀装量应满足换刀时间短、刀具重复定位精度高、足够的刀具储存量、刀库占地面积小以及安全可靠等基本要求。图 4-49 所示为立式加工中心盘式刀具库。

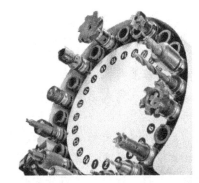

图 4-49　立式加工中心盘式刀具库

4.9.2　数控回转工作台

为了扩大机床的工艺范围，数控机床除了具有直线进给功能外，还应具有绕 *X*、*Y*、*Z* 轴圆周进给或分度的功能。通常数控机床的圆周进给运动由回转工作台来完成，如图 4-50 所示。数控回转工作台除了用来进行各种圆弧加工或与直线进给联动进行曲面加工外，还可实现精确的自动分度工作。

数控回转工作台是数控铣床、数控镗床、加工中心等数控机床不可缺少的重要部件，其作用是按照控制装置的信号或指令作回转分度或连续回转进给运动，以使数控机床能完成指定的加工工序。

4.9.3　数控分度工作台

数控分度工作台（图 4-51）的功能是将工件转位换面，完成分度运动，与自动换刀装置配合使用，可以实现工件一次装夹完成几个面的多种工序。

图 4-50　数控回转工作台　　　　　　　　　图 4-51　数控分度工作台

数控分度工作台的分度、转位和定位工作，是按照控制系统的指令自动进行的。通常分度运动只限于某些规定的角度（如 45°、60°、90°、180°等），但实现工作台转位的机构都很难达到分度精度的要求，所以要有专门的定位元件来保证。常用的定位方法有插销定位、反靠定位、齿盘定位和钢球定位等几种。

知识拓展：并联机床

并联机床是一种全新概念的机床，它和传统的机床相比，在机床的结构、本质上有了巨大的飞跃，它的出现被认为是机床发展史上的一次重大变革，是 21 世纪的机床。

并联机床的基座与主轴平台间是由六根伸缩杆并联地连接的，称之为六杆并联机床，如图 4-52 所示。

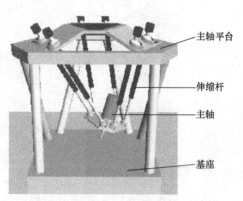

X、Y、Z 三个坐标轴的运动由六根杆件同时相互耦合地做伸缩运动来实现。主轴平台的受力由六根杆分摊承担，每根杆受力要小得多，且只承受拉力或压力，不承受弯矩或扭矩。因此，刚度高、移动部件质量小、结构简单是并联结构机床突出的优点。

图 4-52　六杆并联机床

主轴平台

伸缩杆

主轴

基座

而传统机床是由串联机构组成，其横梁、立柱等部件往往承受弯曲载荷，而弯曲载荷一般要比拉压载荷造成更大的应力变形。

(1) 并联机床的布局形式　并联机床常见的布局形式有立式和卧式两种，如图 4-53 所示。

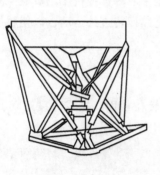
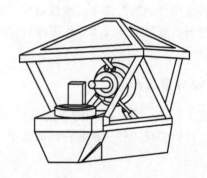

a) 立式　　　　　　　　　　　　　　　　b) 卧式

图 4-53　并联机床常见的布局形式

图 4-53a 所示的立式布局，其结构简单、制造方便，但工件可接近性较差。图 4-53b 所示的卧式机床却极大地改善了立式机床工件的可接近性差和工作空间对机床所占空间之比低的缺点。但是，由杆系本身重量产生的弯矩增大，使它对连杆的要求比立式布局更高。图 4-54 所示为并联机床的结构示意图。它是由一个固定平台和一个运动平台组成的，工件装在固定平台上，刀具装在运动平台上。动、静平台通过虎克铰或球铰与六根驱动伸缩杆相连，通过数控系统、伺服系统可同时改变六根驱动杆（滚珠丝杠螺母副）的长度，使带有刀具的运动平台在空间上的位姿发生

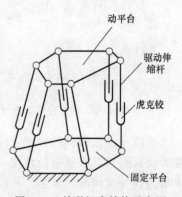

动平台

驱动伸缩杆

虎克铰

固定平台

图 4-54　并联机床结构示意图

变化，即可实现切削加工。

（2）并联机床发展趋势 并联机床近年来在国外显示出强劲的发展势头，中国在该领域的发展也很快，可望成为 21 世纪高速轻型数控加工的主力设备。研究总体方案设计是并联机床开发的首要环节。总体方案应在满足给定自由度条件下，寻求并联机构驱动件的合理配置、驱动方式和总体布局的最优组合，并在运动学、动力学及精度设计方面加快进展。

目前，并联机床的一个重要发展趋势是采用串并联的混联机构，分别实现平动与转动自由度，可加大工作空间和增强可重组性。此外，采用传统机床成熟驱动技术实现两个方向的平动，用并联机构实现转动和另一方向的平动，进一步拓展了工作空间，且使加工精度更易保证。

本 章 小 结

机械结构是现代数控机床的主体部分。相对于普通机床，数控机床不仅在信息处理和电气控制方面发生了很大变化，而且在机械性能方面也形成了自身独特的风格。

（1）主传动系统 为了保证提高数控机床主传动的精度，降低运行噪声，数控机床主传动链要尽可能缩短，且主轴部件应具有良好的回转精度、结构刚度、抗振性、热稳定性及精度的保持性；为保证数控机床在不同工艺条件下，能够获得最佳的切削速度，要求主传动系统有较宽的变速范围，较大的低速输出转矩，并能实现无级调速。电主轴是一种具有超高旋转速度的主轴部件，应用越来越广泛。

（2）进给传动系统 传动部件的刚度、精度、惯性、传动间隙及摩擦阻力直接影响到数控机床的定位精度和轮廓加工精度。采用滚珠丝杠螺母副并进行预拉紧，或采用静压丝杠螺母副、直线导轨副、静压导轨和塑料导轨等高效执行部件，可有效地提高运动精度，避免爬行现象。由直线电动机驱动的高速进给系统是一种具有代表性的先进技术之一。

（3）主要辅助装置 工艺复合和功能集成是现代数控机床的特点和当前技术发展的方向。自动换刀装置、数控回转工作台及分度工作台等主要辅助装置是实现自动化加工、多工序高度集中加工的重要装置（因篇幅所限，本书未详细介绍，具体请参阅相关文献）。

（4）机械结构发展趋势 在快进速度接近或超过 200m/min、主轴转速超过 20000r/min 的现代高速、高精度加工机床或五轴联动加工中心装备上，采用直线电动机、电主轴等新颖传动部件是现代数控机床进给传动、主传动系统的必然选择。

思考与练习

1. 填空题

（1）现代数控机床机械结构应具有_____、_____、_____、_____、高的谐振频率和适当的阻尼比等性能。

（2）数控机床主运动的形式有_____、_____、_____和_____。

（3）主轴计算转速表征了主轴伺服电动机输出_____功率时的_____转速。

（4）进给传动系统负载折算到伺服电动机轴上的参数为_____和_____。

（5）滚珠丝杠采用双螺母的目的是_____及_____，常用的消隙方法有_____

_____和_____等。

(6) 导轨的作用是_____和_____，其主要类型有_____和_____等。前者，为克服爬行现象，常采用_____，其侧向间隙和预紧由_____进行调整；后者由_____和_____等组成。

(7) 滚珠丝杠螺母副是一种_____的传动部件，其中，_____由伺服电动机带动，实现旋转运动，_____与工作台等部件连接，实现直线运动。工作台的进给速度和方向由伺服电动机的_____和_____决定。

(8) 数控机床齿轮传动间隙的存在会造成_____，并产生_____，因而必须消除。

(9) _____和_____是所有数控机床必须具备的工作功能，辅助装置的动作由数控系统的_____进行控制。

2. 简答题

(1) 数控机床的机械结构应具有哪些良好特性？

(2) 为什么要提高机床的静刚度，主要措施有哪些？

(3) 简述数控车床斜床身的布局特点。

(4) 数控机床为什么要采用滚珠丝杠副作为传动元件，它的特点是什么？

(5) 数控回转工作台和数控分度工作台有何区别，各适用什么场合？

(6) 什么是电主轴，电主轴有何特点？

(7) 数控机床的主轴部件主要包括哪些？

(8) 试画出主轴的功率扭矩特性图，并进行分析。

3. 设计计算题

(1) 某加工中心要求的切削能力为：能利用高速钢刀具，对硬度为180HBW的钢件，进行直径25mm的钻孔加工。机床主传动系统采用同步带1:1传动，切削速度为21m/min，主轴每转进给量为0.3mm，传动效率为0.95，单位功率切削能力27.4(cm³/min)kW⁻¹，试确定主电动机的额定功率。

(2) 某立式加工中心，已知工件质量为450kg，工作台质量为180kg。X轴滚珠丝杠直径为40mm，螺距为12mm，长度为800mm，丝杠材料密度为7847kg/m³；丝杠与伺服电动机通过联轴器直连，联轴器转动惯量为0.3×10^{-3}kg·m²，丝杠传动效率为0.93。支承轴承的摩擦转矩可忽略不计，X轴导轨为直线滚动导轨，摩擦系数为0.003，每个滑块预载荷为838N，共四个滑块。切削力在X轴的轴向分力为4500N，垂直方向的分力为1000N，试计算X轴各负载折算到伺服电动机轴端的负载转矩和转动惯量。

第 5 章

数控机床伺服系统

工程背景

　　伺服系统是用来精确地跟随或复现某个过程的反馈控制系统。伺服系统最初用于船舶的自动驾驶、火炮控制和指挥仪中，后来逐渐推广到很多领域。随着技术的不断成熟，交流伺服电动机技术凭借其优异的性价比，逐渐取代直流电动机成为伺服系统的主导执行电动机。交流伺服系统技术的成熟也使得市场呈现出快速的多元化发展，并成为工业自动化的支承性技术之一。

学习目标

　　数控机床伺服系统是数控机床的重要组成部分，用以实现数控机床的进给位置伺服控制和主轴转速（或位置）伺服控制。为此，数控机床对进给伺服系统的伺服电动机、检测装置、位置控制、速度控制等方面都有很高的要求。学习和研究高性能的数控机床伺服系统是掌握现代机床数控技术的关键之一。

知识要点

　　了解数控机床开环、半闭环以及闭环伺服系统的组成及特点；掌握数控机床伺服系统的组成、工作原理及性能特点；熟悉常用检测装置的组成、分类、特点、用途，以及各自的工作原理及应用场合；掌握伺服系统的设计方法。

5.1 概　　述

　　数控机床伺服系统（也称驱动系统）是以机床移动部件（如工作台、刀架等）的位置和速度为控制对象的自动控制系统。对进给运动控制而言，伺服系统常被称为伺服轴，伺服轴有直线轴（如工作台、刀架等）和回转轴（如数控转台等），伺服轴要完成定位和进给功能，涉及位置和速度控制。伺服系统的高性能在很大程度上决定了数控机床的高效率、高精度，是数控机床的重要组成部分。

5.1.1 伺服系统的概念

1. 伺服驱动的定义及作用

按日本 JIS 标准的规定，伺服驱动是一种以物体的位置、方向、状态等作为控制量，追求目标值的任意变化的控制结构，即能自动跟随目标位置等物理量的控制装置。

数控机床伺服驱动的作用主要有两个：使坐标轴按数控装置给定的速度运行和使坐标轴按数控装置给定的位置定位。

2. 伺服系统

伺服系统是根据输入信号的变化而进行相应的动作，以获得精确的位置、速度或力的自动控制系统，又称为位置随动系统。

数控机床伺服系统是以机床移动部件的位置和速度为控制量的自动控制系统，是数控装置与机械传动部件间的连接环节，它把数控系统插补运算生成的位置指令精确地变换为机床移动部件的位移，直接反映了机床坐标轴跟踪运动指令和实际定位的性能。

伺服系统的性能对数控机床执行件的静态和动态特性、工作精度、负载能力、响应速度和稳定程度等都有重大影响，所以，至今伺服系统还被看作是一个独立部分，与数控系统和机床本体并列为数控机床的三大组成部分。

当前多数伺服系统是一种反馈控制系统，以指令脉冲为输入给定值，与测量反馈信号进行比较，利用偏差值对系统进行自动调节，以消除偏差，使输入量紧密跟踪给定值。所以，伺服系统的运动来源于偏差信号，必须具有负反馈回路，始终处于过渡过程状态。数控机床伺服系统的组成如图 5-1 所示。

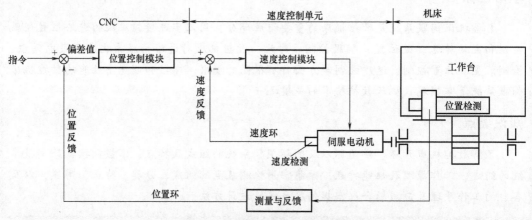

图 5-1 数控机床伺服系统的组成

由图 5-1 可知，数控机床伺服系统是一个双闭环系统，内环是速度环，外环是位置环。速度环中用作速度反馈的检测装置为测速发电机、脉冲编码器等。速度控制单元是一个独立的单元部件，它由速度调节器、电流调节器及功率驱动放大器等部分组成。位置环是由数控系统中的位置控制模块、速度控制模块、位置检测及反馈控制等部分组成。位置控制主要是对机床运动坐标轴进行控制。不仅对单个轴的运动速度和位置精度的控制有严格要求，而且在多轴联动时，还要求各移动轴有很好的动态配合，才能保证加工效率、加工精度和表面粗糙度。

5.1.2　数控机床对伺服系统的要求

"伺服（Servo）"在中、英文中是一个音、意都相同的词，表示"伺候服务"的意思。它是按照数控系统的指令，使机床各坐标轴严格按照数控指令运动，加工出合格的零件。也就是说，伺服系统是把数控信息转化为机床进给运动的执行机构。

数控机床对伺服系统的要求，总体上可概括为以下几方面：

（1）可逆运行　可逆运行要求能灵活地正反向运行。加工过程中，机床根据加工轨迹的要求，随时都可能实现正向或反向运动。同时，要求在方向变化时不应该有反向间隙和运动的损失。从能量角度看，应该实现能量的可逆转换，即加工运行时，电动机从电网吸收能量，将电能转变为机械能；在制动时，应把电动机的机械能转变为电能，以实现快速制动。

（2）调速范围宽　调速范围是指生产机械要求电动机能提供的最高转速和最低转速之比。在数控机床中，由于所用刀具、加工材料及零件加工要求的不同，需要采用不同的切削速度。为保证在各种情况下都能得到最佳切削速度，就要求伺服系统具有足够宽的调速范围。

（3）速度稳定性较高　稳定性是指当作用在系统上的扰动信号消失后，系统能够恢复到原来的稳定状态下运行，或者系统在输入的指令信号的作用下，能够达到新的稳定状态的能力。稳定性取决于系统的结构及组成组件的参数（如惯性、刚度、阻尼、增益等），与外界作用信号（包括指令信号和扰动信号）的性质或形式无关。对进给伺服系统，要求有较强的抗干扰能力，以保证进给速度均匀、平稳。伺服系统的稳定性直接影响着数控加工的精度和表面粗糙度。

（4）响应快速无超调　快速响应反映系统跟踪精度，是伺服系统动态品质的重要指标。为了保证轮廓切削形状和加工表面粗糙度值，对位置伺服系统，除了要求有较高的定位精度外，还要求有良好的快速响应特性。这就对伺服系统的动态性能提出两方面的要求：一方面在伺服系统处于频繁地起动、制动、加速、减速等动态过程中，要求加、减速度足够大，以缩短过渡过程时间；另一方面当负载突变时，过渡过程前沿要陡，恢复时间要短，且无振荡，即要求跟踪指令信号的响应要快，跟随误差要小。

（5）精度高　数控机床要加工出高精度、高质量的工件，则要求数控机床有很高的定位精度和重复定位精度及进给跟踪精度。这也是伺服系统静态特性与动态特性指标是否优良的具体表现。

（6）低速大转矩　机床的加工特点大多是低速时进行切削，即在低速时进给驱动要有大的转矩输出。主轴坐标的伺服控制在低速时为恒转矩控制，高速时为恒功率控制；进给坐标的伺服控制属于恒转矩控制。

5.1.3　伺服系统的分类

如上所述，伺服系统作为数控机床的重要组成部分。其主要功能是接受来自数控装置的指令来控制电动机驱动机床的各运动部件，从而准确地控制它们的速度和位置，达到加工出所需工件的外形和尺寸的最终目标。可以从不同的角度，将其分为不同的类型，如图5-2所示。

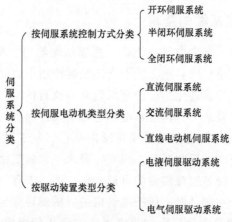

图 5-2　伺服系统分类

1. 按伺服系统控制方式分类

按控制方式分类，伺服系统可分为开环、半闭环和全闭环伺服系统三类。

（1）开环伺服系统　图 5-3 所示为开环伺服系统结构图，该系统常采用步进电动机作为将数字脉冲变换为角度位移的执行机构，无检测元件，也无反馈回路，靠驱动装置本身定位，所以其结构、控制方式比较简单，维修方便，成本较低；但由于精度难以保证、切削力矩小等原因，多用于精度要求不高的中、低档经济型数控机床及机床的数控化改造。

图 5-3　开环伺服系统结构图

（2）半闭环伺服系统　数控机床半闭环伺服系统一般将检测元件安装在系统中适当部件如电动机轴上，以获取反馈信号，用以精确控制电动机的角位移，然后通过滚珠丝杠等传动部件，将角位移转换成工作台的直线位移（见图 5-4）。该系统稳定性较好，采用高分辨率的测量元件后，能获得较满意的精度和速度；检测元件安装在系统中间部件上，能减少机床制造安装时的难度；目前数控机床多使用半闭环伺服系统控制。

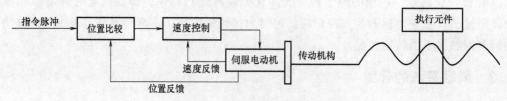

图 5-4　半闭环伺服系统结构图

（3）全闭环伺服系统　数控机床全闭环伺服系统是误差控制随动系统，如图 5-5 所示为全闭环伺服系统结构图。位置检测元件反馈回来的机床坐标轴的实际位置信号与输入的指令比较，并产生电压信号，形成位置环的速度指令；速度环接收位置环发出的速度指令和电动机的速度反馈脉冲指令，经比较后产生电流信号；电流环将电流信号和从电动机电流检测单元发出的反馈信号进行处理，再驱动大功率元件，产生伺服电动机工作电流，带动执行元件工作。

全闭环伺服系统中检测元件安装在工作台上，能减少进给传动系统的全部误差，精度较高。但结构复杂，调试和维护都有一定难度，成本较高。

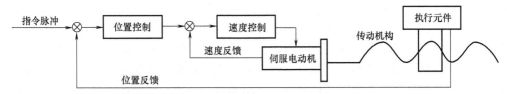

图 5-5　全闭环伺服系统结构原理

2. 按伺服电动机类型分类

按伺服电动机类型分类，伺服系统可分为直流伺服系统、交流伺服系统、直线电动机伺服系统三类。

（1）直流伺服系统　直流伺服系统常用的伺服电动机有小惯量直流伺服电动机和永磁直流伺服电动机（也称为大惯量宽调速直流伺服电动机）；小惯量直流伺服电动机最大限度地减少了电枢的转动惯量，快速性较好，在早期的数控机床上应用较多。

永磁直流伺服电动机具有转子惯量大、过载能力强、低速运行平稳等特点，得到了极其广泛的应用。其缺点是有电刷易磨损，需要定期更换和清理，换向时容易产生电火花，限制了转速的提高。

（2）交流伺服系统　近年来，由于交流电动机调速技术的突破，交流伺服驱动系统进入了电气传动调速控制的各个领域。由于交流伺服电动机的转子惯量比直流电动机小、动态响应好、容易维修、制造简单，适合于在较恶劣的环境中使用，且易于向大输出功率、高电压和大转速方向发展，克服了直流伺服电动机的缺点，因此交流伺服电动机的应用得到了迅速的发展。

（3）直线电动机伺服系统　直线电动机的实质是把旋转电动机沿径向剖开，然后拉直演变而成，利用电磁作用原理，将电能直接转换成直线运动的一种装置。采用直线电动机直接驱动取消了从电动机到工作台之间的机械传动环节，实现了机床进给系统的零传动，具有旋转电动机驱动方式无法达到的性能指标和优点，具有很广阔的应用前景。但由于直线电动机在机床中的应用目前还处于初级阶段，还有待进一步研究改进。

3. 按驱动装置类型分类

按驱动装置类型分类，伺服系统可分为电液伺服驱动系统和电气伺服驱动系统两类。

（1）电液伺服驱动系统　电液伺服驱动系统的执行元件为液压元件，控制系统为电器元件。在低速下可以得到很高的输出力矩，并且刚性好、时间常数小、反应快、速度平稳。但液压系统需要油箱、油管等供油系统，体积大，此外，还有噪声、漏油等问题。

（2）电气伺服驱动系统　电气伺服驱动系统全部采用电子器件和电动机，操作维护方便、可靠性高。没有液压系统中的噪声、污染和维修费用高等问题，但反应速度和低速转矩不如液压系统高。随着科学技术的发展，电动机的驱动线路及电动机的结构得到了改善，性能也大大提高。目前，电气伺服驱动系统已在大范围内取代了液压伺服驱动系统。

5.2 驱动电动机

5.2.1 步进电动机及其驱动控制

步进电动机是开环伺服系统的驱动元件，如图 5-3 所示的开环伺服系统结构中，步进电动机是一种将电脉冲信号转换为相应角位移或直线位移的转换装置，其输入的进给脉冲是不连续变化的数字量，而输出的角位移或直线位移是连续变化的模拟量。步进电动机受驱动线路控制，将进给脉冲序列转换成为具有一定方向、大小和速度的机械转角位移，并通过齿轮和丝杠带动工作台移动。进给脉冲的频率代表驱动速度，脉冲的数量代表位移量，通电顺序决定电动机的运动方向。步进电动机转子的转角与输入电脉冲数成正比，其速度与单位时间内输入的脉冲数成正比。在步进电动机负载能力允许下，上述线性关系不会因负载变化而变化，所以可以在较宽的范围内，通过对脉冲的频率和数量的控制实现对机械运动速度和位置的控制，并且保持电动机各相通电状态就能使电动机自锁，但由于该系统没有反馈检测环节，其精度主要由步进电动机来决定，速度也受到步进电动机性能的限制。

1. 步进电动机的组成及工作原理

步进电动机由定子、转子和定子绕组组成，各种步进电动机都有转子和定子，定子上有六个磁极，分成 A、B、C 三相，每个磁极上绕有励磁绕组，按串联（或并联）方式连接，使电流产生的磁场方向一致。转子是由带齿的铁心做成的，当定子绕组按顺序轮流通电时，A、B、C 三对磁极就依次产生磁场，并且每次对转子的某一对齿产生电磁转矩，使它一步步转动。每当转子某一对齿的中心线与定子磁极中心线对齐时，磁阻最小，转矩为零，每次就在此时按一定方向切换定子绕组各相电流，使转子按一定方向转动。由于电动机类型不同，结构也不完全一样。图 5-6 所示为某反应式步进电动机实物图，图 5-7 所示为三相反应式步进电动机的结构图。

图 5-6 反应式步进电动机实物图

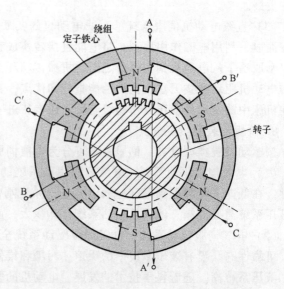

图 5-7 三相反应式步进电动机结构图

　　步进电动机按电磁吸引的原理工作，如图 5-8 是三相反应式步进电动机的工作原理图，在步进电动机的定子上有六个磁极，每个磁极上绕有励磁绕组 A、B、C 三组。每两个相对的磁极组成一相；转子上有四个齿，无绕组。如果先将电脉冲加到 A 相绕组，定子的 A 相磁极就产生磁场，并对转子产生磁场力，使转子的 1、3 两个齿与定子的 A 相磁极对齐。而后再将电脉冲通入 B 相励磁绕组，B 相磁极便产生磁通，这时转子 2、4 两个齿与 B 相磁极靠得最近，于是转子便沿着逆时针方向转过 30°，使转子 2、4 两个齿与定子 B 相磁极对齐；如果按照 A→B→C→A→B→C…的顺序通电，转子则沿逆时针方向一步步地转动，每步转过 30°，显然，单位时间内通入的电脉冲数越多，电动机转速越高。如果按 A→C→B→A→C→…的顺序通电，步进电机将沿着顺时针方向一步步地转动。因而只要控制输入脉冲的数量、频率和通电绕组的相序，即可获得所需的转角、转速及旋转方向。

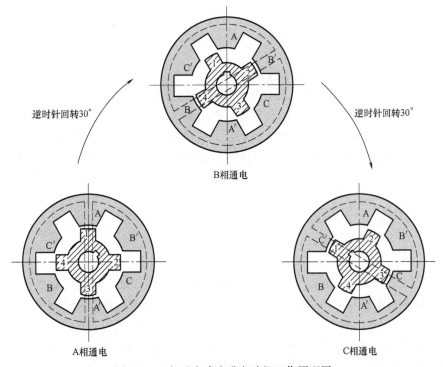

图 5-8　三相反应式步进电动机工作原理图

　　从一相通电换接到另一相通电称为一拍，每拍转子转动一个角度，如上述的步进电动机，三相励磁绕组依次单独通电运行、换接三次完成一个通电循环，称为三相单三拍通电方式。其中的“单”是指每次只有一相绕组通电，“三拍”是指经过三次换接为一个循环，即 A、B、C 三拍。由于每次只有一相绕组通电，在切换瞬间容易发生失步现象，且易在平衡位置附近产生振荡，稳定性较差，所以在实际应用中很少采用单拍工作方式。而采用三相双三拍通电方式，即通电顺序按 AB→BC→CA→AB→…或 AC→CB→BA→AC→…的顺序通电，换接三次完成一个通电循环。采用这种通电方式时，每次有两相绕组同时通电，转子受到的感应力矩大，静态误差小，定位精度高；另外通电状态转换时始终有一相控制绕组通电，电动机工作稳定，不易失步。

　　三相六拍控制方式，即通电顺序按 A→AB→B→BC→C→CA→A→AB→B→…或 A→AC→C→CB→B→BA→A→AC→C→…的顺序通电，换接六次完成一个通电循环，按此通电方式，每转换一个节拍，转子转动 15°，相比于三相单三拍通电方式，通电状态增加了一倍。对步进电动机施加一个电脉冲信号时，它就旋转一个固定的角度，通常把它称为一步，每一步所转过的角度称为步距角。

综上所述，关于步进电动机的特点有如下结论：

（1）工作台位移量的控制 数控装置发出 N 个脉冲，经驱动线路放大后，使步进电动机定子绕组通电状态变化 N 次，如果一个脉冲使步进电动机转过的角度为 α，则步进电动机转过的角位移量 $\varphi = N\alpha$，再经减速齿轮、丝杠、螺母之后转变为工作台的位移量 L，即进给脉冲数决定了工作台的直线位移量 L。每个步距角对应工作台一个位移值，这个位移值称为脉冲当量 δ（mm/P，毫米/脉冲），δ 由下式决定，即

$$\delta = \frac{\alpha P_h}{360i} \tag{5-1}$$

式中　α——步进电动机的步距角（°）；

　　　P_h——滚珠丝杠导程；

　　　i——减速齿轮的减速比（$i>1$）。

（2）工作台进给速度的控制 如果数控装置发出的进给脉冲频率为 f，则经驱动控制电路，表现为控制步进电动机定子绕组的通电、断电状态的电平信号变化频率，定子绕组通电状态变化频率决定步进电动机的转速，该转速经过减速齿轮及丝杠、螺母之后，体现为工作台的进给速度 v（mm/min），即进给脉冲的频率决定了工作台的进给速度，若脉冲当量为 δ（mm），则：

$$v = 60f\delta \tag{5-2}$$

步进电动机的转速 n（r/min）计算公式为

$$n = \frac{60f}{mzk} \tag{5-3}$$

（3）工作台运动方向的控制 改变步进电动机通电状态变化的循环方向，就可改变定子绕组中电流的通断循环顺序，从而使步进电动机实现正转和反转，相应的工作台进给方向就被改变。

（4）自锁功能 当停止输入脉冲时，只要控制绕组的电流不变，步进电动机就可保持在固定的位置，具有自锁功能，不需要机械制动装置。

2. 步进电动机的特性

（1）步距角与步距角误差 步距角是指步进电动机每改变一次通电状态，转子转过的角度。它反映步进电动机的分辨能力，是决定步进伺服系统脉冲当量的重要参数。步距角与步进电动机的相数、通电方式及电动机转子齿数的关系如下：

$$\alpha = 360° / mzk \tag{5-4}$$

式中　α——步进电动机的步距角（°）；

　　　m——电动机定子绕组相数；

　　　z——转子齿数；

　　　k——与通电方式有关的系数，即 $k = $ 拍数/相数。

例如，采用三相单三拍供电方式，转子齿数为 40 时，由式（5-3）可知，此时 $k = 3/3 = 1$，则步距角为：$360° / (3 \times 40 \times 1) = 3°$。

当采用三相六拍供电方式时，$k=6/3=2$，步距角为：$360°/(3×40×2)=1.5°$。

步进角误差是指步进电动机运行时，转子每一步实际转过的角度与理论步距角的差值。连续走若干步时，上述误差的累积值称为步距角的累积误差。由于步进电动机转过一周后，将重复上一转的稳定位置，所以步进电动机的步距累积误差以一转为周期重复出现，不能累加，故步进电动机无累积误差。步距角误差主要由步进电动机齿距制造误差引起，会产生定子和转子间气隙不均匀、各相电磁转矩不均匀现象。步进电动机空载且单脉冲输入时，其实际步距角与理论步距角之差称为静态步距误差，一般控制在±(10′~30′)内。

步进电动机的步距角越小，则所能达到的位置精度越高。通常的步距角是$3°$、$1.5°$或$0.75°$，为此需要将转子做成多齿，在定子磁极上也制成小齿，如图 5-9 所示。

定子磁极上的小齿和转子磁极上的小齿大小相同，两种小齿的齿宽和齿距相等。当一相定子磁极的小齿与转子的齿对齐时，其他两相磁极的小齿都与转子的齿错过一个角度。按照相序，后一相比前一相错开的角度要更大。一般情况下，m 相步进电

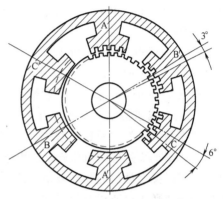

图 5-9　步进电动机工作方式

机可采用单相、双相或单双相轮流通电方式工作，对应的通电方式分别称为 m 相单 m 拍、m 相双 m 拍和 m 相单 $2m$ 拍通电方式。循环拍数越多，步距角越小，定位精度越高。

（2）单相通电时的静态矩角特性　当步进电动机保持通电状态不变时，转子处于静止状态，即称为静态，如果此时在电动机轴上外加一个负载转矩（M），转子会偏离平衡位置向负载转矩方向转过一个角度，称为失调角（θ）。此时步进电动机所受的电磁转矩称为静态转矩，这时静态转矩等于负载转矩。静态转矩与失调角之间的关系称为矩角特性，$M=f(\theta)$ 曲线为转矩-失调角特性曲线，如图 5-10 所示。

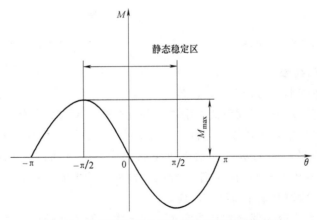

图 5-10　单相通电时步进电动机的静态矩角特性

该矩角特性上的静态转矩最大值称为最大静转矩 M_{max}，M_{max} 越大，电动机带负载的能力越强，运行的快速性和稳定性越好。在静态稳定区内，当除去外加负载转矩时，转子在电磁转矩作用下，仍能回到稳定平衡点位置，即 $\theta=0°$。

（3）空载起动频率　步进电动机在空载情况下，不失步起动所能允许的最高频率称为空载起动频率。步进电动机在起动时，既要克服负载力矩，又要克服惯性力矩，加给步进电动机的指令脉冲频率如大于起动频率，就不能正常工作，所以起动频率不能太高。步进电动机在带负载情况下的起动频率比空载要低。而且，随着负载加大（在允许范围内），起动频率会进一步降低。

（4）连续运行频率　步进电动机起动后，其运行速度能根据指令脉冲频率连续上升且不丢步的最高工作频率，称为连续运行频率。连续运行频率随着电动机所带负载的性质、大小而变化。

（5）运行矩频特性　矩频特性是描述步进电动机连续稳定运行时，输出转矩与运行频率之间的关系。图5-11所示曲线称为步进电动机的矩频特性曲线，由图5-11可知，当步进电动机正常运行时，电动机所能带动的负载转矩会随输入脉冲频率的增加而逐渐下降。

（6）加减速特性　步进电动机的加减速特性是描述步进电动机由静止到工作频率和由工作频率到静止的加减速过程中，定子绕组通电状态的变化频率与时间的关系，如图5-12所示。当要求步进电动机由起动到大于突跳频率的工作频率时，突变频率是指步进电动机在静止状态时突然施加的脉冲频率必须小于起动频率，变化速度必须逐渐上升；同样，从最高工作频率或高于突变频率的工作频率停止时，变化速度必须逐渐下降。逐渐上升和下降的时间不能过小，否则易产生失步现象。

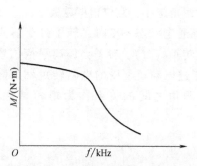

图5-11　步进电动机矩频特性曲线

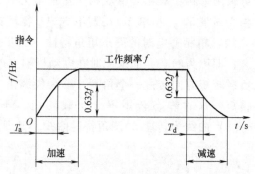

图5-12　加减速特性

3. 步进电动机的类型

步进电动机的结构形式的分类方式很多。

1）按力矩产生的原理分有反应式、励磁式和混合式。反应式的转子无绕组，由被励磁的定子绕组产生反应力矩来实现步进运行。励磁式的定子、转子均有励磁绕组，由电磁力矩实现步进运行。带永磁转子的步进电动机叫作混合式步进电动机（或感应子式同步电动机），它是在永磁和励磁原理共同作用下运转的，这种电动机因效率高以及其他优点与反应式步进电动机一起在数控系统中得到广泛应用。

2）按输出力矩大小分为伺服式和功率式。伺服式只能驱动较小负载，一般与液压扭矩放大器配用，才能驱动机床工作台等较大负载。功率式可以直接驱动较大负载，它按各相绕组分布分为径向式和轴向式。径向式步进电动机各相按圆周依次排列，轴向式步进电动机各相按轴向依次排列。

3）按步进电动机输出运动轨迹形式来分，有旋转式和直线式步进电动机。

从励磁相数来分，有三相、四相、五相、六相等步进电动机。

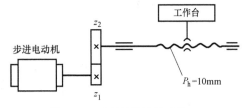

图 5-13 开环伺服进给系统

【例 5-1】 图 5-13 所示开环伺服进给系统中齿轮齿数 $z_1 = 24$，$z_2 = 50$，丝杠导程 $P_h = 10\text{mm}$，机械传动效率 η 为步进电动动机为三相六拍工作状态，其步距角 $\alpha = 0.75°$，如果步进电动机的起动频率是 1000Hz，此频率下的起动力矩 M_q 是 $0.15\text{N} \cdot \text{m}$。求：

（1）工作台的脉冲当量；

（2）工作台的移动速度；

（3）步进电动机的角速度；

（4）工作台最大负载。

解：（1）工作台的脉冲当量

$$\delta = \frac{\alpha}{360°} \times \frac{z_1}{z_2} \times P_h = \frac{0.75}{360} \times \frac{24}{50} \times 10\text{mm} = 0.01\text{mm}$$

（2）工作台的移动速度

$$v = 60\delta f = 60 \times 0.01 \times 1000\text{mm/min} = 600\text{mm/min} \text{ 或}$$

$$v = \delta f = 0.01 \times 1000\text{mm/s} = 10\text{mm/s}$$

（3）步进电动机的角速度

$$\omega = f\theta \frac{2\pi}{360} = 1000 \times 0.75 \times \frac{2\pi}{360}\text{rad/s} = 13.08\text{rad/s}$$

（4）工作台最大负载 根据能量守恒定律 $M_q \omega \eta = Fv$

$$F = \frac{M_q \omega \eta}{v} = \frac{0.15 \times 13.08 \times 0.95}{10 \times 10^{-3}}\text{N} = 186.2\text{N}$$

【例 5-2】 步进电动机转子有 80 个齿。采用三相六拍驱动方式，经丝杠螺母传动副驱动工作台做直线运动，丝杠的导程为 5mm，工作台移动最大速度为 6mm/s，减速器的传动比为 3：5。求：

（1）步进电动机的步距角 α；

（2）工作台的脉冲当量 δ；

（3）步进电动机的最高工作频率 f。

解：（1）$\alpha = \frac{360°}{mkz} = \frac{360°}{3 \times 2 \times 80} = 0.75°$，其中 $k = 6/3 = 2$

（2）$\delta = \frac{\alpha}{360°} \times P \times i = \frac{5 \times 0.75°}{360°} \times \frac{3}{5}\text{mm/脉冲} = 0.006\text{mm/脉冲}$

（3）$f = \frac{v}{\delta} = \frac{6}{0.006}\text{Hz} = 1000\text{Hz}$

4. 步进电动机的控制

步进电动机驱动控制线路完成的功能是将具有一定频率、一定数量和方向的进给脉冲信号转换为控制步进电动机各定子绕组通断电的电平信号。即将逻辑电平信号变换成电动机绕组所需的具有一定功率的电流脉冲信号，实现由弱电到强电的转换和放大。为了实现该功能，一个较完善的步进电动机驱动控制线路应包括各个组成电路，步进电动机的控制线路框图如图 5-14 所示。

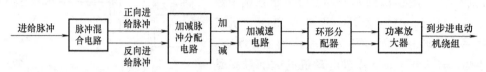

图 5-14　步进电动机的控制线路框图

由图 5-14 可知，步进电动机的控制线路包括脉冲混合电路、加减脉冲分配电路、加减速电路、环形分配器和功率放大器五部分。

（1）脉冲混合电路　无论是来自于数控系统的插补信号，还是各种类型的误差补偿信号、手动进给信号及手动回原点信号等，其目的都是使工作台正向进给或反向进给。首先必须将这些信号混合为使工作台正向进给的"正向进给"信号或使工作台反向进给的"反向进给"信号，由脉冲混合电路来实现此功能。

（2）加减脉冲分配电路　当机床在进给脉冲的控制下沿某一方向进给时，由于各种补偿脉冲的存在，可能还会出现极个别的反向进给脉冲，这些与正在进给方向相反的个别脉冲指令的出现，意味着执行元件即步进电动机正在沿着一个方向旋转时，再向相反的方向旋转几个步距角。一般采用的方法是，从正在进给方向的进给脉冲指令中抵消相同数量的反向补偿脉冲，这也正是加减脉冲分配电路的功能。

（3）加减速电路　加减速电路又称自动升降速电路。根据步进电动机加减速特性，进入步进电动机定子绕组的电平信号的频率变化要平滑，而且应有一定的时间常数。但由于来自加减脉冲分配电路的进给脉冲频率是有跃变的，因此，为了保证步进电动机能够正常、可靠地工作，此跃变频率必须首先进行缓冲，使之变成符合步进电动机加减速特性的脉冲频率，然后再送入步进电动机的定子绕组，加减速电路就是为此而设置的。

（4）环形分配器　环行分配器的作用是把来自 CNC 插补装置输出的进给指令脉冲按一定规律通过功率放大器作用于步进电动机各相绕组，从而控制步进电动机正向运转或反向运转，可通过硬件环形分配或软件环形分配的方式实现。

1）环形分配器的硬件实现。图 5-15 所示为一个三相六拍环形分配器的电路图。

硬件环形分配器是根据真值表或逻辑关系式采用逻辑门电路和触发器来实现的，如图 5-15 所示，该电路由若干个与非门和三个 J-K 触发器组成。指令脉冲加到 3 个触发器的时钟输入端 CP，旋转方向由正、反控制端的状态决定。Q_1、Q_2、Q_3 为 3 个触发器的 Q 端输出，连到 U、V、W 三相功率放大器。若"1"表示通电，"0"表示断电，对于三相六拍步进电动机正向旋转，正向控制端状态置"1"，反向控制端状态置"0"。初始时，在预置端加上预置脉冲时，由于 $\overline{V}^0 = 1$、$\overline{W}^0 = 1$，根据 J-K 触发器的逻辑原理可知，U^1 置"1"，又知 $\overline{W}^0 = 1$，$\overline{U}^0 = 0$，则 $V^1 = 1$，同理 $\overline{U}^0 = 0$，$\overline{V}^0 = 1$，则 $\overline{W}^1 = 0$。这样环形分配器就由 100 状态变为 110 状态，随着指令脉冲的不断到来，各相通电状态不断变化，按照 100→110→010→011→001→101 即 U→UV→V→UW→W→WU 次序通电。

步进电动机反转时，由反向控制信号"1"状态控制（正向控制为"0"），通电次序为 U→UW→W→WV→V→VU→U。

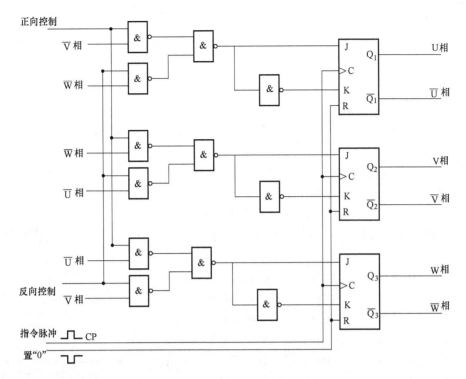

图 5-15 三相六拍环形分配器

2）环形分配器的软件实现。用软件实现环行分配的优点是电路简单、成本低，可以灵活地改变步进电动机的控制方案。显然，功率放大功能仍须由硬件完成。图 5-16 为单片机直接控制三相步进电动机的接口方式。单片机 P_1 端口的低三位为输出位，分别控制步进电动机 U、V、W 三相绕组的通电顺序和方式。

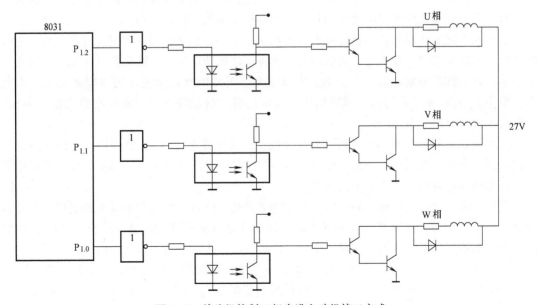

图 5-16 单片机控制三相步进电动机接口方式

三相单三拍方式：三相单三拍方式通电顺序为 U→V→W→U→···，所以只需依次向端口 P_1 输出下列控制字：

0	0	1	(01H)	U 相通电
0	1	0	(02H)	V 相通电
1	0	0	(04H)	W 相通电

同时，每输出一个控制字应加入软件延时来保证一定的时间间隔，以此控制步进电动机的速度，例如要求时间间隔为 1ms。控制步进电动机三相单三拍正转的程序框图，如图 5-17 所示。

若要控制步进电动机反转，只需将输出的控制字按 U→W→V→U→···通电顺序输出即可。

三相六拍通电方式：如果三相六拍正转通电顺序为：U→UV→V→VW→W→WU→U→···，则由端口 P_1 输出下列控制字：

0	0	1	(01H)	U 相通电
0	1	1	(03H)	U、V 相通电
0	1	0	(02H)	V 相通电
1	1	0	(06H)	V、W 相通电
1	0	0	(04H)	W 相通电
1	0	1	(05H)	W、U 相通电

反转时，通电顺序为：U→WU→W→WV→ V→VU→ U→···。

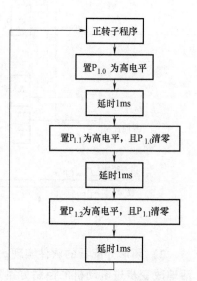

图 5-17 三相单三拍正转程序图

（5）功率放大器　功率放大器又称为功率驱动器，其主要功能是对电流进行放大。从环形分配器来的进给控制信号的电流只有几毫安，而步进电动机的定子绕组需要几安培电流，因此，需要功率放大器将来自环形分配器的脉冲电流放大到足以驱动步进电动机旋转的大小。

功率放大器的作用是将环行分配产生的控制信号经过功率放大，控制步进电动机各相组电流按一定顺序切换，使步进电动机运转。步进电动机功率不同，其绕组电流从几安到几十安不等。每相绕组分别对应一套功率放大器电路。图 5-18 所示为基本的单电源功率放大电路，图中 L_a 表示步进电动机三相绕组中一相的电感，每相绕组由一套功率放大电路驱动，三套功率放大电路完全相同。

CNC 输出的指令脉冲信号通过光电隔离电路使功率管 V_1、V_2 饱和导通，绕组 L_a 通电，电动机转动一步。当三相功率放大电路在指令脉冲的驱动下工作时，三相绕组按一定规律通电，进而使步进电动机一步一步地转动。

由于步进电动机绕组电感的作用，当步进电动机加速时，电路中电流不能迅速地上升到额定值，步进电动机不能产生足够的转矩，因此无法获得较高的转速。同样，在绕组断电时，电流也不能立即衰减到零，而这个残余的电流会对步进电动机起制动作用。

图 5-18 中，在绕组中串联外加电阻 R_a，由于电路的时间常数减小，使电流上升的时间缩短（但为了维持额定电流值，必须相应提高驱动电压），步进电动机能产生较高的运行速度。为了进一步提高加速效果，还可在 R_a 上并联一个电容 C（如图中虚线所示），使得功

率管 V_2 导通的初始阶段对绕组提供全压激励，从而进一步缩短电流建立的时间。当绕组断电时，由于绕组电感的存在，将产生远高于电路外加电压的电感电势，为了保护功率管，在绕组上并联一个二极管 VD，以便提供低阻抗续流回路，即起到了"释能"的作用。为了增加释能的效果，可在 VD 上再串联一电阻 R_s 以便加速消耗绕组电感的能量。

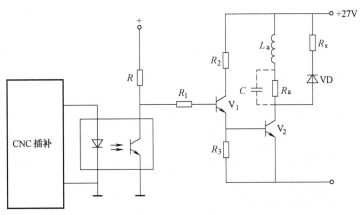

图 5-18　单电源功率放大电路

5.2.2　直流伺服电动机及其驱动控制

1. 直流伺服电动机及工作特性

为了满足数控机床伺服系统的要求，直流伺服电动机必须具有较高的力矩/惯量比，由此产生了小惯量直流伺服电动机和宽调速直流伺服电动机。这两类电动机定子磁极都是永磁体，大多采用新型的稀土永磁材料，具有较大的矫顽力，因此抗去磁能力大为提高，体积大为缩小。

（1）直流伺服电动机的工作原理　直流伺服电动机的工作原理与一般直流电动机基本相同，都是建立在电磁力和电磁感应的基础上，为了分析简便，可把复杂的直流电动机结构简化为如图 5-19a 所示的结构，其电路原理如图 5-19b 所示。

直流电动机具有一对磁极 N 和 S，电枢绕组只是一个线圈，线圈两端分别连在两个换向

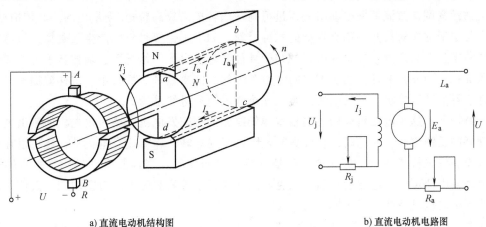

a) 直流电动机结构图　　　　　　　　　　　　b) 直流电动机电路图

图 5-19　直流伺服电动机

片上，换向片上压着电刷 A 和 B。将直流电源接在电刷之间而使电流通入电枢线圈。由于电刷 A 通过换向片总是与 N 极下的有效边（切割磁力线的导体部分）相连，电刷 B 通过换向片总是与 S 极下的有效边相连，因此电流方向应该是这样的：N 极下的有效边中的电流总是一个方向（在图 5-19a 中由 $a \to b$），而 S 极下的有效边中的电流总是另一个方向（在图 5-19a 中由 $c \to d$），这样才能使两个边上受到的电磁力的方向保持一致，电枢因此转动。有效边受力方向可用左手定则判断。当线圈的有效边从 N（S）极下转到 S（N）极下时，其中电流的方向必须同时改变，以使电磁力的方向不变，而这也必须通过换向器才能得以实现。

（2）直流伺服电动机的类型及特点　直流伺服电动机按定子磁场产生的方式可分为永磁式和他励式，两者性能相近。永磁式直流伺服电动机的磁极采用永磁材料制成，充磁后即可产生恒定磁场。他励式直流伺服电动机的磁极由冲压硅钢片叠加而成，外加线圈，靠外加励磁电流产生磁场。由于永磁式直流伺服电动机不需要外加励磁电源，因而在伺服系统中应用广泛。直流伺服电动机按电枢的结构与形状可分为平滑电枢型、空心电枢型和有槽电枢型等。

平滑电枢型的电枢无槽，其绕组用环氧树脂粘固在电枢铁心上，因而转子形状细长，转动惯量小，空心电枢型的电枢无铁心，且常做成杯形，其转子的转动惯量最小；有槽电枢型的电枢与普通直流电动机的电枢相同，因而转子的转动惯量较大。

直流伺服电动机按转子转动惯量的大小可分为大惯量、中惯量和小惯量直流伺服电动机。大惯量直流伺服电动机（又称直流力矩伺服电动机或宽调速直流伺服电动机）负载能力强，易于与机械系统匹配，而小惯量直流伺服电动机的加减速能力强、响应速度快、低速运行平稳，能频繁起动与制动，但因其过载能力低，在早期的数控机床上应用广泛。

小惯量直流伺服电动机是通过减小电枢的转动惯量来提高转矩/惯量比的。小惯量直流伺服电动机的转子与一般直流电动机的区别在于：一是转子长而直径小，从而得到较小的惯量；二是转子是光滑无槽的铁心，用绝缘黏合剂直接把线圈粘在铁心表面上。小惯量直流伺服电动机机械时间常数小（可以小于 10ms），响应快，低速运转稳定而均匀，能频繁起动与制动。但由于其过载能力低，并且自身惯量比机床相应运动部件的惯量小。因此必须配置减速机构与丝杠相连接才能和运动部件的惯量相匹配，这样就增加了传动链误差。目前在数控钻床、数控冲床等点位控制的场合应用较多。

大惯量宽调速直流伺服电动机是通过提高输出转矩来提高转矩/惯量比的。具体措施是：一是增加定子磁极对数并采用高性能的磁性材料，如稀土钴等材料以产生强磁场，该磁性材料性能稳定且不易退磁；二是在同样的转子外径和电枢电流的情况下，增加转子上的槽数和槽的截面积。因此，电动机的机械时间常数和电气时间常数都有所减小，这样就提高了快速响应性。目前，数控机床广泛采用这类电动机构成闭环进给系统。

在结构上，这类电动机采用了内装式的低纹波的测速发电机。测速发电机的输出电压作为速度环的反馈信号，使电动机在较宽的范围内平稳运转。除测速发电机外，还可以在电动机内部安装位置检测装置，如光电编码器或旋转变压器等。当伺服电动机用于垂直轴驱动时，电动机内部可安装电磁制动器，以克服滚珠丝杠垂直安装时的非自锁现象。大惯量直流伺服电动机的机械特性如图 5-20 所示。

在图 5-20 中，T_r 为连续工作转矩，T_{max} 为最大转矩。在连续工作区，电动机通以连续工作电流，可长期工作，连续电流值受发热极限的限制。在断续工作区，电动机处于接通-

断开的断续工作方式，换向器与电刷工作处于无火花的换向区，可承受低速大转矩的工作状态。在加减速区，电动机处于加减速工作状态，如起动、制动。起动时，电枢瞬时电流很大，所引起的电枢反应会使磁极退磁和换向产生火花。

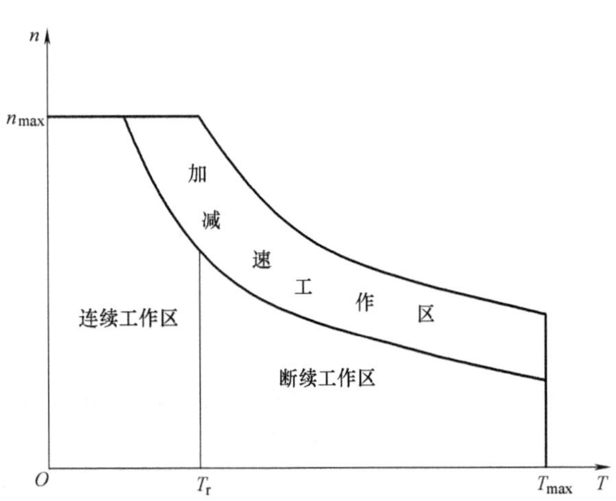

2. 大惯量宽调速直流伺服电动机的特点

大惯量宽调速直流伺服电动机具有以下特点：

1）能承受的峰值电流和过载能力高，可满足数控机床对其加减速的要求。

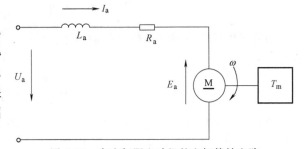

图 5-20　大惯量直流伺服电动机的机械特性

2）具有大的转矩/惯量比，抗机械干扰的能力强。

3）调速范围宽，与高性能伺服驱动单元组成速度控制系统时，调速比可达 1∶10000。

4）转子热容量大，电动机的过载性能好，一般能过载运行几十分钟。

3. 直流伺服电机的工作特性

1）直流伺服电动机的静态特性。直流伺服电动机的静态特性是指电动机在稳态情况下工作时，其转子转速、电磁转矩和电枢控制电压三者之间的关系。直流伺服电动机采用电枢电压控制时的电枢等效电路如图 5-21 所示。

根据电动机学的基本知识，有：

图 5-21　直流伺服电动机的电枢等效电路

$$E_a = U_a - I_a R_a \quad E_a = C_e \Phi \omega \quad T_m = C_m \Phi I_a$$

式中　E_a——电枢反电动势（V）；

　　　U_a——电枢电压（V）；

　　　I_a——电枢电流（A）；

　　　R_a——电枢电阻（Ω）；

　　　C_e——转矩常数（仅与电动机结构有关）；

　　　Φ——定子磁场中每极气隙磁通量（Wb）；

　　　ω——转子在定子磁场中切割磁力线的角速度（rad/s）；

　　　T_m——电枢电流切割磁力线所产生的电磁转矩（N·m）；

　　　C_m——转矩常数。

根据以上三式，可得到直流伺服电动机运行特性的一般表达式：

$$\omega = U_a / (C_e \Phi) - \frac{R_a}{C_e C_m \Phi^2} T_m \tag{5-5}$$

在采用电枢电压控制时，磁通 Φ 是一常量。如果使电枢电压 U_a 保持恒定，则式（5-5）可写成：

$$\omega = \omega_0 - KT_m \tag{5-6}$$

式中 $\omega_0 = \dfrac{U_a}{C_e\varPhi}$，$K = \dfrac{R_a}{(C_eC_m\varPhi^2)}$。

式（5-6）被称为直流伺服电动机的静态特性方程。

根据静态特性方程，可得出直流伺服电动机的两种特殊运行状态。

$T_m = 0$，即空载时，有：

$$\omega = \omega_0 = \frac{U_a}{C_e\varPhi}$$

式中，ω_0 称为理想空载角速度。可见，其值与电枢电压成正比。

当 $\omega = 0$ 时，即起动或堵转时，有：

$$T_m = T_d = \frac{C_m\varPhi}{R_a}U_a$$

式中，T_d 称为起动转矩或堵转转矩，其值也与电枢电压成正比。

在静态特性方程中，如果把角速度 ω 看作电磁转矩 T_m 的函数，即 $\omega = f(T_m)$ 可得到直流伺服电动机的机械特性表达式为：

$$\omega = \omega_0 - \left(\frac{R_a}{C_eC_m\varPhi^2}\right)T_m \tag{5-7}$$

如果把角速度 ω 看作电枢电压的函数，即 $\omega = f(U_a)$，则得直流伺服电动机的调节特性表达式为：

$$\omega = \frac{U_a}{C_e\varPhi} - KT_m \tag{5-8}$$

根据式（5-7）和式（5-8），给定不同的 U_a 和 T_m 值，可分别给出直流伺服电动机的机械特性曲线和调节特性曲线，如图 5-22 所示。

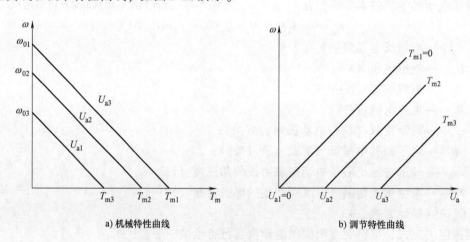

a) 机械特性曲线　　　　　　　　　　b) 调节特性曲线

图 5-22　直流伺服电动机的机械特性曲线

由图 5-22a 可知，直流伺服电动机的机械特性是一组斜率相同的直线。每条机械特性直线和一种电枢电压相对应，与 ω 轴的交点是该电枢电压下的理想空载角速度，与 T_m 轴的交点则是该电枢电压下的起动转矩。由图 5-22b 可知，直流伺服电动机的调节特性也是一组斜率相同的直线。每条调节特性直线和一种电磁转矩相对应，与 U_a 轴的交点是起动时的电枢电压。

此外，从图中还可以看出，调节特性的斜率为正，这说明在一定负载下，电动机转速随电枢电压的增加而增加；而机械特性的斜率为负，这说明在电枢电压不变时，电动机转速随负载转矩增加而降低。

上述对直流伺服电动机静态特性的分析是在理想条件下进行的，实际上，电动机的功放电路、电动机内部的摩擦及负载的变动等因素都对直流伺服电动机的静态特性有着不容忽视的影响。

2）直流伺服电动机的动态特性。直流伺服电动机的动态特性是指当给电动机电枢加上阶跃电压时，转子转速随时间的变化规律，其本质是对输入信号响应的过渡过程的描述。直流伺服电动机产生过渡过程的原因在于电动机中存在机械惯性和电磁惯性两种惯性。机械惯性是由直流伺服电动机和负载的转动惯量引起的，是造成机械过渡过程的原因；电磁惯量是由电枢回路中的电感引起的，是造成电磁过渡过程的原因。一般而言，电磁过渡过程比机械过渡过程要短得多。在直流伺服电动机动态特性分析中，可忽略电磁过渡过程，把直流伺服电动机简化为一机械惯性环节。

4. 直流伺服电动机的速度控制方法

（1）调速原理及方法　电动机电枢线圈通电后在磁场中因受力而转动，同时，电枢转动后，因导体切割磁力线而产生反电动势 E_a，其方向总是与外加电压的方向相反（由右手定则判断）。直流电动机电枢绕组中的电流与磁通量相互作用，产生电磁力和电磁转矩。其中电磁转矩为：

$$T = K_m \Phi I_a \tag{5-9}$$

式中　T——电磁转矩（N·m）；

Φ——对磁极的磁通量（Wb）；

I_a——电枢电流（A）；

K_m——电磁转矩常数。

电枢转动后产生的反电动势为：

$$E_a = K_e \Phi n \tag{5-10}$$

式中　E_a——反电动势（V）；

n——电枢的转速（r/min）；

K_e——反电动势常数。

作用在电枢上的电压 U 应等于反电动势与电枢压降之和，故电压平衡方程为：

$$U = E_a + I_a R_a \tag{5-11}$$

式中　R_a——电枢电阻（Ω）。

由式（5-10）和式（5-11）可得电枢的转速方程为：

$$n = \frac{U - I_a R_a}{K_e \Phi} \tag{5-12}$$

由此可知，调节直流电动机的转速有三种方法：

1）改变电枢电压 U。即当电枢电阻 R_a、磁通量 Φ 都不变时，通过附加的调压设备调节电枢电压 U。一般都将电枢的额定电压向下调低，使电动机的转速 n 由额定转速向下调低，使调速范围变宽。作为进给驱动的直流伺服电动机常采用这种方法进行调速。

2）改变磁通量 Φ　调节激磁回路的电阻，使激磁回路电流减小，磁通量 Φ 也减小，使电动机的转速由额定转速向上调高。这种方法由于激磁回路的电感较大，导致调速的快速性变差，但速度调节容易控制，常用于数控机床主传动的直流伺服电动机调速。

3）在电枢回路中串联调节电阻 R_t，此时转速的计算公式变为：

$$n = \frac{U - I_a (R_a + R_t)}{K_e \Phi} \tag{5-13}$$

这种方法电阻上的损耗大，且转速只能调低，故经济效益不好。

5. 晶闸管调速系统的基本原理

1）系统的组成。图 5-23 为晶闸管直流调速系统。该系统由内环——电流环、外环——速度环和晶闸管整流放大器等组成。电流环的作用：由电流调节器对电动机电枢回路的滞后进行补偿，使动态电流按所需的规律（通常是一阶过渡规律）变化。I_R 为电流环指令值（给定），来自速度调节器的输出。I_f 为电流的反馈值，由电流传感器取自晶闸管整流的主回路，即电动机的电枢回路。经过比较器比较，其输出 E_1 作为电流调节器的输入。速度环的作用：用速度调节器对电动机的速度误差进行调节，以实现所要求的动态特性，通常采用比例-积分调节器。

U_R 为来自数控装置经 D/A 变换后的参考（指令）值，该值一般取 $0 \sim 10V$ 直流，正负极性对应于电动机的转动方向。U_f 为速度反馈值。速度的测量目前多用两种元件：一种是测速发电机，可直接装在电动机轴上，其输出电压的大小即反映了电动机的转速。另一种是光电脉冲编码器，也直接装在电动机轴上，编码器发出的脉冲经频率电压变换（频率/电压变换），通过输出电压反映了电动机的转速。U_R 与 U_f 的差值 E_S 为速度调节器的输入，该调节器的输出就是电流环的输入指令值。速度调节器和电流调节器都是由线性运算放大器和阻容元件组成的校正网络构成。触发脉冲发生器产生晶闸管的移相触发脉冲，其触发角对应整流器的不同直流电压，从而得到不同的速度。晶闸管整流器为功率放大器，直接驱动直流伺服电动机旋转。

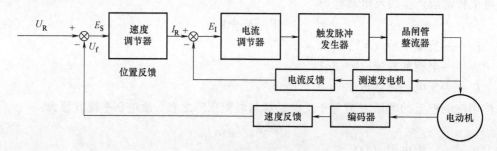

图 5-23　晶闸管直流调速速度单元结构

晶闸管（SCR）速度单元分为控制回路和主回路两部分。控制回路产生触发脉冲，该脉冲的相位即触发角，作为整流器进行整流的控制信号。主回路为功率级的整流器，将电网交流电变为直流电，相当于将控制回路信号的功率放大，得到较高电压与放大电流以驱动电动机。这样就将程序段中的 F 值一步步变成了伺服电动机的电压，完成调速任务。

2）主回路工作原理。晶闸管整流电路由多个大功率晶闸管组成，整流电路可以是单相半控桥、单相全控桥、三相半控桥、三相全控桥等。虽然单相半控桥及单相全控桥式整流电路简单，但因其输出波形差、容量有限而较少采用。在数控机床中，多采用三相全控桥式反并联可逆电路（图 5-24）。三相全控桥晶闸管分两组，每组内按三相桥式连接，两组反并联，分别实现正转和反转。每组晶闸管都有两种工作状态：整流（Ⅰ）和逆变（Ⅱ）。一组处于整流工作时，另一组处于待逆变状态。在电动机降速时，逆变组工作。

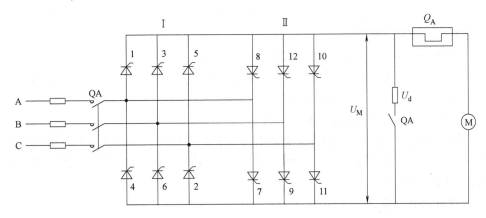

图 5-24　三相桥式反并联整流电路

在这种电路的（正转组或反转组）每组中，需要共阴极组中一个晶闸管和共阳极组中一个晶闸管同时导通才能构成通电回路，为此必须同时控制。共阴极组的晶闸管是在电源电压正半周内导通，顺序是 1、3、5，共阳极组的晶闸管是在电源电压负半周内导通，顺序是 2、4、6。共阳极组或共阴极组内晶闸管的触发脉冲之间的相位差是 120°，在每相内两个晶闸管的触发脉冲之间的相位是 180°，按管号排列顺序为 1→2→3→4→5→6，相邻触发脉冲之间的相位差是 60°。通过改变晶闸管的触发角（改变导通角），就可改变晶闸管的整流输出电压，达到调节直流电动机速度的目的。

为保证合闸后两个串联工作的晶闸管能同时导通，或电流截止后能再导通，必须对共阳极组和共阴极组中应导通的晶闸管同时发出脉冲，每个晶闸管在触发导通 60° 后，再补发一个脉冲，这种控制方法为双脉冲控制；也可用一个宽脉冲代替两个连续的窄脉冲，脉冲宽度应保证相应的导通角大于 60°，但要小于 120°，一般取为 80° ～ 100°，这种控制方法称为宽脉冲控制。

6. 控制回路分析

虽然改变触发角能达到调速目的，但是这种开环方法调速范围很小，机械特性很软。为了扩大调速范围，采用带有测速反馈的闭环方案。采用闭环方案的调速范围为：

$$R_L = (1 + K_S) R_h \tag{5-14}$$

式中　R_L——闭环调速范围；

　　　R_h——开环调速范围；

　　　K_S——开环放大倍数。

电动机的机械特性硬度是指该电动机的机械特性曲线（转速-负载转矩曲线）的平直程度，即转矩变化与所引起的转速变化的比值，所谓硬就是指上述曲线（实际上是直线）的斜率很小，电动机转速受外界条件影响小。一般把电动机接成闭环之后，机械特性就很硬了。

控制回路主要包括比较放大器、速度调节器、电流调节器等，其工作过程如下（图5-23）：

1）速度指令电压 U_R 和速度反馈电压 U_f 分别经过阻容滤波后，在比较放大器中进行比较放大，得到速度误差信号 E_S，E_S 为速度调节器的输入信号。

2）速度调节器常采用比例—积分调节器（即 PI 调节器），采用 PI 调节器的目的是获得更好的静态和动态调速特性。

3）电流调节器可以由比例（P）或 PI 调节器组成，其中 I_R 为电流给定值，I_f 为电流反馈值，E_I 为比较后的误差。经过电流调节器输出后还要变成电压。采用电流调节器的目的是减小系统在大电流下的开环放大倍数，加快电流环的响应速度，缩短起动过程，同时减小低速轻载时由于电流断续对系统稳定性的影响。

4）触发脉冲发生器可使电路产生晶闸管的移相触发脉冲。晶闸管的移相触发电路有多种，如电阻-电容桥式移相电路，磁性触发器、单结晶体管触发电路和带锯齿波正交移相控制的晶体管触发电路等。

7. 晶体管脉宽调制调速系统

晶体管是一种固体半导体器件，可实现放大、开关、稳压、信号调制等功能。晶体管利用电信号来控制自身的开合，与晶闸管相比，具有控制简单，开关特性好等优点。晶体管脉宽调制调速系统克服了晶闸管调速系统的波形脉动，特别是轻载低速调速特性差的问题，得到了广泛的应用。

1）晶体管脉宽调制（PWM）系统的组成原理及特点。图5-25为直流伺服电动机的脉宽调制系统组成原理图，该系统由控制回路和主回路构成。控制部分包括速度调节器、电流调节器、固定频率振荡器及三角波发生器、脉冲宽度调制器和基极驱动电路等；主回路包括晶体管开关式放大器和功率整流器等。

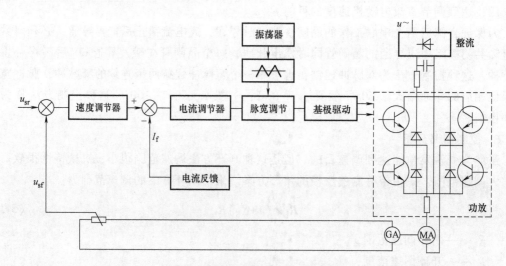

图 5-25　脉宽调制系统组成原理图

控制部分的速度调节器和电流调节器与晶闸管调速系统一样，同样采用双环控制。不同的只是脉宽调制和功率放大器部分，它们是晶体管脉宽调制调速系统的核心。所谓脉宽调制，就是使功率放大器中的晶体管工作在开关状态下，开关频率保持恒定，用调整开关周期内晶体管导通时间的方法来改变其输出，从而使电动机电枢两端获得宽度随时间变化的给定频率的电压脉冲，脉宽的连续变化使电枢电压的平均值也连续变化，因而使电动机的转速连续调整。

脉宽调制器的作用是使电流调节器输出的直流电压电平（按给定指令变化）与振荡器产生的固定频率三角波叠加，然后利用线性组件产生宽度可变的矩形脉冲，经基极的驱动回路放大后，加到功率放大器晶体管的基极，控制其开关周期及导通的持续时间。

主回路的功率放大器采用脉宽调制式的开关放大器，晶体管工作在开关状态。根据功率放大器输出的电压波形，可分为单极性输出、双极性输出和有限单极性输出三种工作方式。各种不同的开关工作方式又可组成可逆式功率放大电路和不可逆式功率放大电路。

与晶闸管调速系统相比，晶体管调速系统具有频带宽、电流脉动小、电源功率因数高和动态硬度好等特点。

2）脉宽调制器。脉宽调制的任务是将连续控制信号变成方波脉冲信号，作为功率转换电路的基极输入信号来控制直流电动机的转矩和转速。方波信号可由脉宽调制器（PWM）生成，也可由全数字软件生成。在 PWM 调速系统中，直流电压量为电流调节器的输出经过脉宽调制器变为周期固定、脉宽可变的脉冲信号。由于脉冲周期不变，脉冲宽度改变将使脉冲平均电压改变。脉冲宽度调制器的种类很多，但从构成来看都由两部分组成：一是调制信号发生器，二是比较放大器。而调制信号发生器都是采用三角波发生器或是锯齿波发生器。

脉宽调制器的工作原理如图 5-26 所示，为用三角波和电压信号进行调制将电压信号转换为脉冲宽度的调制器，这种调制器由三角波发生器和比较器组成。三角波信号 u_Δ 和速度信号 U_{st} 一起送入比较器同向输入端进行比较，完成速度控制电压到脉冲宽度之间的变换。且脉冲宽度正比于代表速度的电压的高低。

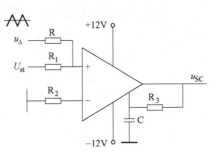

图 5-26 脉宽调制器原理图

3）开关功率放大器。开关功率放大器（或称脉冲功率放大器）是脉宽调制速度单元的主回路。根据输出电压的极性，它分为双极性工作方式和单极性工作方式两类结构；不同的开关工作方式又可组成可逆（电动机两个方向运转）开关放大电路和不可逆开关放大电路；根据大功率晶体管使用的数量和布局，又可分为 T 型、H 型结构。

5.2.3 交流伺服电动机及其速度控制

直流电动机具有控制简单可靠、输出转矩大、调速性能好、工作平稳可靠等特点，在 20 世纪 80 年代以前，数控机床中的伺服系统中，以直流伺服电动机为主。但直流伺服电动机也有诸多缺点，如结构复杂、制造困难、制造成本高、电刷和换向器易磨损、换向时易产生火花、最高转速受到限制等。而交流伺服电动机没有上述缺点，由于它的结构简单坚固、容易维护、转子的转动惯量可以设计得很小，能经受高速运转等优点，从 20 世纪 80 年代开始引起人们的关注。近年来随着交流调速技术的飞速发展，交流伺服电动机的可变速驱动系统已发展到数字化阶段，实现了大范围平滑调速，打破了"直流传动调速，交流传动不调速"的传统分工格局，在现代的数控机床上，交流伺服系统得到了广泛的应用。

1. 交流伺服电动机的分类及特点

交流伺服电动机通常分为交流同步伺服电动机和交流异步伺服电动机两大类。

交流同步伺服电动机的转速是由供电频率决定的，由变频电源给同步电动机供电时，能方便地获得与频率成正比的可变速度，可以得到非常硬的机械特性及较宽的调速范围，在进给伺服系统中，交流同步电动机的使用越来越广泛了。交流同步伺服电动机有励磁式、永磁式、磁阻式和磁滞式四种。前两种电动机的输出功率范围较宽，后两种电动机的输出功率较小。各种交流同步伺服电动机的结构均类似，都由定子和转子两个主要部分组成。但四种电动机的转子差别较大，励磁式同步伺服电动机的转子结构较复杂，其他三种同步伺服电动机的转子结构十分简单，磁阻式和磁滞式同步伺服电动机效率低，功率因数差。因为永磁同步交流伺服电动机具有结构简单、运行可靠、效率高等特点，数控机床的进给驱动系统中多采用永磁同步交流伺服电动机。

交流异步伺服电动机也称交流感应伺服电动机，它的结构简单、重量轻、价格便宜。但其缺点是转速受负载的变化影响较大，所以一般不用于进给运动系统。而主轴驱动系统不像进给系统那样要求很高的性能，调速范围也不要太大，采用异步电动机完全可以满足数控机床主轴的要求，因此，交流异步伺服电动机广泛应用于主轴驱动系统中。

2. 交流伺服电动机的结构及工作原理

（1）交流伺服电动机的结构　数控机床用于进给驱动的交流伺服电动机大多采用三相交流永磁同步电动机。永磁交流同步伺服电动机的结构如图 5-27 和图 5-28 所示，由定子、转子和检测元件三部分组成。电枢在定子上，定子具有齿槽，内有三相交流绕组，形状与普通交流感应电动机的定子相同。但采取了许多改进措施，如非整数节距的绕组、奇数的齿槽等，这种结构的优点是气隙磁密度较高、极数较多。电动机外形呈多边形，且无外壳。转子由多块永磁铁和铁芯组成，磁场波形为正弦波。转子结构中还有一类是有极靴的星形转子，采用矩形磁铁或整体星形磁铁，转子磁铁磁性材料的性能直接影响伺服电动机的性能和外形尺寸。现在一般采用第三代稀土永磁合金——钕铁硼合金，它是一种最有前途的稀土永磁合金。检测元件（脉冲编码器或旋转变压器）安装在电动机上，它的作用是检测出转子磁场相对于定子绕组的位置。

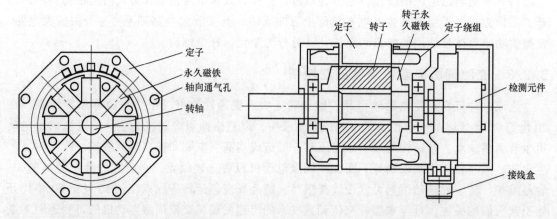

图 5-27　三相交流永磁同步电动机的横剖面图　　　图 5-28　永磁交流同步伺服电动机的结构图

（2）永磁式交流同步伺服电动机的工作原理 如图 5-29 所示，永磁式交流同步伺服电动机由定子、转子和检测元件三部分组成。

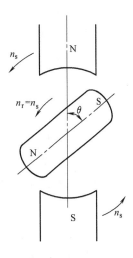

其工作过程是当定子三相绕组通上交流电后，在电动机的定子、转子之间产生一个旋转磁场，该旋转磁场以同步转速 n_s 旋转。根据磁极的同性相斥、异性相吸的原理，定子旋转磁场与转子永久磁场磁极相互吸引，并带动转子一起旋转，因此，转子也将以同步转速 n_r 旋转。当转子轴加上外负载转矩时，转子磁极不是由转子的三相绕组产生，而是由永久磁铁产生。

当转子轴上加有外负载转矩时，转子磁极的轴线将与定子磁极的轴线相差一个 θ 角，若负载增大，则差角 θ 也随之增大。只要外负载不超过一定限度，转子就与定子旋转磁场一起同步旋转，即：

图 5-29 永磁式交流同步
伺服电动机的工作原理

$$n_r = n_s = 60\frac{f}{p} \tag{5-15}$$

式中 f——交流电源频率（Hz）；

  p——定子和转子的磁极对数；

  n_r——转子转速（r/min）；

  n_s——同步转速（r/min）。

由式（5-15）可知，交流永磁同步电动机转速由电源频率 f 和磁极对数 p 所决定。

当负载超过一定极限后，转子不再按同步转速旋转，甚至可能不转，这就是同步电动机的失步现象，此负载的极限称为最大同步转矩。

（3）永磁式交流同步伺服电动机的性能 如图 5-30 所示为永磁式交流同步伺服电动机的转矩-速度特性曲线。曲线分为连续工作区和断续工作区两部分。

在连续工作区，速度和转矩的任何组合都可连续工作。但连续工作区的划分受到一定条件的限制，连续工作区划定的条件有两个：一是供给电动机的电流是理想的正弦波；二是电动机工作在某一特定温度下。在断续工作区，电动机可间断运行，断续工作区比较大时，有利于提高电动机的加、减

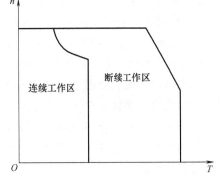

图 5-30 交流永磁同步电动机的机械特性曲线

速能力，尤其是在高速区。永磁式交流同步电动机的缺点是起动难，这是由于转子本身的惯量、定子与转子之间的转速差过大，使转子在起动时所受的电磁转矩的平均值为零所致，因此电动机难以起动。解决的办法是在设计时设法减小电动机的转动惯量，或在速度控制单元中采取先低速后高速的控制方法。

和异步电动机相比，同步电动机转子有磁极，在很低的频率下也能运行，因此，在相同

的条件下，同步电动机的调速范围比异步电动机要宽。同时，同步电动机比异步电动机对转矩扰动具有更强的承受力，能做出更快的响应。

（4）交流主轴电动机　交流主轴电动机是基于感应电动机的结构而专门设计的。通常为增加输出功率、缩小电动机体积，采用定子铁芯在空气中直接冷却的方法，没有机壳，且在定子铁芯上做有通风孔。因此电动机外形多呈多边形而不是常见的圆形。在电动机轴尾部安装检测用的码盘。

交流主轴电动机与普通感应式伺服电动机的工作原理相同。在电动机定子的三相绕组通以三相交流电时，就会产生旋转磁场，这个磁场切割转子中的导体，导体感应电流与定子磁场相作用产生电磁转矩，从而推动转子转动，其转速 n_r 为：

$$n_r = n_s(1-s) = \frac{60f}{p}(1-s) \tag{5-16}$$

式中　n_r——转子转速（r/min）；

　　　n_s——同步转速（r/min）；

　　　f——交流供电电源频率（Hz）；

　　　s——转差率，$s=(n_s-n_r)/n_s$；

　　　p——极对数。

同感应式伺服电动机一样，交流主轴电动机需要转速差才能产生电磁转矩，所以电动机的转速低于同步转速，转速差随外负载的增大而增大。

3. 交流伺服电动机的主要特性参数

1）额定功率。电动机长时间连续运行所能输出的最大功率为额定功率，约为额定转矩与额定转速的乘积。

2）额定转矩。电动机在额定转速以下长时间工作所能输出的转矩为额定转矩。

3）额定转速。额定转速由额定功率和额定转矩决定。

4）瞬时最大转矩。电动机所能输出的瞬时最大转矩为瞬时最大转矩。

5）最高转速。电动机的最高工作转速为最高转速。

6）转子惯量。电动机转子上总的转动惯量为转子惯量。

需要指出的是，在数控机床向高速化发展的今天，采用直线电动机直接驱动工作台的驱动方式已经成为当前一个重要的选择方向。直线电动机的固定部件（永久磁钢）与机床的床身相连接，运动部件（绕组）与机床的工作台相连接，其运动轨迹为直线，因此在进给伺服驱动中省去了联轴节、滚珠丝杠螺母副等传动环节，使机床运动部件的速度、精度和刚度都得到了提高。

4. 交流伺服电动机的调速方法

由式（5-15）可见，要改变交流同步伺服电动机的转速可采用两种方法：其一是改变磁极对数 p，这是一种有级的调速方法，调频范围比较宽，调节线性度好。而数控机床上常采用交直交变频调速。在交直交变频中，根据中间直流电路上的储能元件是大电容还是大电感，可分为电压型逆变器和电流型逆变器。

SPWM 变频器是目前应用最广、最基本的一种交直交型变频器，也称为正弦波 PWM 变频器，具有输入功率因数高和输出波形好等优点，不仅适用于永磁式交流同步电动机，也适用于交流感应异步电动机，在交流调速系统中获得广泛应用。

5.3 进给伺服系统设计

数控机床伺服系统设计主要包括确定传动系统方案，选择伺服电动机，确定丝杠参数、轴承的选择及支承方式的确定等。本节以伺服电动机驱动滚珠丝杠螺母副的结构方式为例，介绍进给伺服系统的一般设计步骤。

（1）选择伺服电动机 选择伺服电动机时可参阅手册中的电动机参数或产品说明书。所选择的伺服电动机应满足：①在所有的进给速度范围内（包括快速移动），空载进给力矩应小于电动机额定转矩；②最大切削力矩应小于电动机额定转矩等。为选取满足上述条件的电动机，需要进行负载扭矩计算、惯量匹配计算和加减速扭矩等参数计算，同时还应考虑导轨摩擦力矩、丝杠螺母传动的摩擦力矩及齿轮传动的摩擦力矩。

（2）选择导轨类型，确定阻尼比 进给伺服系统中的摩擦阻力主要取决于导轨，采用减摩导轨能有效减小摩擦力；增大导轨的阻尼比能有效增强进给伺服系统的稳定性。为获得较小的摩擦系数、较好的刚性和阻尼特性，近年来滚动、滑动复合导轨逐渐开始应用于数控机床。导轨的阻尼性能应通过试验测定，在设计过程中可参考相关试验数据。各种导轨在进给方向上的等价阻尼比见表5-1。

表 5-1 常用导轨参考等价阻尼比

导轨类型	等价阻尼比
滑动导轨	0.02~0.3
静压导轨	0.02
滚动导轨	0.02~0.05

（3）确定系统增益 数控机床系统增益的具体取值与驱动元件、控制方式、工作台重量及导轨的阻尼特性等因素有关，一般数控机床进给伺服系统的系统增益 K_S 取 $8 \sim 50 \mathrm{s}^{-1}$。

（4）设计机械传动装置 机械传动装置的设计主要包括选择执行机构、确定丝杠直径、计算减速比、结构设计及校验计算这几个环节。详细设计过程可参看机械设计教材及相关设计手册。

5.3.1 伺服电动机的选择原则

为了满足数控机床加工精度及驱动负载的要求，通常需要对伺服电动机进行惯量匹配，并对负载扭矩、加减速扭矩等参数进行计算。为了保证系统具有良好的动态性能，基于本书4.8节的内容，遵循以下两个原则：

（1）惯量匹配原则 电动机惯量 J_M 与负载惯量 J_L（折算到电动机轴上）满足下列匹配关系：

$$\frac{1}{4} \leqslant \frac{J_L}{J_M} \leqslant 1 \qquad (5\text{-}17)$$

这里，电动机的转子惯量 J_M 可从伺服电动机产品手册中查到。要满足该要求，有两个途径：一是尽可能使执行部件折算到电动机轴上的惯量减少；二是尽可能使用本身惯量大的电动机为驱动源。

（2）转矩匹配原则　电动机的输出总负载转矩 T 与其最大静态转矩 T_{st} 应满足下列关系：

$$T = (0.2 \sim 0.4) T_{st} \qquad (5\text{-}18)$$

5.3.2　横向进给系统设计的算例

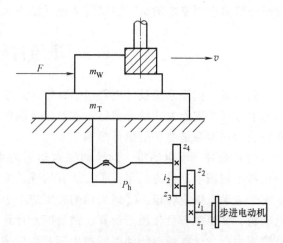

图 5-31　步进伺服系统

如图 5-31 所示步进伺服系统，其设计参数为：工作台重量 $W = 300\text{N}$，行程 $L = 200\text{mm}$，脉冲当量 $\delta = 0.004\text{mm/P}$，最大进给速度 $V_{max} = 1\text{m/min}$。

（1）切削力及其切削分力计算　假设已知机床主电动机的额定功率 P_m 为 7.5kW，刀具直径 $D = 400\text{mm}$，主轴转速 $n = 85\text{r/min}$。在此转速下，主轴具有最大转矩和功率，刀具的切削速度为：

$$v = \frac{\pi D n}{60} = \frac{3.14 \times 400 \times 10^{-3} \times 85}{60}\text{m/s} = 1.78\text{m/s}$$

取机床的机械效率 $\eta = 0.8$，则有：

$$F_z = \frac{\eta P_m}{v} \times 10^3 \text{N} = \frac{0.8 \times 7.5 \times 10^3}{1.78}\text{N} = 3370.79\text{N}$$

走刀方向的切削分力 F_x 和垂直走刀方向的切削力 F_y 为：

$$F_x = 0.25 F_z = 0.25 \times 3370.79\text{N} = 842.7\text{N}$$

$$F_y = 0.4 F_z = 0.4 \times 3370.79\text{N} = 1348.32\text{N}$$

（2）导轨摩擦力的计算　导轨受到垂向切削分力 $F_v = F_z = 3370.79\text{N}$，纵向切削分力 $F_c = F_y = 1348.32\text{N}$，移动部件的全部质量（包括机床夹具和工件的质量）$m = 30.61\text{kg}$（所受重力 $W = 300\text{N}$）。查表得镶条紧固力 $f_g = 2000\text{N}$，取导轨动摩擦系数 $\mu = 0.15$，则导轨摩擦力：

$$\begin{aligned} F_\mu &= \mu (W + f_g + F_y) \\ &= 0.15 \times (300 + 2000 + 1348.32)\text{N} \\ &= 547.25\text{N} \end{aligned}$$

计算在不切削状态下的导轨摩擦力 $F_{\mu 0}$：

$$F_{\mu 0} = \mu (W + f_g) = 0.15 \times (300 + 2000)\text{N} = 345\text{N}$$

（3）计算滚珠丝杠螺母副的轴向负载力　计算最大轴向负载力 F_{amax} 为：

$$F_{amax} = F_X + F_\mu = (842.7 + 547.25)\text{N} = 1390\text{N}$$

计算最小轴向负载力 F_{amin} 为：

$$F_{amin} = F_{\mu 0} = 345\text{N}$$

（4）确定进给传动链的传动比 i 和传动级数　取步进电动机得步距角 $\alpha = 1.5°$，滚珠丝杠的导程 $P_h = 6\text{mm}$，进给传动链的脉冲当量（每脉冲移动量）$\delta_p = 0.004\text{mm}$，则有：

$$i = \frac{\alpha P_h}{360 \delta} = \frac{1.5 \times 6}{360 \times 0.004} = 6.25$$

按最小惯量条件，查得应该采用 2 级传动，传动比可以分别取 $i_1 = 3$、$i_2 = 2.1$。根据结构需要，确定各传动齿轮的齿数分别为 $z_1 = 20$、$z_2 = 60$、$z_3 = 20$、$z_4 = 42$，模数 $m = 2\text{mm}$，齿宽 $b = 20\text{mm}$。

（5）滚珠丝杠的动载荷计算与直径估算

1. 按预期工作时间估算滚珠丝杠预期的额定动载荷 C_{am}

已知数控机床的预期工作时间 $L_h = 15000\text{h}$，滚珠丝杠的当量载荷 $F_m = F_{amax} = 2401.19\text{N}$，查表得载荷系数 $f_w = 1.3$；初步选择滚珠丝杠的精度等级为 3 级精度，取精度系数 $f_a = 1$；查表得可靠性系数 $f_c = 1$。取滚珠丝杠的当量转速 $n_m = n_{max}$，已知 $v_{max} = 1\text{m/min}$，滚珠丝杠的导程 $P_h = 6\text{mm}$，则：

$$n_m = n_{max} = \frac{1000v_{max}}{P_h} = \frac{1000 \times 1}{6}\text{r/min} = 166.67\text{r/min}$$

$$\begin{aligned}C_{am} &= \sqrt[3]{60n_m L_h} \frac{F_m f_w}{100 f_a f_c} \\ &= \sqrt[3]{60 \times 166.67 \times 15000} \times \frac{2401.19 \times 1.3}{100 \times 1 \times 1}\text{N} \\ &= 16.59\text{kN}\end{aligned}$$

2. 根据定位精度的要求估算允许的滚珠丝杠的最大轴向变形 δ_{max}

已知机床进给系统的定位精度为 $40\mu\text{m}$，重复定位精度为 $16\mu\text{m}$，则有：

$$\delta_{max1} = \left[\frac{1}{3}, \frac{1}{2}\right] \times 16\mu\text{m} = [5.33, 8]\mu\text{m}$$

$$\delta_{max2} = \left[\frac{1}{5}, \frac{1}{4}\right] \times 40\mu\text{m} = [8, 10]\mu\text{m}$$

取上述计算结果的较小值，即 $\delta_{max} = 5.33\mu\text{m}$。

3. 估算允许的滚珠丝杠的最小螺纹底径 d_{2m}

滚珠丝杠螺母的安装方式拟采用一端固定、一端游动支承方式，其两个固定支承之间的距离为：

$L = $ 实际行程 + 安全行程 + 行程余量 + （螺母长度 + 支承长度）/2 $\approx$ （1.2 ~ 1.4）行程 + （25 ~ 30）P_h

取 $L = (1.4 \times 200 + 30 \times 6)\text{mm} = 460\text{mm}$

$$d_{2m} \geqslant 0.078 \times \sqrt{\frac{F_0 L}{\delta}} = 0.078 \times \sqrt{\frac{460 \times 460}{5.33}}\text{mm} = 15.54\text{mm}$$

根据计算所得的 L、L_0、C_{am}、d_{2m}，同时考虑结构的需要，即可完成滚珠丝杠的选型。

5.3.3 进给伺服系统的性能分析

要建立精确的数控机床进给伺服系统的数学模型十分困难，这里我们做一些简化：用集中参数代替分布参数，用定常系统代替时变系统，用等效的线性特性代替非线性特性，用单自由度力学系统代替多自由度力学系统。以双闭环伺服进给系统为例，其简化后的传递函数框图如图 5-32 所示。

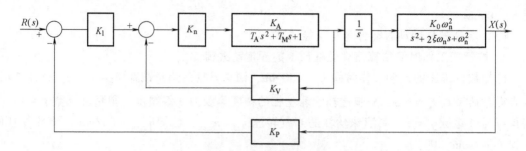

图 5-32　伺服进给系统的传递函数框图

经化简后可以得到进给伺服系统的传递函数为一个五阶系统，即：

$$G(s)=\frac{X(s)}{R(s)}=\frac{K}{T_A s^5+T_4 s^4+T_3 s^3+T_2 s^2+T_1 s+K_P K} \tag{5-19}$$

式中，$K=K_0 K_1 K_A K_n \omega_n^2$，$T_4=T_M+2T_A \xi \omega_n$，$T_3=T_A \omega_n^2+K_A K_V K_n+2T_M \xi \omega_n+1$，$T_2=2(K_A K_V K_n+1)\xi \omega_n+T_M \omega_n^2$，$T_1=(K_A K_V K_n+1)\omega_n^2$。

进给伺服系统的性能指标主要从以下三个方面去衡量，即系统的稳定性、快速性和稳态精度。

1. 系统的稳定性

稳定性是数控机床正常工作的前提和首要条件。可采用劳斯判据来分析系统的稳定性。忽略电动机电枢回路中的电感及电动机的反电动势，得到系统的特征多项式为：

$$T_M s^4+(K_A K_V K_n+2T_M \xi \omega_n+1)s^3+[2(K_A K_V K_n+1)\xi \omega_n+T_M \omega_n^2]s^2+$$
$$(K_A K_V K_n+1)\omega_n^2 s+K_P K_A K_0 K_1 K_V K_n \omega_n^2=0 \tag{5-20}$$

式中，$K_A=\dfrac{K_M}{R_A f_M}$，$T_M=\dfrac{J_M}{f_M}$。

由上式可见，影响系统稳定性的因素有：位置调节器增益 K_1、速度反馈系数 K_V、位置反馈系数 K_P、机械传动部件的扭转刚度 K_s、惯量 J_s、阻尼系数 f_s、电动机的力矩系数 K_M、速度放大器增益 K_n 和电枢回路总电阻。由劳斯判据分析可得出上述参数对稳定性的影响，增大 K_P、K_1、K_M、K_n 对稳定性不利，提高 K_s、f_s、K_V、R_A 和降低 J_s 对稳定性有利。

2. 系统响应的快速性

系统响应的快速性是对提高系统瞬态响应指标的要求。例如，我们总是希望系统在较短的时间内达到稳态输出状态，而又不产生振荡。

对于高阶系统，调整时间 $T_s=\dfrac{K\pi}{\omega_c}$，提高幅频特性曲线的穿越频率 ω_c，则可提高系统响应的快速性。

3. 系统的稳态伺服精度

系统的稳态伺服精度是指系统在稳态时指令位置与实际位置的偏差程度。影响伺服精度的因素有两类：位置测量误差和系统误差。这里讨论系统误差对伺服精度的影响情况。

对于高阶系统，其瞬态响应是由常数项、指数衰减项和振荡衰减项组成。如果忽略次要影响因素，可以将其视为低阶系统加以研究。简化后的系统传递函数框图如图 5-33 所示。

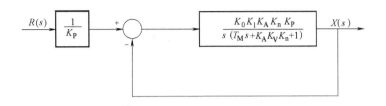

$$图 5-33 \quad 简化系统框图$$

由于系统开环传递函数中包含一个积分环节，故为"Ⅰ型"系统。当输入单位阶跃信号时，即 $R(s) = 1/s$，系统的稳态误差 $e_{ss} = 0$。这个结论是在忽略电机轴上负载的情况下得出的。若考虑负载的影响，只有当电动机输出转矩与负载转矩平衡时才停止进给。因此，放大器输入端就存在一个恒值偏压，此时，系统的稳态误差就不为零。当输入单位斜坡信号时，即 $R(s) = 1/s^2$，依据控制理论，稳态误差为：

$$e_{ss} = \frac{1}{K_0 K_A K_1 K_n K_P^2} = \frac{1}{K} \tag{5-21}$$

当开环增益 K 越大时，系统的稳态误差 e_{ss} 越小。

5.4　数控机床常用位置检测装置

5.4.1　概述

数控系统根据其伺服系统的不同，可分为开环数控系统和闭环数控系统。开环数控系统用步进电动机作为执行元件，不用检测装置及反馈，所以系统结构简单，但精度不高，应用场合受到限制。闭环系统必须由检测环节取得反馈信号，根据反馈信号来控制伺服电动机，消除实际位置（或速度）和指令位置（或速度）之间的误差。

图 5-34 为带检测环节的数控系统框图。检测环节包括检测传感器和测量电路，其作用是将位置或速度等被测参数经过一系列转换，由物理量转化为计算机所能识别的数字脉冲信号，送入数控装置。其中，工作台为控制对象，工作台的位移和速度为被控参数。

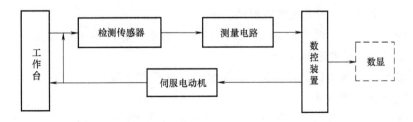

$$图 5-34 \quad 带检测环节的数控系统$$

开环系统只有输出环节而没有检测反馈环节，即数控装置仅根据指令位置信号发出指令脉冲，控制步进电动机通过丝杠带动工作台移动，而没有任何检测环节。这种系统控制精度取决于步进电动机和丝杠的精度。

闭环伺服系统的检测环节既可检测工作台的直线位移及速度，又可检测伺服电动机的旋转位移及速度，检测信号经反馈给数控装置后与位置指令信号相比较，得到偏差值，再通过数控装置中的位置调节单元及速度控制单元处理后送出控制信号以控制伺服电动机带动工作台移动。这种闭环系统可获得较高的加工精度和速度。

位置检测装置的精度主要包括系统精度和分辨率。系统精度是指在一定长度或转角范围内测量累积误差的最大值，目前一般直线位移检测精度均已达到 $0.002 \sim 0.02$mm/m，回转角测量精度达到 $\pm 10''/360°$；系统分辨率是指测量元件所能正确检测的最小位移量，分辨率越小，说明检测精度越高，它不仅取决于检测传感器，也取决于测量电路，目前直线位移的分辨率多数为 $1\mu m$，高精度系统分辨率可达 $0.01\mu m$，回转分辨率可达 $2''$。通常检测装置检测数控机床运动部件运动速度的范围为 $0 \sim 24$m/min。不同类型的数控机床对检测装置的精度和适应速度的要求是不同的。对于大型机床以满足速度要求为主，对于中小型机床和高精度机床以满足精度要求为主。闭环数控系统的加工精度主要由检测环节的精度决定，而检测环节的精度通过分辨率来体现。

1. 数控机床对检测装置的要求

数控机床对检测装置的要求如图 5-35 所示，不同类型的数控机床对检测系统的精度和速度有不同要求。一般情况下，选择测量系统的分辨率或脉冲当量，要求比加工精度高一个数量级。由于工作条件和测量要求的不同，检测方式亦可分为多种。

2. 检测元件的性能指标

检测元件作为数控机床信息的检测装置，要求其输出的测量数据必须能够准确、快速地反映被测量的变化。表征检测元件性能的指标如下：

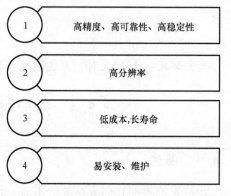

图 5-35 数控机床对检测装置的主要要求

1	高精度、高可靠性、高稳定性
2	高分辨率
3	低成本,长寿命
4	易安装、维护

（1）精度 精度是指测量值接近于真值的准确程度，检测元件要满足高精度、高速、实时测量的要求。

（2）分辨率 分辨率是指检测元件能够分辨出的最小测量值，检测元件的分辨率应满足机床精度和伺服系统的要求。

（3）灵敏度 灵敏度为检测元件对信号的响应能力。灵敏度要满足实时性检测要求，且输入、输出关系中各点的灵敏度应保持一致。

（4）迟滞 迟滞是指对某一输入量，检测元件的正行程的输出量与反行程的输出量的差异，数控检测元件要求迟滞小。

（5）测量量程 测量量程要满足系统的要求，并留有余地。

3. 检测元件的测量方式

（1）直接测量和间接测量 检测元件按形状可分为直线式和旋转式。若检测元件所测量的对象就是被测量本身，即直线式检测元件测直线位移，旋转式检测元件测角位移，则该测量方式称为直接测量。例如用光栅、感应同步器或磁尺测机床进给系统的直线位移，以及用编码器测主轴转速、测速发电机测伺服电动机转速等。需要注意的是，当用直线式检测装置直接测量工作台的直线位移量时，由于检测装置要和行程等长，故对大型数控系统来说是个较大的限制。

若旋转式检测元件测量的回转运动只是中间值，由它再推算出与之相关联的工作台的直线位移，那么该测量方式称为间接测量。例如用旋转变压器间接测机床进给系统位移。这种检测方式先由检测装置测量进给丝杠的旋转位移，再利用旋转位移与直线位移之间的线性关系求出直线位移量。其检测精度取决于检测装置和机床传动链两者的精度。由于直线与回旋运动间的中间传递存在误差，故准确性和可靠性不如直接测量，其优点为无长度限制。

（2）增量式和绝对式测量　按照检测装置的编码方式可分为增量式测量和绝对式测量。增量式测量的特点是只测位移增量，即工作台每移动一个基本长度单位，检测装置便发出一个测量信号，此信号通常是脉冲形式。这样一个脉冲所代表的基本长度单位就是分辨率，而通过对脉冲计数便可得到位移量。若增量式检测系统分辨率为 0.01mm，则工作台每移动0.01mm，检测装置便发出一个脉冲，送入数控装置或计数器计数。当计数值为 200 时，表示工作台移动了 2mm。这种检测方式的结构比较简单，但是一旦计数有误，后面的测量结果全错。

绝对式测量装置是指被测量的任意一点位置都从固定的零点标起，每一个被测点都有一个相应的测量值。采用这种方式，分辨精度越高，结构就越复杂。

（3）数字式测量和模拟式测量　数字式测量是以量化后的数字形式表示被测量。得到的测量信号可以为脉冲形式，以计数后得到脉冲个数以数字形式表示位移量。其特点是检测装置简单、便于显示、处理信号抗干扰能力强。典型的检测装置有光电编码器、光栅等，也可直接得到数据形式，典型的检测装置有接触式编码器。

模拟式测量是将被测量用连续的变量来表示，如用电压变化、相位变化等表示。在数控机床上常用于小量程的测量，例如测量感应同步器一个节距内信号相位的变化，在小量程内可实现高精度测量。

（4）接触式测量和非接触式测量　接触式测量是指在检测中，检测传感器与被测对象间存在着机械联系，因此机床本身的变形、振动等因素会对测量产生一定的影响，所以在确定检测方案时要考虑到以上因素的影响。

非接触式测量的检测传感器与被测对象间是分离的，不发生机械联系。例如，双频激光干涉仪检测机床位移时，激光器和接收器都是与机床分离的，其原理是利用主激光束及机床上反射激光程差进行检测，可不受机床振动、床身变形等因素影响，测出的位移精度较高，所以常用于超精度测量。测量方式及检测元件的分类如图 5-36 所示。

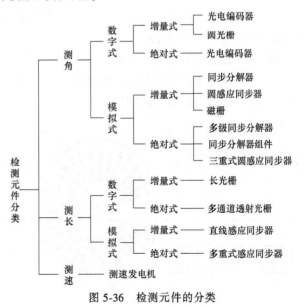

图 5-36　检测元件的分类

5.4.2 光电编码器检测装置

光电编码器常用于角位移和角速度的检测，它通常安装在被测轴上，随被测轴一起转动，将被测轴的角位移转换成增量脉冲形式或绝对式的代码形式。

1. 光电编码器

编码器又称编码盘或码盘，它把机械转角转换成电脉冲，是一种常用的角位移测量装置。常用编码器的类别如图5-37所示。

光电编码器可分为增量式光电脉冲编码器和绝对式光电脉冲编码器。增量式脉冲编码器能够把回转件的旋转方向、旋转角度和旋转角速度准确地测量出来。绝对式光电脉冲编码器可将被测转角转换成相应的代码来指示绝对位置而没有累计误差，是一种直接编码式的测量装置。在数控机床领域增量式光电脉冲编码器应用最为普遍。

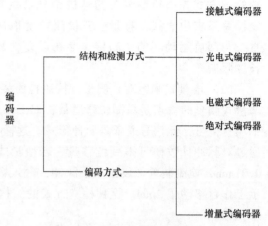

图 5-37　常用编码器的分类

（1）增量式光电脉冲编码器结构及工作原理　增量式光电编码器的结构示意图和外形图如图5-38所示。光电式脉冲编码器通常与电动机安装在一起，电动机可直接与滚珠丝杠相连，也可先与传动比为 i 的减速齿轮或同步带轮相连，再与滚珠丝杠相连，每个脉冲对应机床工作台移动的距离 δ 可用下式计算：

$$\delta = \frac{P_h}{iM} \tag{5-22}$$

式中　δ——脉冲当量（mm）；

P_h——滚珠丝杠导程（mm）；

i——减速齿轮或同步带轮的传动比；

M——脉冲编码器每转的脉冲数。

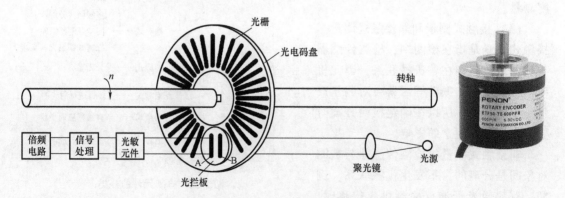

图 5-38　增量式光电脉冲编码器的结构和外形

增量式光电脉冲编码器主要由光电码盘、指示光栅尺（光拦板）、光敏元件、聚光镜、光源组成。光电码盘与工作轴一起转动，码盘上刻有节距相等的辐射状栅缝。根据材料的不同可分为玻璃光电码盘、金属光电码盘，见表5-2。

表 5-2 光电码盘的分类及特点

名称	特 点
玻璃光电码盘	热稳定性好,精度高,但易碎,成本高
金属光电码盘	抗振、抗冲击性好,但由于金属有一定的厚度,精度就受到限制,易变形,其热稳定性比玻璃差一个数量级

测量时，光电脉冲编码器的指示光栅尺与光电码盘平行放置，在其上面刻有相差1/4节距的两个狭缝，狭缝间的节距与光电码盘相同（在同一圆周上，称为辨向狭缝，目的是使A、B两个转换器在相位上相差90°）。此外，还有一个零位狭缝，位于光电码盘上光电码盘转一周时，由此狭缝发出一个脉冲。在数控机床进给系统中，零位脉冲可用于精确定位参考点，而在主轴伺服系统中，则可用于主轴准停（当主轴停止时，能够准确地停止于某一固定位置）及螺纹加工等。

（2）光电编码器的转向判别 当光电码盘旋转时，光线透过与光电码盘形成明暗相间的条纹，由光电敏感元件把这些明暗相间的光信号转换为交替变化的电信号，随着码盘转动，光敏元件输出的信号不是方波，而是近似正弦波。为了测量出转向，光栏板上的两个狭缝之间的距离比码盘上两个狭缝之间的距离小1/4个节距，使两个光敏元件的输出信号相差π/2相位，如图5-39所示，该电信号为两路近似于正弦波变化的电流信号A和B，A和B信号相位相差90°，经放大、整形电路后变成方波信号。若A相超前于B相，对应于转轴正转；否则，对应于转轴反转。若以该方波的前沿或后沿产生计数脉冲，可以形成代表正向位移或反向位移的脉冲序列，通过计量脉冲的数量可测出转轴的转角，通过计量脉冲的频率可测出转轴的转速。

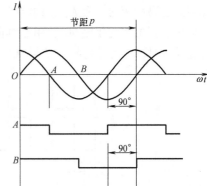

图 5-39 增量式光电脉冲编码器的输出波形图

光电编码器的测量精度取决于它所能分辨的最小角度，而这与码盘圆周上的狭缝数有关。即分辨角度为：

$$\alpha = 360°/n \tag{5-23}$$

式中 α——分辨角度（°）；

n——狭缝数。

例如，狭缝条数为2048，这该编码器的角度分辨率为$\alpha = 360°/2048 = 0.1758°$。

再如，某带光电编码器的伺服电动机与滚珠丝杠直接相连（传动比1:1），光电编码器每转脉冲数为1024脉冲，丝杠螺距为8mm，在数控系统位置控制中断时间内计数1024脉冲，则在该时间段里，工作台移动的距离为1/1024r/脉冲×8mm/r×1024脉冲=8mm。

对于转速测量，可利用编码器发出的脉冲频率进行测量，即脉冲频率法。在给定时间内对编码器发出的脉冲进行计数，根据下列公式求出转速 n （r/min）：

$$n = \frac{60N_1}{\Delta t \times M} \tag{5-24}$$

这里，Δt——采样时间（s）；

N_1——采样时间内测得的脉冲数；

M——编码器每转的脉冲数。

例如：某编码器每转脉冲数为 2048，在 0.5s 内测得的脉冲数为 1024，则相应转速为 $n = (60 \times 1024)/(0.5 \times 2048)\,r/min = 60r/min$。

由于增量式光电码盘每转过一个分辨角就发出一个脉冲信号，由此可得出如下结论：

1）根据脉冲的数目可得出工作轴的回转角度，然后由传动速比换算为直线位移距离。

2）根据脉冲的频率可得工作轴的转速。

3）根据光栏板上两条狭缝中信号的先后顺序（相位）可判断光电码盘的正反转。

实际应用的光电编码器的光栏板上有两组条纹 A、$\overline{A}$ 和 B、$\overline{B}$，如图 5-40 所示每组条纹的间隙与光电码盘相同，而 A 组与 B 组的条纹彼此错开 1/4 节距，两组条纹相对应的光敏器件所产生的信号相位彼此相差 90°，用于辨向。当光电码盘正转时，A 信号超前 B 信号 90°。当光电码盘反转时，B 信号超前 A 信号 90°，数控系统正是利用这一相位关系来判断方向的。

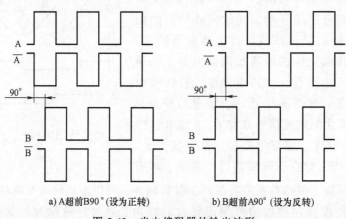

a) A超前B90°(设为正转)　　　　b) B超前A90°(设为反转)

图 5-40　光电编码器的输出波形

光电编码器的输出信号 A、$\overline{A}$ 和 B、$\overline{B}$ 为差动信号。差动信号大大提高了传输的抗干扰能力。在数控系统中，常对上述信号进行倍频处理，以进一步提高分辨率。例如，配置 2000 脉冲/r 光电编码器的伺服电动机直接驱动 8mm 螺距的滚珠丝杠，经数控系统 4 倍频处理后，相当于 8000 脉冲/r 的角度分辨率，对应工作台的直线分辨率由倍频处理前的 0.004mm 提高到 0.001mm。

（3）编码器在数控机床上的应用　编码器在数控机床中用于工作台或刀架的直线位移测量有两种安装方式：一是和伺服电动机同轴连接在一起（称为内装式编码器），伺服电动机再和滚珠丝杠连接，编码器在进给转动链的前端，如图 5-41a 所示；二是编码器连接在滚珠丝杠末端（称为外装式编码器），如图 5-41b 所示。由于后者包含的进给转动链误差比前者多，因此，在半闭环伺服系统中，后者的位置控制精度比前者高。

在图 5-41a 中，伺服电动机通过联轴器与滚珠丝杠连接，伺服电动机转动时，伺服电动机内装编码器实时检测出伺服电动机转子的角位移和转速，间接测量直线位移。若丝杠螺距

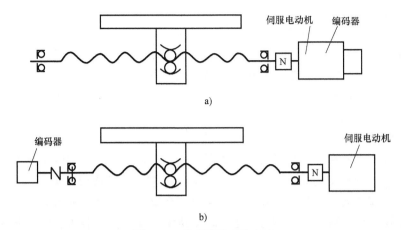

a)

b)

图 5-41 编码器的安装方式

为 P_h，数控系统根据编码器检测到的角位移为 θ，可获得工作台的直线位移 x，即

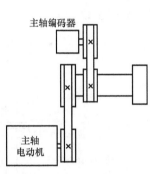

主轴编码器

$$x = \frac{P_h}{360°}\theta \qquad (5\text{-}25)$$

半闭环伺服系统中，数控系统根据编码器间接测得的直线位置与指令位置比较而组成位置环控制。图 5-42 所示为主轴编码器在主轴控制中的应用。主轴编码器与主轴通过同步带 1:1 连接，实时检测主轴的转速和角位移，实现主轴准停、定位、车螺纹和刚性攻螺纹等控制。

主轴
电动机

图 5-42 主轴编码器的应用

编码器在数控机床伺服系统控制中有以下几个应用：

（1）位移测量 在数控机床中，光电编码器和伺服电动机同轴连接或连接在滚珠丝杠末端用于工作台和刀架的直线位移测量。在数控回转工作台中，在回转轴末端安装编码器，可直接测量回转工作台的转角位移。

（2）主轴控制 当数控车床主轴安装编码器后，则该主轴具有 C 轴插补功能，可实现主轴旋转与 Z 坐标轴进给的同步控制；恒线速切削控制，即随着刀具的径向进给及切削直径的逐渐减小或增大，通过提高或降低主轴转速，保持切削线速度不变，主轴定向控制等。

（3）测速 光电编码器输出脉冲的频率与其转速成正比，因此，光电编码器可代替测速发电机的模拟测速而成为数字测速元件。

（4）零标志脉冲用于回参考点控制 采用增量式的检测元件，数控机床在接通电源后要回参考点。这是因为机床断电后，系统就失去了对各坐标轴位置的记忆，所以在接通电源后，必须让各坐标轴回到机床某一固定点上，这一固定点就是机床坐标系的原点，也称为机床参考点。使机床回到这一固定点的操作称为回参考点或回零操作。参考点位置是否正确与检测元件中的零标志脉冲有很大的关系。

5.4.3 旋转变压器和感应同步器

旋转变压器和感应同步器均属于电磁式测量传感器，其输出电压随被测角位移或直线位移的变化而变化，从其测量方式来讲，属模拟式测量。其中感应同步器又分为直线式和旋转式两种。直线式感应同步器多用于直线测量，其特点及使用范围和光栅较相似，但和光栅比，它的抗干扰性较强，对环境要求低，机械结构简单，大量程接长方便，加之成本较低，所以虽然精度上不如光栅，但在数控机床检测系统中得以广泛应用。旋转式感应同步器与旋转变压器的工作原理相似，主要用于检测角位移，也作为速度检测元件。使用中常通过增速齿轮和被测轴连接，以便提高检测精度。

1. 旋转变压器

旋转变压器是一种电磁式传感器，又称同步分解器。它被广泛应用在半闭环控制的数控机床上检测转角，具有结构简单、动作灵敏、工作可靠、对环境要求低、信号输出幅度大、维护方便、抗干扰能力强等特点。在结构上与两相绕线式异步电动机相似，由定子和转子组成。其中定子绕组作为旋转变压器的原边，转子绕组为旋转变压器的副边。原边接受励磁电压，励磁频率通常用 400Hz、500Hz、3000Hz 及 5000Hz 等；副边通过电磁耦合产生感应电压，如图 5-43 所示。

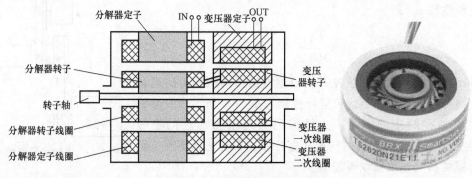

图 5-43　旋转变压器结构图

（1）旋转变压器工作原理　旋转变压器是根据互感原理工作的。它的结构设计与制造保证了定子和转子之间的空气隙内的磁通分布呈正弦规律，当定子绕组上加上交流激磁电压时，通过互感在转子绕组中产生感应电动势，其输出电压的大小取决于定子和转子两个绕组轴线在空间的相对位置 θ 角。两者平行时互感最大，副边的感应电动势也最大；两者垂直时互感为零，感应电动势也为零。旋转变压器的输出电压见表 5-3。

（2）旋转变压器的工作方式　旋转变压器有两种方式：鉴相型和鉴幅型。通常采用的是正弦、余弦旋转变压器，其定子和转子绕组中各有互相垂直的两个绕组。

表 5-3　旋转变压器的输出电压

	$\theta = 0$	$\theta = \theta_1$	$\theta = \dfrac{\pi}{2}$
定子	$U_1 = U_m \sin \omega t$	$U_1 = U_m \sin \omega t$	$U_1 = U_m \sin \omega t$

（续）

	$\theta = 0$	$\theta = \theta_1$	$\theta = \dfrac{\pi}{2}$
转子	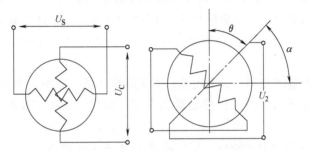		
副边绕组感应电压	$U_2 = 0$	$U_2 = KU_m\sin\omega t \cdot \sin\theta_1$	$U_2 = KU_m\sin\omega t$

注：K 为电磁耦合系数，即两个绕组线圈匝数比；U_2 为转子绕组感应电动势（V）；U_1 为定子绕组的激磁电压（V）；U_m 为激磁电压的幅值（V）；θ 为转子偏转角（rad）。

1) 鉴相型。在此状态下，旋转变压器的定子两相正交绕组即正弦绕组 S 和余弦绕组 C 中分别加上幅值相等、频率相等而相位相差 90° 的正弦交流电压，如图 5-44 所示。

图 5-44 鉴相型旋转变压器输入、输出示意图

定子端输入电压为：

$$U_S = U_m\sin\omega t \tag{5-26}$$

$$U_C = U_m\sin\left(\omega t + \frac{\pi}{2}\right) = U_m\cos\omega t \tag{5-27}$$

在转子绕组中（其中一绕组短接）感应电动势为：

$$
\begin{aligned}
U_2 &= KU_S\sin\theta + KU_C\cos\theta \\
&= KU_m\sin\omega t \cdot \sin\theta + KU_m\cos\omega t \cdot \cos\theta \\
&= KU_m\cos(\omega t - \theta)
\end{aligned}
\tag{5-28}
$$

当转子反转时，同理有

$$U_2 = KU_m\cos(\omega t + \theta)$$

测出转子绕组输出电压的相位角 θ，即可测得转子相对于定子的空间转角位置。可见，转子输出电压的相位角和转子的偏转角 θ 之间有严格的对应关系，只要检测出转子输出电压的相位角，就可以求得转子的偏转角，也就可以得到被测轴的角位移。在实际应用时，把对定子绕组激磁的交流电压相位作为基准参考相位，与转子绕组输出电压相位作比较，来确定转子转角的位移。

2) 鉴幅型。鉴幅型应用中，定子两相绕组的激磁电压为频率相同、相位相同而幅值分

别按正弦、余弦规律变化的交变电压，即：

$$U_S = U_m \sin\theta \sin\omega t \qquad (5\text{-}29)$$

$$U_C = U_m \cos\theta \sin\omega t \qquad (5\text{-}30)$$

式中，θ 为电气角。

当转子正转时，U_S 和 U_C 经叠加，转子的感应电压 U_2 为

$$U_2 = KU_m \sin\theta \sin\omega t \sin\theta_m + KU_m \cos\theta \sin\omega t \cos\theta_m = KU_m \cos(\theta - \theta_m) \sin\omega t \qquad (5\text{-}31)$$

当转子反转时，同理有 $U_2 = KU_m \cos(\theta + \theta_m) \sin\omega t$

可见，转子感应电压的幅值随转子偏转角 θ_m 而变化，测量出幅值即可求得 θ_m，被测角位移也就可求得了。

从物理概念上理解，$\theta_m = \theta$ 表示定子绕组合成磁通磁力线方向与转子绕组的线圈平面平行，即没有磁力线穿过转子绕组线圈，故感应电动势为零。当合成磁通磁力线方向垂直于转子绕组线圈平面，即 $\theta_m = \theta \pm 90°$ 时，转子绕组中感应电动势最大。实际应用中，根据转子误差电压的大小，不断修改定子激磁信号的 θ（即激磁幅值），使其跟踪 θ_m 的变化。当感应电动势 U_2 的幅值 $KU_m \cos(\theta - \theta_m)$ 为零时，说明 θ 角的大小就是被测角位移 θ_m 的大小。

2. 感应同步器

感应同步器用于直线位移和速度检测，安装时应尽量与被测运动对象共线，以减小阿贝误差（测量仪器的轴线与待测工件的轴线须在同一直线上，否则即产生误差，此误差称为阿贝误差）的影响。

（1）感应同步器的种类及特点　感应同步器是一种电磁感应式多极高精度位移检测装置。按照其结构形式可以分为直线式和旋转式两种。测量直线位移的称为直线式感应同步器，由定尺和滑尺组成；测量角位移的称为旋转式感应同步器，由定子与转子组成。二者的工作原理相同。直线感应同步器的结构如图 5-45 所示，其特点如下：

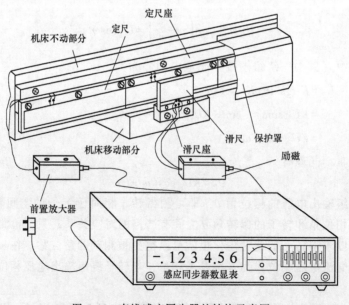

图 5-45　直线感应同步器的结构示意图

1）检测精度高。感应同步器有多个对极，其输出电压是多个对极感应电压的平均值。这样大大提高了其测量精度，其直线测量精度为 ±0.002mm/250mm，转角测量精度为 ±0.5″/300mm。

2）抗干扰能力强。感应同步器的工作原理是电磁感应原理，所以不怕油污、灰尘，测量信号与绝对位置一一对应，不易受干扰。

3）量程大。感应同步器每根定尺长 250mm，有效测量长度大于 175mm，可用多根定尺接长来满足测量范围的要求。

4）易维护，成本低。定尺和滑尺绕组便于批量生产。同时，维修简单，使用寿命长。

（2）感应同步器的结构（直线式）
直线式感应同步器用于测量直线位移，其结构相当于一个展开的多极旋转变压器。工作时，感应同步器定尺安装在机床床身上，滑尺安装在移动部件上，跟随工作台一起运动，二者平行安装，保持 0.2 ~ 0.3mm 的安装间隙。如图 5-46 所示，标准定尺长度为 250mm，定尺上有单向、均匀、连续的感应绕组。滑尺长 100mm，滑尺上有两组励磁组，一组为正弦励磁绕组 U_S，一组为余弦励磁绕组 U_C。绕组的节距与定

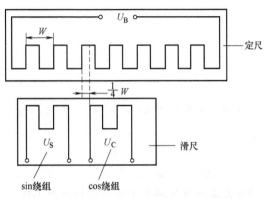

图 5-46　感应同步器定尺、滑尺绕组示意图

尺绕组节距相同，均为 2mm，用 W 表示。当正弦励磁绕组与定尺绕组对齐时，余弦励磁绕组与定尺绕组相差 1/4 节距。由于定尺绕组是均匀的，故表示滑尺上的两个绕组在空间位置上相差 1/4 节距，即 π/2 的相位角。

（3）感应同步器的工作原理　感应同步器的工作原理与旋转变压器相似，励磁绕组与感应绕组间发生相对位移时，由于电磁耦合的变化，使感应绕组中的感应电压随位移的变化而变化，感应同步器和旋转变压器就是利用这个特点进行测量的。所不同的是，旋转变压器是定子、转子间的旋转位移，而感应同步器是滑尺和定尺间的直线位移。

如图 5-47 所示说明了定尺感应电压与定、滑尺绕组的相对位置的关系。当滑尺两个绕组中的任一绕组加载激磁交变电压时，由于电磁效应，在定尺绕组上会产生相应的感应电势，该电势的大小取决于滑尺相对于定尺的位置。图中，W 表示一个节距。

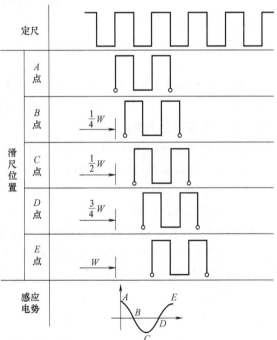

图 5-47 中，点 A 表示滑尺绕组与定　图 5-47　感应同步器输出电压与定尺、滑尺位置之间的关系

尺绕组完全对应重合，此时定尺绕组上的感应电势最大。当滑尺相对于定尺从点 A 位置逐渐向左或向右平行移动时，感应电势就随之逐渐减小，到达 $\frac{1}{4}W$ 位置（点 B）时，感应电势为零；到达 $\frac{1}{2}W$ 位置（点 C）时，感应电势为最大负值；到达 $\frac{3}{4}W$ 位置（点 D）时，感应电势变为零；到达 W 位置（点 E）时，恢复到初始状态，相当于又回到了点 A。在滑尺从点 A 移动到点 E 的过程中，感应电势变化了一个周期（2π），其波形为余弦函数。当滑尺移动距离 x，感应电势的相位角变化量为 θ，则：

$$\frac{\theta}{2\pi} = \frac{x}{W} \tag{5-32}$$

则，

$$x = \frac{W\theta}{2\pi} \tag{5-33}$$

例如：若节距为 4mm，定尺感应输出电压和滑尺励磁电压之间相位差为 90°，定尺与滑尺之间的相对位移为 $x = \dfrac{4\text{mm} \times 90°}{360°} = 1\text{mm}$。

（4）感应同步器的工作方式　根据滑尺上两个正交绕组激磁信号的不同，感应同步器的测量方式可分为相位工作方式和幅值工作方式两种。

1）相位工作方式。给滑尺的正弦绕组和余弦绕组分别通以频率相同，幅值相同但相位差相差 π/2 的交流励磁电压，即：

$$U_\text{S} = U_\text{m}\sin\omega t \tag{5-34}$$
$$U_\text{C} = U_\text{m}\sin(\omega t + \pi/2) = U_\text{m}\cos\omega t \tag{5-35}$$

当滑尺正向移动 x 距离时，定尺绕组中的感应电压为：

$$U_\text{B} = kU_\text{m}\sin\omega t\cos\theta + kU_\text{m}\cos\omega t \cdot \cos\left(\theta + \frac{\pi}{2}\right) = kU_\text{m}\sin(\omega t - \theta) \tag{5-36}$$

当滑尺反向移动 x 距离时，定尺绕组中的感应电压为

$$U_\text{B} = kU_\text{m}\sin(\omega t + \theta) = kU_\text{m}\sin(\omega t + \pi x/W) \tag{5-37}$$

式中　k——电磁耦合系数；

　　U_m——励磁电压幅值（V）；

　　θ——滑尺绕组相对于定尺绕组的空间相位角，即机械位转角，$\theta = \pi x/W$（rad）；

　　W——节距（mm）；

　　x——滑尺移动距离（mm）。

可以看出，定尺的感应电压的相位 θ 与滑尺的位移量 x 有严格的对应关系，通过测量定尺感应电压的相位 θ，即可测得滑尺的位移量。

2）幅值工作方式。给滑尺的正弦绕组和余弦绕组分别通以频率相同、相位相同但幅值不同的励磁电压，即：

$$U_\text{S} = U_\text{m}\sin\theta_\text{m}\sin\omega t \tag{5-38}$$
$$U_\text{C} = U_\text{m}\cos\theta_\text{m}\sin\omega t \tag{5-39}$$

式中　θ_m——激励电压的给定电气角。

当滑尺正向移动时，在定尺绕组上叠加感应电压为：

$$U_B = kU_S\cos\theta - kU_K\sin\theta = kU_m\sin\theta_m\sin\omega t\cos\theta - kU_m\cos\theta_m\sin\omega t\sin\theta = kU_m\sin\omega t\sin(\theta_m-\theta)$$

$$(5-40)$$

式中　θ——空角相位角，即机械转角。

当滑尺反向移动时，在定尺绕组上叠加感应电压为

$$U_B = -kU_m\sin\omega t\sin(\theta_m-\theta) \tag{5-41}$$

当 $\Delta\theta = \theta_m-\theta$ 很小时，定尺绕组的感应电压可以近似为：

$$U_B = \pm kU_m\Delta\theta\sin\omega t = kU_m\frac{2\pi}{W}\Delta x\sin\omega t \tag{5-42}$$

由式（5-40）、式（5-41）有：

$$\Delta\theta = \frac{2\pi\Delta x}{W} \tag{5-43}$$

由式（5-41）可看出，定尺感应电压 U_B 实际上是误差电压，当位移增量 Δx 很小时，误差电压的幅值和 Δx 成正比。因此，可以通过测量 U_B 的幅值来测定位移量 Δx 的大小。

5.4.4　光栅检测装置

1. 光栅的定义和分类

光栅是在玻璃或金属基体上均匀地刻划很多等节距的线纹而制成的。它的制作工艺是在一块长形玻璃上用真空镀膜的方法镀上一层不透光的金属膜，再涂上一层均匀的感光材料，然后用照相腐蚀法制成等节距的透光和不透光相间的线纹，这些线纹与运动方向垂直，线纹间的距离为栅距。

光栅种类繁多。一般来讲，可分为物理光栅和计量光栅。物理光栅刻线细且密，节距很小（200~500 条/mm），主要是利用光的衍射现象，常用于光谱分析和光波波长测定。而计量光栅较物理光栅刻线稍粗（25 条/mm、50 条/mm、100 条/mm、250 条/mm），主要是利用光的透射和反射现象。由于它应用了莫尔条纹原理，因而所测的位置精度相当高，有很高的分辨率，很易做到 0.1μm，最高分辨率可达 0.025μm。另外，计量光栅的读数速率从每秒零到数十万次之高，非常适用于动态测量，因而目前在数控检测系统中被广泛应用。计量光栅根据其形状、用途及材质的不同又可分为多种类型。

计量光栅按形状可分为长光栅和圆光栅。长光栅用于直线位移测量，因而又称为直线光栅，圆光栅用于角位移测量。两者工作原理基本相似。实际中长光栅应用较多。具体的光栅分类如下：

1）透射式光栅尺。透射式光栅尺多由玻璃材料做成，在玻璃表面制成透明与不透明间隔相等的条纹，光源与光电接收元件分别位于光栅尺两侧。其特点是：光源可以采用垂直入射光，信号幅值较大，信噪比高，光电转换器（读数头）的结构简单。光栅的线密度可以做的很高，可以达到 50 条/mm、100 条/mm、200 条/mm，甚至 1000 条/mm。缺点是玻璃易破裂，热胀系数与机床金属部件不一致，影响测量精度。

2）反射式光栅尺。反射式光栅尺多由金属材料制成，在金属表面利用腐蚀、光刻等技术制作等间隔栅缝。特点是光栅尺材料的膨胀系数易做到与机床材料一致；安装在机床上所需的面积小、调整方便；易于接长，满足大量程测量需求。常见的反射光栅线密度为 4 条

/mm、10 条/mm、25 条/mm、40 条/mm、50 条/mm。缺点是为了使反射后的莫尔条纹反射较大，每毫米内条纹不宜过多。

3）直线光栅尺。标尺光栅与指示光栅之间的相对运动为直线运动。

4）圆光栅尺。标尺光栅与指示光栅之间的相对运动为圆周运动。

2. 光栅测量装置结构及工作原理

在光栅测量中，通常由一长一短两块光栅尺配套使用，其中长的称为标尺光栅或长光栅，一般固定在机床上，要求与行程等长；短的为指示光栅或短光栅，安装在机床移动部件上。如图 5-48 所示，两光栅尺是刻有均匀密集线纹的透明玻璃片，常用的线纹密度为 25 条/mm、50 条/mm、100 条/mm、250 条/mm 等。线纹之间距离相等，该间距称为栅距，标尺光栅与指示光栅栅距相同，测量时两光栅平面平行放置，并保持 0.05~0.1mm 的间隙。

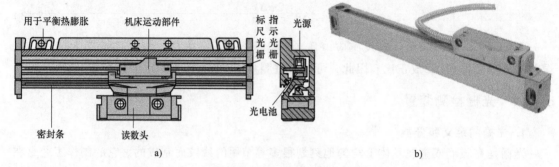

图 5-48　直线光栅尺结构示意图

图 5-49 所示为直线透射光栅测量系统结构组成及工作原理示意图，该测量系统由光源、透镜、标尺光栅、指示光栅、光敏元件和一系列信号处理电路组成。信号处理电路又包括放大、整形和鉴向倍频。通常情况下，标尺光栅安装在机床的固定部件上，光源、透镜、指示光栅、光敏元件和信号处理电路均装在一个壳体内，做成一个单独部件随机床运动部件一起运动，这个部件称为光栅读数头，其作用是将莫尔条纹的光信号转换成所需的电脉冲信号。

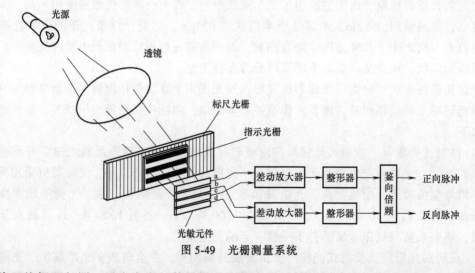

图 5-49　光栅测量系统

将两块栅距相同、黑白宽度相等的标尺光栅和指示光栅刻线平面平行放置，将指示光栅在其自身平面内倾斜一很小的角度，以便使它的刻线与标尺光栅的刻线间形成一个很小的夹

角 θ。这样在光源的照射下，就形成了与光栅刻线几乎垂直的横向明暗相间的宽条纹，即莫尔条纹。如图 5-50a 所示。由于光的干涉效应，在 a 线附近，两块光栅尺的刻线相互重叠，光栅尺上的透光狭缝互不遮挡，透光性最强形成亮带；在 b 线附近，两块光栅尺的刻线互相错开，一块光栅尺的不透光部分刚好遮住另一光栅尺的透光部分，所以透光性最差，形成暗带。两个亮带间的距离称为莫尔条纹的节距 W，它与两光栅尺刻线间夹角 θ 有关。

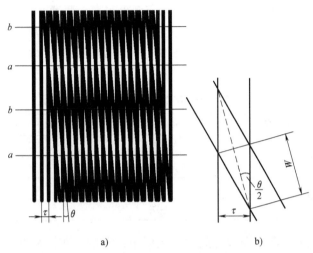

图 5-50　莫尔条纹形成原理图

设栅距为 τ，莫尔条纹的节距 W 与光栅的栅距 τ 及角度 θ 有关。

图 5-50b 表示出横向莫尔条纹参数间的关系：

$$W = \frac{\tau}{2\sin(\theta/2)} \qquad (5\text{-}44)$$

由于角度 θ 比较小，所以 $\sin\theta/2 \approx \theta/2$，式 5-42 可以近似表示为：

$$W = \frac{\tau}{\theta} \qquad (5\text{-}45)$$

可见，莫尔条纹节距与 θ 成反比关系。由于 θ 非常小，若 $\theta = 0.001\text{rad}$，则 $W = 1000\tau$。即莫尔条纹具有放大作用，虽然光栅尺栅距很小，但是莫尔条纹是清晰可见的，无须复杂的光学系统，就可以进行测量。

光栅的莫尔条纹有如下特点：

（1）起放大作用，测出栅距　由式（5-45）可知，莫尔条纹的节距 W 将光栅栅距 τ 放大了若干倍。若设放大比为 K 则有：

$$K = \frac{W}{\tau} = \frac{1}{\theta} \qquad (5\text{-}46)$$

由此可见，莫尔条纹节距 W 与 θ 角成反比，θ 越小，则放大倍数越大。若光栅栅距 $\tau = 0.01\text{mm}$，要想将莫尔条纹相对栅距放大 500 倍，即 $W = 5\text{mm}$，则应将两光栅倾斜角度调成 $\theta = 0.002\text{rad} = 0.11°$。这样，虽然光栅栅距很小，但莫尔条纹却清晰可见，便于测量。

（2）运动成比例　莫尔条纹的移动与栅距的运动成比例，可通过其测出运动距离及运动速度。当标尺光栅移动时，莫尔条纹就沿着垂直于光栅运动的方向运动，并且光栅每运动一个栅距 τ，莫尔条纹就准确地移动一个节距 W，只要测量出莫尔条纹的数目，就可以知道光栅移动了多少个栅距，而栅距是制造光栅时确定的，因此就可以计算出工作台的移动距离。如一光栅刻线密度为 100 条/mm，测得由莫尔条纹产生的脉冲 1000 个，则安装有该光栅的工作台移动了 0.01×1000mm＝10mm。由于光栅尺的移动时间与莫尔条纹的运动时间相同，因此检测出莫尔条纹的运动周期，即可换算出工作台运动距离内的运动时间，从而换算出运动速度。

若光栅尺移动方向改变，莫尔条纹的移动方向也改变。两者移动方向及光栅夹角关系如表 5-4。这样，莫尔条纹的位移刚好反映了光栅的栅距位移。即光栅尺每移动一个栅距，莫尔条纹的光强也经历了由亮到暗、由暗到亮的一个变化周期，这为后面的信号检测提供了良好的条件。

表 5-4   莫尔条纹移动方向与光栅夹角的关系

指示光栅相对标尺光栅的转角方向	标尺光栅移动方向	莫尔条纹移动方向
顺时针方向转角	→右	↑上
	←左	↓下
逆时针方向转角	→右	↓下
	←左	↑上

（3）均化栅距误差   莫尔条纹可起到均化栅距误差的作用。从图 5-50 可以看出，每条莫尔条纹均由透过多个栅距间隙的光线组成，这些光线集中在一起，由光敏器件感应检测。因此透过每个栅距的光线只占被检测光线总发光强度的一小部分，即均被相邻的多个光线平均分配。如果某个栅距存在制造误差，其单个误差也不会影响到全部被检测光线的总发光强度，就不会影响总的检测误差。因此，采用莫尔条纹进行测量，会使单个栅距的误差影响被相邻的栅距测量效果平均分配，从而起到了均化栅距误差的作用。莫尔条纹的移动规律如下：

1）光栅向左或者向右移动一个栅距，莫尔条纹相应地向上或向下移动一个节距。

2）若长光栅不动，将短光栅按逆时针转过一个很小的角度（+θ），然后使它向左移动，则莫尔条纹向下移动；反之，当短光栅向右移动，则莫尔条纹向上移动。

3）若将短光栅按顺时针方向转过一个小角度（-θ），则情况和逆时针的情况（+θ）相反。

3. 光栅测量的基本电路

如图 5-50 所示，当光栅移动一个栅距，莫尔条纹便移动一个节距。假定设置一个小窗口来观察莫尔条纹的变化情况，就会发现它在移动这一节距期间明暗变化了一个周期，且光强变化近似一个正弦波，如图 5-51（波形 a）所示。而实际上，这个观测窗口的任务是由一个光敏元件来完成的。通常，光栅测量中的光敏元件常使用硅光电池，它的作用是将近似正弦的光强信号变为同频道的电压信号（波形 b）。但由于硅光电池产生的电压信号较弱，所以经差动放大器放大到幅值足够大（16V 左右）的同频率正弦波（波形 c），再经整形器变为方波（波形 d）。由此可以看出，每产生一个方波、就表示光栅移动了一个栅距。最后方波信号通过鉴向倍频电路中的微分电路变为一个个窄脉冲（波形 e）。此时，就完成了由脉冲来表示栅距的过程，而通过对脉冲计数便可得到工作台的移动距离。当然鉴向倍频电路的作用不仅于此，它还能起到辨别方向和细分的作用。

当仅放置一个光敏元件时，虽可根据其明暗的周期变化得到移动距离，但是却无法判断移动方向。因为无论莫尔条纹上移或下移，从一固定位置看其明暗周期变化是相同的。如果放置两个光敏元件，让它们相距 1/4 莫尔条纹节距，当莫尔条纹移动时，将会得到两路相位相差 $\pi/2$ 的波形，以表 5-4 中第一种情况为例，当标尺光栅条纹移动时，莫尔条纹向上移动，如图 5-52a 所示。则光敏元件 2 上得到的波形信号 S_2 比光敏元件 1 上得到的波形信号 S_1 超前。反之，当标尺光栅左移，莫尔条纹向下移动，如图 5-52b 所示。则 S_2 信号较 S_1 信号滞后。这两路信号经放大整形后送鉴向倍频电路，由鉴向环节判别出其移动方向。

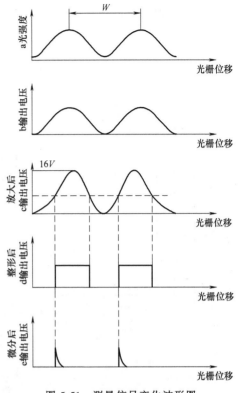

图 5-51 测量信号变化波形图

为了提高光栅的分辨精度，除了增大刻线密度和提高刻线精度外，还可用倍频的方法细分。这里介绍的是一个 4 倍频的电路，所谓 4 倍频细分，就是从莫尔条纹原来的一个脉冲信号，变为在 0、$\pi/2$、π、$3\pi/2$ 都有脉冲输出，从而使精度提高了 4 倍。图 5-53a 中的 $P_1 \sim P_4$ 为四个硅光电池，当指示光栅和标尺光栅相对移动时，四个硅光电池产生四个在相位上相差 $\pi/2$ 的信号。将两组相位相差为 π 的正余弦信号 P_1、P_3 和 P_2、P_4 分别送入两个差动放大器，输出经过放大整形后，得到两路相差 $\pi/2$ 的方波信号 A、B。A 和 B 两路方波一方面直接进微分器微分后，得到前沿的两路尖脉冲 A′和 B′；另一方面经反向器，得到分别与 A 和 B 相差 π 的两路等宽脉冲 C 和 D；C 和 D 在经微分器微分后，得到两路尖脉冲 C′和 D′。四路尖脉冲按相位关系经过与门和 A、B、C、D 相与，再输出给或门，输出正反信号。其中 A′B、AD′、C′D、B′C 分别通过与门 Y_1、Y_2、Y_3、Y_4 输出给或门 H_1，得到正向脉冲，而 BC′、AB′、A′D、CD′通过与门 Y_5、Y_6、Y_7、Y_8 输出给或门 H_2，得到反向脉冲。当正向运行时，H_1 有脉冲信号输出，H_2 则保持低平；反向运行时，H_2 有脉冲信号输出，H_1 保持低平。由于采用上升沿微分，因此，正向运行和反向运行时微分出来的尖脉冲序列能反映运行方向的

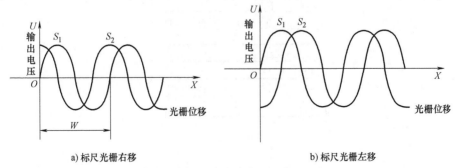

a) 标尺光栅右移 b) 标尺光栅左移

图 5-52 两光敏元件的波形

信息。微分出来的尖脉冲相加后，就加强了光栅的位置分辨能力，即提高了分辨率。

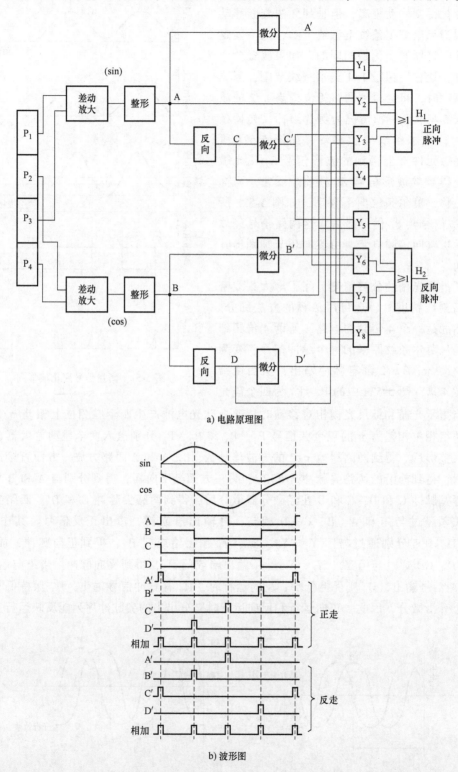

a) 电路原理图

b) 波形图

图 5-53　四倍频光栅数字转换电路

在光栅数字转换电路中，除了上述 4 倍频电路以外，还有 8 倍频、10 倍频、20 倍频、50 倍频细分电路等。例如，刻线密度为 100 条/mm 的光栅，10 倍频后，其最小读数值为 1μm，提高了光栅尺的测量分辨率。由于激光技术的发展，光栅制作精度大大提高，目前光栅的精度可达到微米级，再通过细分电路可以做到 0.1μm，甚至更高的分辨率。

5.4.5 激光干涉位置检测装置

1. 激光的特点

激光与普通光相比，具有很多突出的优点，见表 5-5。正是基于这些突出的优点，激光广泛应用于长距离、高精度的位移测量。

表 5-5 激光的特点

高度相干性	激光是受激辐射光，具有频率相同、振动方向相同、相位差恒定的特点，因此有高度相干性
方向性好	普通光向四面八方发射，而激光器发出的激光发散角很小，其发射角可小到 10^{-4}rad 以下，近似为一束平行光
单色性	激光的单色性高，如红宝石激光器发射激光的波长为 694.3nm
亮度高	由于激光束极窄，所以有效功率和照度特别高

2. 激光干涉法测距原理

激光干涉原理，是利用光的干涉原理和多普勒效应来进行位置检测的，按照工作光的频率可分为单频和双频两种。但不论是单频还是双频激光干涉法测量位移，都是以激光波长作为基准对被测长度进行度量的，具有可溯源性。两束光发生干涉的条件：具有固定相位差、频率相同、振动方向相同或振动方向之间夹角很小。两束同频激光在空间相遇会产生干涉条纹，其明暗程度取决于两束光的光程差。亮条：相长干涉（两束光的相位相同），光强最大。暗条：相消干涉（两束光的相位相反），合成光的振幅为零，光强最小。

激光干涉仪中光的干涉光路如图 5-54 所示。由激光器发出的激光光束 b_1 经分光镜 S_1，分成反射光束 b_2 和透射光束 b_3，b_2 由固定角锥反射镜 M_1 反射，b_3 由可动角锥反射镜 M_2 反射，反射回来的光在分光镜处汇合成相干光束 b_4。如果两光程差不变化，探测器将观察到介于相长干涉与相消干涉之间的一个稳定信号。如果两光程差发生变化，每次光路变化探测器都能观察到相长干涉到相消干涉的信号变化，即产生明暗相间的干涉条纹，这些变化（条纹）被计数出来，用于计算两光程差的变化。被测长度（L）与干涉条纹变化的次数（N）和激光光源波长（λ）之间的关系是：

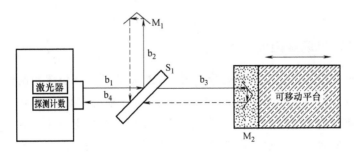

图 5-54 激光干涉测量示意图

$$L = N \cdot \frac{\lambda}{2} \qquad (5-47)$$

计数时，干涉条纹的变化由光电转换元件接收并转换为电信号，然后通过移相获得两路相差 π/2 的光强信号，该信号经放大、整形、微分等处理，从而获得四个相位依次相差 π/2 的脉冲信号，最后由可逆计数器计数，从而实现位移量的检测。可以实现分辨率为 0.1nm 的测量。

3. 激光干涉位移测量技术在数控机床上的应用

激光测量技术在数控机床上的应用如下：

1）在数控机床出厂时或使用过程中，对数控机床的精度进行检测校准。新机床出厂前都要进行定位精度、重复定位精度以及反向运行间隙检测，大多使用激光干涉仪进行；机床使用一段时间后，由于丝杠、导轨等部件的磨损及其他原因，精度会逐渐降低，此时需要使用激光干涉仪对机床精度进行二次校准；激光干涉仪还可以用于机床其他项目的检测，如直线度、垂直度、角度等。

2）利用高精度激光尺代替常规的光栅尺作为机床位置反馈元件，来提高机床的精度。目前在数控机床上应用的激光尺，主要有雷尼绍公司（Renishaw）的 RLE 光纤激光尺，美国光动公司（Optodyne，Inc）的 LDS 激光尺等。

激光干涉位移测量为数控机床提供了一种快速、高精度、大行程的位置反馈解决方案，主要具有以下优点：

1）高精度（可达亚微米级），高分辨率（可达 0.1nm）。

2）非接触测量，无测量接触力，不会产生磨损。

3）要求激光光路应尽可能地与运动方向一致，最大限度减小因测量位置和实际位置不一致所产生的阿贝误差。

4）只需加工激光头与反射镜的安装位置，不需要加工长的安装面，节省制造成本。

5）可满足大位移（如，100m）位置检测反馈需要。

6）信号输出为方波、脉冲、正余弦波等，与主流控制系统兼容，抗干扰能力强。

近年来，随着光导纤维技术的发展，光纤干涉仪得到了广泛的应用，使得干涉仪更加简单、紧凑，性能更加稳定。此外，激光干涉位移测量属于增量式测量方式，测量过程不能中断，不能实现绝对位移的测量。随着激光技术、红外技术的发展，以多波长激光为基础的无导轨大长度绝对测量技术正受到越来越多的关注。如图 5-55 所示，激光干涉仪可用于数控机床精度检测。

5.4.6　位置控制与速度控制

位置控制和速度控制是数控机床进给伺服系统的重要环节。位置控制根据计算机插补运算得到的位置指令，与位置检测装置反馈来的机床坐标轴的实际位置相比较，形成位置偏差，经变换得到速度给定电压。速度控制单元根据位置控制输出的速度电压信号和速度检测装置反馈的实际转速对伺服电动机进行控制，以驱动机床传动部件。因为速度控制单元是伺服系统中的功率放大部分，所以也将速度控制单元称为驱动装置或伺服放大器。

图 5-55　激光干涉仪用于数控机床精度检测

1. 位置控制

从理论上来说，位置控制的类型很多，但是目前在数控机床位置进给控制中，为了加工出光滑的零件表面，不允许出现位置超调，采用"比例型"和"比例加前馈型"的位置控制器，可以比较容易地达到上述要求。就闭环和半闭环伺服系统而言，位置控制的实质是位置随动控制，其控制原理如图 5-56 所示。位置比较器的作用是实现位置的比较，即 $P_e = P_c - P_f$。实现位置比较的方法有脉冲比较法、相位比较法和幅值比较法。这里以脉冲比较法为例进行讲解。

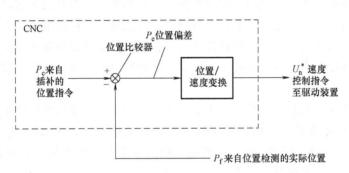

图 5-56　位置控制原理

在脉冲比较法中，来自位置检测传感器（光栅、光电编码器）所测得的实际位置信号脉冲 P_f 与来自 CNC 插补运算的位置脉冲信号 P_s 进行比较，得到位置偏差信号 ΔP。比较器是由加减可逆计数器组成的数字脉冲比较器，如图 5-57 所示。当 P_s、P_f 同时到达时予以分离，以保证不丢失计数脉冲。

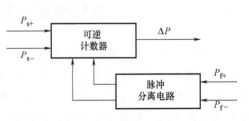

图 5-57　数字脉冲比较器示意图

P_{s+}、P_{s-} 和 P_{f+}、P_{f-} 的加减的定义见表 5-6。

在系统运行过程中，当数控系统要求工作台向一个方向进给时，经插补运算得到一系列进给脉冲作为指令脉冲，其数量代表了工作台的指令进给量，频率代表了工作台的进给速度，方向代表了工作台的进给方向。以增量式光电编码器为例，当光电编码器与伺服电动机

表 5-6 P_s、P_f 加减的定义

位置指令	含义	可逆计数器运算	位置反馈	含义	可逆计数器运算
P_{s+}	正向运动指令	+	P_{f+}	正向运动的反馈指令	−
P_{s-}	反向运动指令	−	P_{f-}	反向运动的反馈指令	+

及滚珠丝杠直连时，随着伺服电动机的转动，产生序列脉冲输出，脉冲的频率将随着转速的变化而同向变化。假设工作台处于静止状态时：

1) 指令脉冲 $P_s = 0$，这时反馈脉冲 $P_f = 0$，则 $\Delta P = 0$，则伺服电动机的速度为零，工作台继续保持静止不动。

2) 现有正向指令 $P_{s+} = 2$，可逆计数器加 2，在工作台尚未移动之前，反馈脉冲 $P_{f+} = 0$，可逆计数器输出 $\Delta P = P_{s+} - P_{f+} = 2-0 = 2$。经转换，速度指令为正，伺服电动机正转，工作台正向进给。

3) 工作台正向运动，即有反馈脉冲 P_{f+} 产生，当 $P_{f+} = 1$ 时，可逆计数器减 1，此时 $\Delta P = P_{s+} - P_{f+} = 2-1 > 0$，伺服电动机仍正转，工作台继续正向进给。

4) 当 $P_{f+} = 2$ 时，$\Delta P = P_{s+} - P_{f+} = 2-2 = 0$，则速度指令为零，伺服电动机停转，工作台停止在位置指令所要求的位置。

当指令脉冲为反向，即 $P_s = P_{s-}$ 时，控制过程与正向时相同，只是 $\Delta P < 0$，工作台反向进给。

脉冲分离电路的作用是：在加、减脉冲先后分别到来时，各自按预定的要求经加法计数端或减法计数端进入可逆计数器。若加、减脉冲同时到来，则由该电路保证先做加法计数然后再做减法计数，这样可保证两路计数脉冲均不会丢失。当采用绝对式编码器时，通常情况下先将位置检测的反馈信号经过转换，变成数字脉冲信号后再进行脉冲比较。

2. 速度控制

速度控制也称为驱动装置。数控机床中的驱动装置又因驱动电动机的不同而不同。步进电动机的驱动装置有高低压切换、恒流斩波等。直流伺服电动机的驱动装置有脉宽调制（PWM）、晶闸管（SCR）控制。交流伺服电动机的驱动装置有他控变频控制和自控变频控制。详细内容可查阅相关图书。

知识拓展：全数字控制伺服系统

随着计算机技术、电子技术以及现代控制技术的快速发展，目前数字伺服系统正向着全数字化方向发展，全数字控制是用计算机软件实现数控的各种功能，完成各种参数的控制的数字伺服系统。全数字控制伺服系统采用位置控制、速度控制与电流控制的三环结构。系统硬件由电源单元、功率逆变单元、保护单元、检测单元、数字控制单元、接口单元组成。其控制原理图如图 5-58 所示。

全数字控制伺服系统的特点如下：

1) 全数字伺服的三环——位置环、速度环及电流环均由数字化实现，伺服放大器变成了名副其实的伺服功率放大器。

2) 全数字伺服控制部分是一个 CPU 系统，一般采用高速 DSP 处理芯片，具有高速、

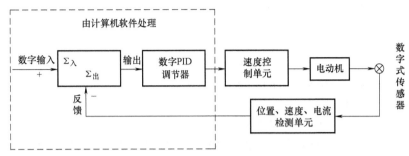

图 5-58　全数字控制伺服系统原理图

高精度的运算能力。

3）由于伺服系统的软件化、数字化，使伺服系统能够完成模拟系统不能完成的非线性补偿、高速加工等一些特殊的功能，提高了伺服系统的自适应能力。

4）伺服系统的数字化，使得伺服系统的各相关量可以通过总线传输到 CNC。

本 章 小 结

数控机床的进给驱动与控制，即数控机床的高性能伺服系统在很大程度上决定了数控机床的高效率、高精度，所以说伺服系统是数控机床的重要组成部分。

驱动电动机是数控机床伺服系统的执行元件。开环伺服系统主要采用步进电动机，无反馈检测装置。伺服电动机通常用于带有反馈检测装置的闭环或半闭环伺服系统中，常用的反馈检测装置有光栅、脉冲编码器、感应同步器、旋转变压器等。位置控制和速度控制也是数控机床进给伺服系统的重要环节，前者通过脉冲比较法实现。后者通过驱动装置实现。步进电动机的驱动装置是由脉冲环分器和功率放大功能实现；直流伺服电动机的驱动装置有脉宽调制（PWM）、晶闸管（SCR）控制。变频调速是交流调速的重要发展方向之一。

思考与练习

1. 填空题

（1）数控机床的伺服系统由 ＿＿＿＿＿＿、＿＿＿＿＿＿、＿＿＿＿＿＿、 ＿＿＿＿ 和 ＿＿＿＿＿＿ 等组成。

（2）伺服系统的控制目标是 ＿＿＿＿＿＿ 和 ＿＿＿＿＿＿；控制要求是 ＿＿＿＿＿＿、 ＿＿＿＿＿＿ 和 ＿＿＿＿＿＿。

（3）半闭环伺服系统中，伺服电动机中的编码器用于 ＿＿＿＿＿＿ 和 ＿＿＿＿＿＿ 检测；闭环伺服系统中，编码器用于 ＿＿＿＿＿＿ 检测，光栅用于 ＿＿＿＿＿＿ 检测。

（4）开环伺服系统主要特征是系统内没有 ＿＿＿＿＿＿ 装置，通常使用 ＿＿＿＿＿＿ 为伺服执行机构。

（5）无论是半闭环还是闭环进给系统，都要求传动部件刚度好、间隙小。在 ＿＿＿＿＿＿ 系统中，传动部件的间隙直接影响进给系统的定位精度；在 ＿＿＿＿＿＿ 系统中，传动部件的间隙影响进给系统的稳定性。

2. 简答题

（1）简述数控机床对伺服进给系统的要求。

(2) 数控机床典型的双闭环伺服系统的基本结构是什么？位置控制系统和速度控制系统的主要技术指标是什么？

(3) 何为步距角？步距角的大小与哪些参数有关？

(4) 步进电动机的工作原理是什么？其主要性能指标是什么？

(5) 步进电动机的连续工作频率与它的负载转矩有何关系？为什么？如果负载转矩大于起动转矩，步进电动机还会转动吗？为什么？

(6) 简述交流伺服电动机的工作原理及特性曲线。

(7) 脉宽调速（PWM）的基本原理是什么？转速负反馈单闭环无静差调速系统和转速、电流双闭环调速系统各自的特点是什么？

(8) 交流电动机速度控制的方法有哪些？优缺点分别是什么？

(9) 增量式光电编码器如何实现工作轴的方向辨别？

(10) 试述旋转变压器和感应同步器的工作原理。

3. 计算题

(1) 某数控机床采用三相六拍驱动方式的步进电动机，其转子有 80 个齿，经滚珠丝杠螺母副驱动工作台做直线运动，丝杠的导程为 7.2mm，齿轮的传动比为 1：5，工作台移动的最大速度为 25mm/s，试求：

① 步进电动机的步距角；

② 工作台的脉冲当量和步进电动机的最高工作频率。

(2) 假设直线式感应同步器节距为 6mm，令施加在正弦绕组的励磁电压 $U_s = U_m \sin\omega t$，定尺和滑尺之间相对位移为 x，滑尺绕组相对于定尺绕组的空间相位角为 θ，耦合系数为 k。则：

① 滑尺绕组的节距应该为多少才能保证检测精度？

② 写出定尺绕组中产生的感应电势 U_d；

③ 若滑尺直线位移量为 4mm，那么滑尺绕组相对于定尺绕组的空间相位角是多少？

(3) 已知直线光栅尺的刻度密度为 500 条/mm，莫尔纹的宽度 $W = 4$mm，工作台移动时，测得移动过的莫尔条纹数为 800 条，求：

① 两光栅的夹角为多少度？

② 莫尔条纹的放大倍数是多少？

③ 工作台的移动量为多少？

4. 计算分析题

(1) 某伺服电动机同轴安装有 2000 脉冲/r 的增量式编码器，伺服电动机与螺距为 6mm 的滚珠丝杠通过联轴器连接，在位置控制伺服中断 4ms 内，共计 20 脉冲，试求：

① 工作台移动的距离（mm）。

② 伺服电动机的转速（r/min）。

(2) 某加工中心工作台重量 $W_1 = 5000$N，工件及夹具最大重量 $W_2 = 3000$N，工作台最大行程 $L_{max} = 1000$mm，导轨摩擦系数：动摩擦系数 $\mu = 0.1$，静摩擦系数 $\mu_0 = 0.2$，快速进给速度 $V_{max} = 15$m/min，定位精度 $20\mu m/300mm$，全行程 $25\mu m$，重复定位精度 $10\mu m$，要求寿命 20000h，主电动机的额定功率为 10kW，主轴转速为 125r/min，机械传动效率为 0.90，切削刀具直径为 500mm，试设计该进给系统。

第6章
现代数控机床加工程序的编制

工程背景

现代数控机床加工程序的编制，是现代制造技术的基础和保证。随着技术的进步，现代数控机床加工程序的编制也在不断地改进和提高。通过学习数控加工程序的编制原则，掌握由零件编制数控加工程序的过程，是加工合格零件的保证，同时也是分析不合格零件的加工程序的条件，为复杂零件加工程序编制提供基础。

学习目标

能按照数控加工程序编制步骤，根据零件图分析出合理的数控加工工艺；根据常用的指令格式、数控机床的特点，编制出正确的数控加工程序；同时能根据所学的知识，分析已有数控加工程序的内容，判断机床的坐标系。

知识要点

了解数控加工工艺分析方法和步骤，数控机床的坐标系，数控加工程序结构，数控车削编程特点，数控镗铣削（加工中心）编程特点；熟悉数控车削的典型程序指令，数控镗铣削（加工中心）典型程序指令，孔加工固定循环指令，子程序格式及应用；掌握数控加工工艺分析，掌握数控车削加工程序和数控镗铣削（加工中心）程序的编制。

6.1 概　　述

工艺就是制造产品的方法。采用机械加工方法，直接改变毛坯的形状、尺寸、相对位置及表面质量，使其成为零件的过程称为机械加工工艺过程。在实施对零件的机械加工前，需对零件机械加工工艺的总过程、方法和加工目标进行规划，即制订机械加工工艺规程，其主要依据是产品的图纸、生产纲领、生产类型、现场加工设备及生产条件等，在数控机床上加工零件，应根据零件图样进行工艺分析、数据处理，确定加工路线，编制加工程序。因此，程序编制中的工艺分析是一项十分重要的工作。

6.2 数控加工工艺

6.2.1 数控加工工艺的特点与内容

现代数控机床加工具有安全、可靠、高效的特点，而且能够加工导向轮、叶轮、模具零件等如图 6-1 所示表面复杂的零件，这些零件表面不是单一回转面或平面，而是复杂曲面。现代数控机床之所以能加工出各种复杂形状的零件，是因为有不同的数控加工程序指挥着数控机床进行加工。因此，编制现代数控机床加工程序是数控加工中的关键环节。

a) 导向轮   b) 叶轮   c) 模具零件

图 6-1 表面复杂的零件

现代数控机床加工程序主要内容有工艺顺序、运动轨迹与方向、位移量、工艺参数（主轴转速、进给量、背吃刀量）和辅助动作（换刀、变速、冷却液开停等）。不同厂商的数控机床所使用的数控系统、加工程序格式各不相同，零件加工程序也有一定差异。现代数控机床加工程序编制的主要步骤有：零件图分析、工艺处理、数学处理、编写加工程序单、程序输入、程序校验和首件试加工。

零件图分析包括零件的结构、形状、尺寸、精度、表面粗糙度、材料和热处理要求，确定加工方案，并选择合适的数控机床。

工艺处理是确定数控加工的内容、加工顺序、设计夹具、选择刀具（各种刀具刀位点见表 6-1）、确定合理的走刀路线及选择合理的切削参数等。

表 6-1 刀具的刀位点

钻头	立铣刀和端铣刀	指状铣刀	球头铣刀

数值处理是在工艺方案确定后，根据零件的尺寸、确定的走刀路线以及工件坐标原点等，计算零件加工的刀具中心运动轨迹，以获得刀位数据。对应由直线和圆弧组成的简单零件就要计算直线的起点和终点值；如果要加工的零件由抛物线、螺旋线或者样条曲线等复杂曲线组成的轮廓，用直线段或者圆弧段作逼近。

编写数控加工程序是根据数控机床所使用的数控系统、数控加工程序格式，将零件加工路线、已计算出的刀具运动轨迹坐标值、切削余量、加工过程中所涉及的辅助动作，逐段编写零件加工程序，零件数控加工程序见表6-2。

表6-2 零件数控加工程序

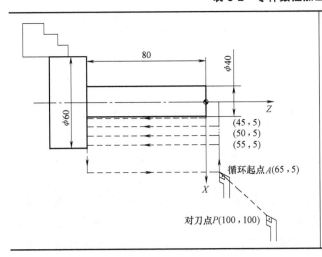

```
O0001
N10 T0101 ;01 号刀 01 号刀补
N20 M03 S1000 ;主轴正转,转速 1000r/min
N30 G00 X65.0 Z5.0 ;定位到(X65.0 Z5.0)
N40 G90 X55.0 Z-80.0 F0.2 ;第一刀加工到 X55
N50 X50.0 ;第二刀加工到 X50
N60 X45.0 ;第三刀加工到 X45
N70 X40.0 F0.1 ;第四刀加工到 X40
N80 G00 X100.0 Z100.0 ;定位到(X100.0 Z00.0)
N90 M05 ;主轴停转
N100 M30 ;程序结束
```

程序编写好之后，可以通过数控加工仿真软件或 CAM 软件进行模拟确认，然后将其输入到数控系统中，程序输入到数控系统中的方法见表6-3。为确保数控机床能按预定的轨迹运动，刀具与夹具或工件在加工过程中不会发生干涉，并能保证零件的加工质量，在零件正式加工之前，需要对所编写的数控加工程序进行校验，通常可校验数控程序的方式见表6-4。

表6-3 程序输入方式

序号	输入方式	使用情况
1	卡带、磁带、磁盘	以前使用
2	直接通过数控机床操作面板上的数字、字母、符号等将其手动输入到数控系统	程序较简单时使用
3	U 盘、移动硬盘和网口	目前使用

表6-4 校验数控程序的方式

序号	校验方式
1	机床空运转,检查机床动作和运动轨迹的正确性
2	在具有图形模拟显示功能的数控机床上,通过在屏幕上显示加工过程的走刀轨迹或模拟刀具对工件的切削过程
3	对于形状复杂和对精度要求高的零件,也可采用塑料、铝件或蜡模等易切削材料进行试切
4	对加工精度要求更高的零件,采用与被加工零件材料相同的材料进行首件试切,一方面检验实际加工刀具运动轨迹的正确性,另一方面检验零件的实际加工精度

现代数控加工程序的编制方法主要有两种：手工编制程序和计算机自动编制程序。手工编制程序是从零件图分析开始，经过工艺处理、数学处理、编写加工程序单、程序输入，直

至程序的校验等环节，均由人工来完成。计算机自动编程指在编程过程中，除了零件图分析、工艺方案制订和工艺参数确定以及零件信息输入由人工进行外，其余工作包括数学处理、程序编写、程序校验等工作均由计算机自动完成。两种编程方法的特点见表 6-5。

表 6-5　手工编制程序和计算机自动编制程序特点对比

程序编制环节	程序的编制方法	
	手工编制程序	计算机自动编制程序
零件图	简单	复杂
数学处理	易出错	自动完成
仿真	不能	自动仿真并绘制出刀具中心的运动轨迹

6.2.2　数控加工工艺分析

1. 现代数控加工工艺的特点

在普通机床上加工零件时，是用工艺规程、工艺卡片来规定每道工序的操作程序，操作人员按规定的步骤加工零件。而在现代数控机床上，要把这些工艺过程、工艺参数和规定数据以数字符号信息的形式记录下来，用它来控制驱动机床加工，现代数控加工工艺主要有以下特点：

（1）工序内容具体　在普通机床上加工，很多内容，如走刀路线的安排、切削用量的大小等，可由操作员自行决定。在数控机床上加工时，工序卡片中应包括详细的工步内容和工艺参数信息（切削用量、刀具等），在编制数控加工程序时，每个动作、参数都应体现在其中，以控制机床自动完成数控加工。

（2）工序内容复杂　在数控机床上一般都尽可能地安排较复杂零件（叶轮、螺旋锥齿轮、模具型腔、航空产品）加工，还应考虑一次装夹完成多个面的加工。所以数控加工工艺的工序内容比普通机床加工的工序内容复杂。

（3）工序集中　由于数控机床特别是功能复合化的数控机床，一般都带有自动换刀装置，因而在加工过程中能够自动换刀，一次装夹即可完成多数工序或全部工序的加工。所以，数控加工工艺的明显特点是工序相对集中。

（4）加工误差小　加工精度不仅取决于加工过程，还取决于编程阶段。在编程中存在逼近误差、圆整化误差、插补误差。逼近误差是指用直线逼近曲线时产生的误差。圆整误差是指因计算字长限制产生的误差。插补误差是插补轮廓与给定轮廓的符合程度。

数控加工的程序内容包括确定对刀点和换刀点，划分工序与工步，确定加工顺序和走刀路线等。只有确定好加工工艺，才能完成在普通机床上难以完成的复杂工序，如图 6-2 所示。数控加工工艺分析的主要内容包括选择数控加工的内容选择、零件图的工艺性分析、加工方法的选择与加工方案的确定、工序与工步的划分、加工顺序的安排、刀具的选择、加工路线的确定等内容。

2. 数控加工内容的选择

在对某个零件进行数控加工时，可以完成整个零件的加工，也可能只是对其中的一部分进行数控加工。结合本企业的实际情况，立足于解决难题、攻克关键技术和提高生产率，充分发挥数控加工的优势，选择数控加工的内容时，一般考虑的因素有：

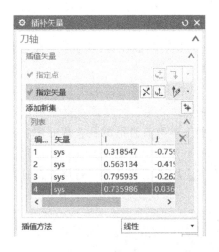

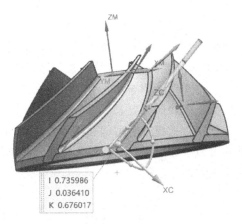

图 6-2　用插补矢量来定义刀轴

1）优先选择普通机床上无法加工的内容。如形状复杂的、用数学模型描述的复杂曲线或曲面轮廓的加工，如图 6-2 所示。

2）重点选择普通机床难加工、质量难以保证的内容。如图 6-3 所示零件的圆弧部分虽然能用通用加工设备加工，但很难保证产品质量。

3）选择难测量、难控制进给、难控制尺寸的不开敞内腔的壳体或盒型零件进行数控加工。

4）对于普通机床加工效率低、工人操作劳动强度大的内容，可考虑在数控机床上加工。

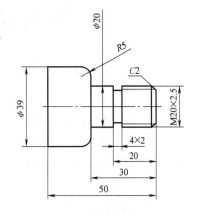

图 6-3　轴类零件

此外，在选择和决定加工内容时，也要考虑生产批量、生产周期、工序间周转情况等，尽量达到多、快、好、省的目的，同时要防止把数控机床降格为通用机床使用。

在数控机床数量有限的情况下，不宜采用数控加工的情况见表 6-6。

表 6-6　不宜采用数控加工的情况

序号	不宜采用数控加工的情况
1	在机床上进行较长时间调整的加工内容
2	加工余量大而又不均匀的粗加工
3	加工部位分散，需要多次安装、设置原点
4	按某些特定的制造依据（如样板等）加工的型面、轮廓

3. 零件图样上尺寸数据的标注原则

1）零件图上尺寸标注应适合数控加工的特点。以同一基准标注尺寸或直接给出坐标尺寸如图 6-3 所示，都从最右端面标注长度尺寸，从中心线标注径向尺寸，这种标注法既便于编程，也便于尺寸之间的相互协调，保持设计、工艺、检测基准与编程原点设置的一致。由于零件设计人员往往在尺寸标注中较多地考虑装配等使用特性，而采取局部分散的标注方法，会给工序安排与数控加工带来诸多不便。

2）构成零件轮廓的几何元素的条件应充分完整。要对构成轮廓的所有几何元素进行定义，如：圆弧与直线、圆弧与圆弧到底是相切还是相交必须清楚。

3）审查与分析定位基准的可靠性。数控加工工艺特别强调定位加工，尤其正反两面都采用数控加工的零件如图6-4所示，以同一基准定位十分必要，否则很难保证两次定位安装加工后两个面上的轮廓位置及尺寸协调。因此，如零件本身有合适的孔，最好用它来做定位基准孔；假如零件上没有合适的孔，要想法专门设置工艺孔作为定位基准；如零件上无法做出工艺孔，可以考虑以零件轮廓的基准边定位或毛坯上增加工艺凸耳，打出工艺孔，完成定位加工后再去除的方法。

 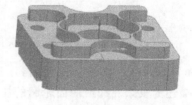

a) 凸台俯视三维图　　　　　　　　　b) 凸台仰视三维图

图6-4　凸台零件

4. 零件各加工部位的结构工艺性应符合数控加工的特点

1）零件的内腔和外形最好采用统一的几何类型和尺寸。这样可以减少刀具规格和换刀次数，使编程方便，效益提高。

2）内槽圆角的大小决定着刀具直径的大小，因而内槽圆角半径不应过小。零件工艺性的好坏与被加工轮廓的高低、转接圆弧半径的大小等有关。图6-5b与图6-5a相比，转接圆弧半径大，可以采用较大直径的铣刀来加工，通常 $R<0.2H$（H 为被加工零件轮廓面的最大高度）时，可以判定零件的该部位工艺性不好。

3）铣削零件底面时，槽底圆角半径 r 不应过大。圆角 r 越大，铣刀端刃铣平面的能力

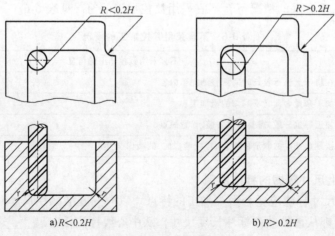

a) $R<0.2H$　　　　　　　　　b) $R>0.2H$

图6-5　数控加工工艺性对比

越差，效率也越低，当 r 大到一定程度时，甚至必须用球头刀加工。如图 6-6 所示，因为铣刀与铣削平面接触的最大直径 $d = D - 2r$（D 为铣刀直径），当 D 一定时，r 越大，铣刀端刃铣削平面的面积越小，加工表面的能力越差，工艺性也越差。

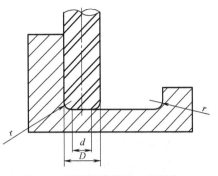

图 6-6　槽底圆角半径 r 的影响

5. 零件图上加工精度和表面粗糙度应符合数控加工方案

零件上的加工精度和表面粗糙度常常是通过粗加工、半精加工和精加工逐步达到的，各种加工方法的经济精度和表面粗糙度（中批生产）如表 6-7 所示。加工方案的确定如图 6-7 所示，对这些表面仅根据质量要求选择相应的最终加工方法是有多种选择的。要结合本企业实际设备情况，正确地选择从毛坯到最终成形的加工方案。

表 6-7　各种加工方法的经济精度和表面粗糙度（中批生产）

被加工表面	加工方法	经济精度 IT	表面粗糙度 $Ra/\mu m$
外圆和端面	粗车	11~13	50~12.5
	半精车	8~11	6.3~3.2
	精车	7~9	3.2~1.6
	粗磨	8~11	3.2~0.8
	精磨	6~8	0.8~0.2
	研磨	5	0.2~0.012
	超精加工	5	0.2~0.012
	精细车(金刚车)	5~6	0.8~0.05
孔	钻孔	11~13	50~6.3
	铸锻孔的粗扩(镗)	11~13	50~12.5
	精扩	9~11	6.3~3.2
	粗铰	8~9	6.3~1.6
	精铰	6~7	3.2~0.8
	半精镗	9~11	6.3~3.2
	精镗(浮动镗)	7~9	3.2~0.8
	精细镗(金刚镗)	6~7	0.8~0.1
	粗磨	9~11	6.3~3.2
	精磨	7~9	1.6~0.4
	研磨	6	0.2~0.012
	珩磨	6~7	0.4~0.1
	拉孔	7~9	1.6~0.8
平面	粗刨、粗铣	11~13	50~12.5
	半精刨、半精铣	8~11	6.3~3.2
	精刨、精铣	6~8	3.2~0.8
	拉削	7~8	1.6~0.8
	粗磨	8~11	6.3~1.6
	精磨	6~8	0.8~0.2
	研磨	5~6	0.2~0.012

6. 零件毛坯的工艺性分析

正确选择毛坯，可以保证零件的质量，并且降低数控加工的难易程度、节约材料和能

图 6-7　加工方案的确定

源。在现代数控机床上进行零件加工之前，选择毛坯主要考虑因素有：

1）零件的材料及其力学性能与毛坯选择。例如，材料是铸铁，就选择铸造毛坯；材料是钢，且力学性能要求高时，可选锻件，当力学性能要求较低时，可选型材或铸钢。

2）零件的形状和尺寸与毛坯成形方法的选择。如表 6-8 所示是不同特征（壁厚、形状、尺寸）的零件与毛坯的成形方法的选择。

表 6-8　零件的特征与毛坯的成形方法选择

零件特征	成形方法
薄壁零件	先进的铸造方法
尺寸大、形状复杂的铸件	砂型铸造
各台阶的直径相差不大的钢质阶梯轴零件	棒料
各台阶的直径相差较大的钢质阶梯轴零件	锻件
尺寸大、形状复杂承载能力强的零件	自由锻
中、小型零件承载能力强的零件	模锻

此外，要充分利用新工艺、新技术和新材料，使毛坯制造向专业化生产方向发展，或者与更方便快捷的成形方法相结合，例如精铸、精锻、冷轧、冷挤压、水切割、激光切割、等离子切割、电火花成形、粉末冶金等。

7. 加工方法选择

（1）机床的选用　在数控机床上加工零件，一般有以下两种情况：一种是有零件图和毛坯，要选择适合加工该零件的数控机床；另一种是已经有了数控机床，要选择适合该机床加工的零件。各种数控机床加工特点如表 6-9 所示，机床的选用要保证加工零件的技术要求能够加工出合格产品、有利于提高生产率、可以降低生产成本。

表 6-9　各种数控机床加工特点

机床种类	加工特点
数控车床	用于加工轴类、盘类等回转体零件，完成内外圆柱面、圆锥面、螺纹、端面和成形表面等工序
数控铣床（加工中心）	用于加工箱体、泵体、阀体、壳体和机架等零件，铣削各种平面、台阶面、各种沟槽（包括矩形槽、半圆槽、T形槽、燕尾槽、键槽、螺旋槽及各种成形槽）、各种成形面及切断等
点位直线控制的数控钻镗床或数控加工中心	孔系零件的加工，该类零件孔数较多，孔间位置精度要求较高
铣削加工并结合数控电火花成形	用于材料硬度高、韧性大、表面复杂且不规则、精度高的零件加工

（2）加工方法的选择　在加工过程中，工件按表面轮廓可分为平面类和曲面类零件，其中平面类零件中的斜面轮廓又分为有固定斜角的外形轮廓面和变斜角的外形轮廓面。

如图 6-8 所示，加工一个有固定斜角的斜面可以采用不同的加工方法。在实际加工中，应根据零件的尺寸精度、倾斜角的大小、刀具的形状、零件的安装方法、编程的难易程度等因素，选择一个较好的加工方案。

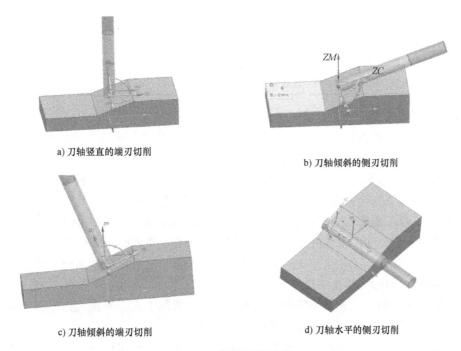

| a) 刀轴竖直的端刃切削 | b) 刀轴倾斜的侧刃切削 |
| c) 刀轴倾斜的端刃切削 | d) 刀轴水平的侧刃切削 |

图 6-8　固定斜角斜面加工

具有变斜角的外形轮廓面和曲面，最好的加工方案是采用多坐标联动的数控机床，这样不但生产效率高，而且加工质量好。此外，还要考虑机床选择的合理性。例如，单纯铣轮廓表面或铣槽的简单中、小型零件，选择数控铣床进行加工较好；大型非圆曲线、曲面的加工或者不仅需要铣削而且需要进行孔加工的零件在数控镗铣加工中心上加工较好。

6.2.3　加工顺序的确定

1. 工序、工步的划分

在数控机床上加工零件，工序应比较集中，在一次装夹中应尽可能完成大部分工序。首先应根据零件图样，考虑被加工零件是否可以在一台数控机床上完成整个零件的加工工作。若不能，则应选择哪一部分零件表面需用数控机床加工，即对零件进行工序划分，一般工序划分方法见表 6-10。

表 6-10　工序划分方法

序号	工序划分方法
1	按零件装夹定位方式划分工序(每个零件结构形状不同,加工时的定位方式各有差异)
2	按粗、精加工分开的原则来划分工序即先粗加工再精加工
3	按所用刀具划分工序

在一个工序内往往要采用不同刀具和切削用量，对不同表面进行加工。为了便于分析和

描述较复杂的工序，在工序内又细分为工步。表 6-11 中列出了几种划分工步的方法，主要从加工精度和效率两方面考虑。

表 6-11 工步划分方法

序号	工步划分方法
1	按粗加工、半精加工、精加工依次完成
2	按先面后孔(铣削时切削力较大,工件易变形,先铣面后镗孔,使其有一段时间恢复)
3	按所用刀具划分(减少换刀次数,提高加工效率)

2. 加工顺序的安排

加工顺序的安排应根据零件的结构和毛坯状况，以及定位与夹紧的需要来考虑，重点使工件的刚性不被破坏，顺序安排一般应按下列原则进行：

1）先粗后精。整个工件的加工工序，应是粗加工在前，之后为半精加工、精加工、光整加工。粗加工时快速切除余量，精加工时保证精度和表面粗糙度。对于易发生变形的零件，由于粗加工后可能发生变形而需要进行校形，所以需将粗、精加工的工序分开。

2）先主后次。先加工工件的工作表面、装配表面等主要表面，后加工次要表面。

3）先基准后其他。工件的加工一般多从精基准开始，然后以精基准定位加工其他主要表面和次要表面，如轴类零件一般先加工中心孔。

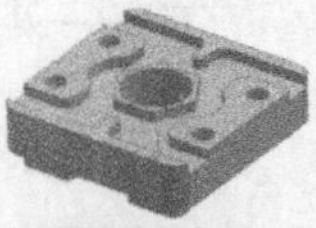

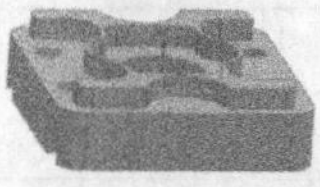

4）先面后孔。箱体、支架类零件应先加工平面，后加工孔。平面大而平整，作为基准面稳定可靠，容易保证孔与平面的位置精度。

5）上道工序的加工不能影响下道工序的定位与夹紧，中间穿插有通用机床加工工序的也要综合考虑。

6）先进行内形内腔加工工序，后进行外形加工工序。

7）以相同定位、夹紧方式或同一把刀具加工的工序，最好集中进行，以减少重复定位次数，换刀次数。

8）在同一次装夹中进行的多道工序，应先安排对工件刚性破坏较小的工序。

加工工序的划分根据划分的依据不同有不同的结果，但是最终能够保证加工质量、提高加工效率的加工顺序只能是一种，表 6-12 所示为凸台零件的加工工序及加工顺序。

表 6-12 凸台零件的加工工序及加工顺序

零件	按使用刀具划分	按装夹方式划分	按加工方法划分	最终的加工顺序
 凸台俯视三维图 凸台仰视三维图	GENERIC_MACHINE 未用项 D8 PLANAR_MILL FACE_MILLING FACE_MILLING_1 PLANAR_MILL_1 PLANAR_MILL_... D5 PLANAR_MILL_... SPOTDRILLING_TOOL D2 SPOT_DRILLING Z9.5 DRILLING R10 REAMING T10 TAPPING	GEOMETRY 未用项 上面加工 WORKPIECE FACE_MILLING PLANAR_MILL PLANAR_MILL_C... 下面加工 WORKPIECEXIA FACE_MILLING_1 PLANAR_MILL_1 PLANAR_MILL_1... SPOT_DRILLING DRILLING REAMING TAPPING	METHOD 未用项 粗铣 PLANAR_MILL FACE_MILLING PLANAR_MILL_1 PLANAR_MILL_1_C... 半精铣 精铣 PLANAR_MILL_COPY FACE_MILLING_1 孔加工 SPOT_DRILLING DRILLING REAMING TAPPING	NC_PROGRAM 未用项 PROGRAM FACE_MILLING PLANAR_MILL PLANAR_MILL_C... FACE_MILLING_1 PLANAR_MILL_1 PLANAR_MILL_1_... SPOT_DRILLING DRILLING REAMING TAPPING

3. 数控加工工序与普通加工工序的衔接

数控加工工序前后一般都穿插有其他普通工序，需要相互建立状态要求，如：加工余量留多少。定位面与孔的精度要求及形位公差。对校形工序的技术要求。对毛坯的热处理状态等。这些要求需要相互沟通，并反映在工艺规程。如果是在同一个车间，可由编程人员与主管该零件的工艺员共同协商确定，在制订工序工艺文件中互审会签；如不是同一车间，则应用交接状态表进行规定，共同会签。

4. 确定零件的安装方法和选择夹具

在确定零件装夹方法时，应注意减少装夹次数，尽可能做到在一次装夹后能加工出全部待加工表面，以充分发挥数控机床的效能。数控加工的特点对夹具提出了两个基本要求：一是保证夹具的坐标方向与机床的坐标方向相对固定；二是要能协调零件与机床坐标系的尺寸。除此之外，还要考虑以下具体要求。

1）夹具结构要求简单，尽可能采用组合夹具、可调夹具等标准化通用夹具。

2）装卸零件要迅速，以缩短数控机床的停顿时间。

3）各零件部件应不妨碍机床对零件各表面的加工，即夹具要开敞，其定位、加紧机构元件不能影响进给。

4）夹具在机床上安装要准确可靠，以保证工件在正确的位置上按程序操作。

5）必须保证最小的夹紧变形。

6）批量较大的零件加工可以采用多工位、气动或液压夹具。

6.2.4　数控刀具与切削用量

1. 刀具的特点

刀具的选择是数控加工工艺中的重要内容之一，不仅影响机床的加工效率，而且直接影响加工质量。数控加工刀具必须适应数控机床高速、高效和自动化程度高的特点。目前，数控切削刀具已由传统的机械工具实现了向高科技产品的飞跃，刀具的切削性能得到了显著的提高，成为现代数控加工技术的关键技术。数控刀具应具有如下特点：①刀具有很高的切削效率；②数控刀具有高的精度和重复定位精度；③要求刀具有很高的可靠性和耐用度；④实现刀具尺寸的预调和快速换刀；⑤具有一个比较完善的工具系统；⑥建立刀具管理系统；⑦应有刀具在线监控及尺寸补偿系统。

2. 刀具的分类

数控刀具从切削工艺上可分为：车削刀具、钻削刀具、镗削刀具、铣削刀具等。

车削刀具（见图6-9a）主要包括外圆、内孔、螺纹、切断刀等；钻削刀具（见图6-9b）主要包括钻头、铰刀、丝锥等；镗削刀具（见图6-9c）主要包括粗镗刀、精镗刀等；铣削刀具（见图6-9d）主要包括面铣刀、立铣刀、三面刃铣、键槽铣刀、鼓形铣刀、成形铣刀等。

3. 刀具材料性能与选择

（1）刀具材料性能　加工设备与高性能的数控刀具相配合，才能充分发挥其应有的效能，为了适应高速、高效的加工，刀具材料应具备如下一些基本性能：

1）硬度和耐磨性。刀具材料的硬度必须高于工件材料的硬度，一般要求在60HRC以上。刀具材料的硬度越高，耐磨性就越好。

2）强度和韧性。刀具材料应具备较高的强度和韧性，以便承受切削力、冲击和振动，

a) 车削刀具

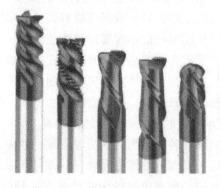

b) 钻削刀具

c) 镗削刀具

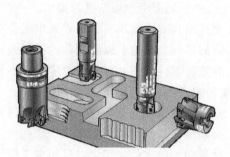

d) 铣削刀具

图 6-9 各种刀具

防止刀具脆性断裂和崩刃。

3）耐热性。刀具材料的耐热性要好，能承受高的切削温度，具备良好的抗氧化能力。

4）工艺性能和经济性。刀具材料应具备好的锻造性能、热处理性能、焊接性能、磨削加工性能等，而且要追求高的性能价格比。

（2）刀具材料选择　目前数控刀具的材料有高速钢、硬质合金、涂层硬质合金、陶瓷、立方氮化硼、金刚石等。数控刀具材料必须根据所加工的工件和加工性能来选择。刀具材料的选用应与加工对象合理匹配（主要指二者的力学性能、物理性能和化学性能相匹配），以获得最长的刀具寿命和最大的切削加工生产率。

1）切削刀具材料应与加工对象的力学性能匹配。高硬度的工件材料，必须用更高硬度的刀具来加工，同时也应满足刀具的耐磨性要求。如，硬质合金中钴含量增加时，其强度和韧性增加，硬度降低，适合于粗加工，钴含量减少时，其硬度及耐磨性增加，适合于精加工。

具有优良高温力学性能的刀具尤其适合于高速切削加工。例如，陶瓷刀具允许的切削速度可比硬质合金提高 2~10 倍。

2）切削刀具材料应与加工对象的物理性能匹配。加工导热性差的工件时，应采用导热较好的刀具材料，以使切削热得以迅速传出而降低切削温度。

高速加工对刀具材料要求更高，一般选用立方氮化硼、金刚石、陶瓷等。但是立方氮化硼、金刚石成本相对较高，采用涂层技术的刀具价格低廉，又具有优异性能。高速加工立铣刀采用氮化铝钛系的复合多层涂镀技术进行处理，就可以降低成本。

3）切削刀具材料应与加工对象的化学性能匹配。主要是指刀具材料与工件材料的化学亲和性、化学反应、扩散和溶解等化学性能参数要相匹配。材料不同的刀具所适合加工的工件材料有所不同。

刀具的选择是数控加工工艺中的重要内容之一，不仅影响机床的加工效率，而且直接影响加工质量。选择刀具时，通常考虑机床的加工能力、工序内容、工件材料等因素，要使刀具尺寸与被加工件的表面尺寸和形状相适应，常见工序内容的刀具选择见表6-13。

在加工中心上，各种刀具分别装在刀库上，按程序规定随时进行选刀和换刀工作。因此，必须有一套连接普通刀具的接杆，以便使钻、镗、扩、铰、铣、削等工序用的标准刀具，迅速准确地装到机床主轴或刀库上去。目前我国的加工中心采用TSG工具系统，其柄部有直柄（三种规格）和锥柄（四种规格）两种，共包括16种不同用途的工具。

表 6-13 常见工序内容的刀具选择

常见工序内容	刀具选择
平面零件周边轮廓加工	立铣刀
铣削平面	硬质合金刀片铣刀
加工凸台、凹槽	高速钢立铣刀
立体型面和变斜角加工	球头铣刀、环铣刀、鼓形刀、锥形刀
曲面加工	球头铣刀
单件或小批量变斜角零件	鼓形刀或锥形刀

4. 切削用量的确定

切削用量包括主轴转速（切削速度）、切削深度、进给量。切削用量的大小对切削力、切削功率、刀具耐用度、加工效率、加工成本及加工质量均有影响。合理选择切削用量的原则是：粗加工时，一般以提高生产率为主，但也应考虑经济性和加工成本；半精加工和精加工时，应在保证加工质量的前提下，兼顾切削效率、经济性和加工成本。具体数值应根据机床说明书、切削用量手册，并结合经验而定，各切削参数选择顺序如图6-10所示。

图 6-10 切削参数选择顺序

（1）切削深度 a_p 的选择 粗加工时为提高切削加工效率为主，在机床、夹具、刀具和工件刚度允许的情况下，应选择较深的切削深度，并尽可能一次切除粗加工全部的加工余量以减少进给次数。对于精度和表面质量要求高的零件，应选择较小的切削深度，并给精加工留足够的精加工余量。在精加工时，应在一次行程中切除全部精加工余量。

（2）进给速度 v_f 或进给量 f 的选择 应根据被加工件的加工精度和表面粗糙度的要求，以及刀具材料、工件材料来选取。对加工表面粗糙度要求低时，可选择较大的进给速度。在轮廓加工时，应适当降低接近拐角处的进给速度，切过拐角后再逐渐提高进给速度，避免轮廓拐角处的"超程"现象。对于多齿刀具，进给速度 v_f 与主轴转速、刀齿数、每齿进给量存在如下关系：

$$v_f = n \times f_{齿} \times z \tag{6-1}$$

式中 v_f——进给速度（mm/min）；

n——主轴转速（r/min）；

$f_{齿}$——每齿进给量（mm/z），即铣刀每转一齿，刀具与工件的相对位移量；

z——铣刀刀齿数。

（3）切削速度 v_c 和主轴转速 n 的选择　切削速度 v_c 与刀具耐用度密切相关，随着 v_c 的增大，刀具耐用度会急剧下降。v_c 通常要根据已选定的切削深度、进给量及刀具的耐用度来选择。此外，加工材料对切削速度的选择也有重要影响，不同的材料，其切削速度也不同。一般先选定 a_p 和 f 值，再根据合理的刀具使用寿命、刀具材料、工件材料等经过计算或通过查表方式来选取切削速度 v_c（m/min），v_c 确定后根据式（6-1）来确定主轴转速 n。在实际加工应用中，由于机床上一般均有"速度倍率"与"主轴转速倍率"两个旋钮，可以通过手工操作及时在线控制进给量与主轴转速。

$$n = 1000 \times v_c / (\pi D) \tag{6-2}$$

式中　n——主轴转速（r/min）；

D——工件或刀具的直径（mm）；

v_c——切削速度（m/min）。

6.2.5　加工路线的确定

在数控加工中，刀具刀位点相对于工件运动的轨迹称为加工路线。编程时，加工路线的确定原则主要有以下几点：加工路线应保证被加工零件的精度和表面质量；使数值计算简单，以减少编程运算量；应使加工路线最短，这样既可简化程序段，又可减少空走刀时间。

另外确定加工路线时还要考虑工件的加工余量和机床刀具的系统刚度等情况，确定是一次走刀还是多次走刀完成加工。

1. 加工路线确定的原则

加工路线是编写程序的依据之一，因此，在确定加工路线时最好先画一张工序简图，画出拟定的加工路线（包括进、退刀路线），这样可为编程带来不少方便。

在确定加工路线时，主要遵循以下原则：

1）加工路线应保证被加工零件的精度和表面粗糙度，且效率较高。

2）使数值计算简单，以减少编程工作量。

3）应使加工路线最短，这样既可以减少程序段，又可以减少空刀时间。

此外，确定加工路线时，还要考虑工件的加工余量和机床、刀具的刚度等情况，确定是一次走刀还是多次走刀来完成加工，以及在铣削加工中是采用顺铣还是逆铣等。

2. 点位控制机床加工路线

对于点位控制的机床，只要求定位精度高，定位过程尽可能快，而刀具相对工件的运动路线无关紧要，因此这类机床应按空行程路线最短来安排走刀路线。除此之外，还要确定刀具轴向的运动尺寸，其大小主要由被加工零件的孔深来决定，但也应考虑一些辅助尺寸，如刀具引入距离和超越量。

钻孔的尺寸关系如图 6-11 所示，图中 Z_d 为被加工孔的深度；ΔZ 为刀具轴向引入距离（ΔZ 最小安全距离）。刀具的轴向引入距离的经验数据为：在已加工面上钻、镗、铰孔，$\Delta Z = 1 \sim 3$mm；在毛面上钻、镗、铰孔，$\Delta Z = 5 \sim 8$mm；攻螺纹、铣削时，$\Delta Z = 5 \sim 10$mm。钻孔时刀具超越量为 $1 \sim 3$mm（通孔安全距离）；$Z_p = D\cos(\theta/2) = 0.3D$；刀具轴向位移量 Z_f，

即程序中的 Z_f 坐标尺寸为：

$$Z_f = Z_d + \Delta Z + Z_p$$

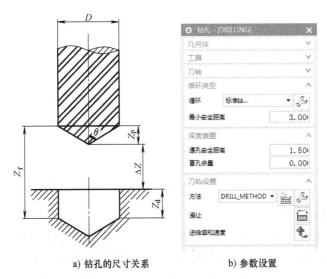

a) 钻孔的尺寸关系　　　　b) 参数设置

图 6-11　数控钻孔的尺寸关系

3. 孔系加工的路线

对于位置精度要求较高的孔系加工，精镗孔路线各孔的定位方向一定要一致，即采用单向趋近定位点的方法，避免将传动系统反向间隙误差或测量系统的误差带入，直接影响位置精度。在零件上精镗 4 个尺寸相同的孔，有两种加工路线，如图 6-12a 所示的孔系加工路线，在加工孔Ⅳ时，X 方向的反向间隙将会影响Ⅲ和Ⅳ两孔的孔距精度；如果改为如图 6-12b 所示的加工路线，可使各孔的定位方向一致，从而提高了孔距精度。

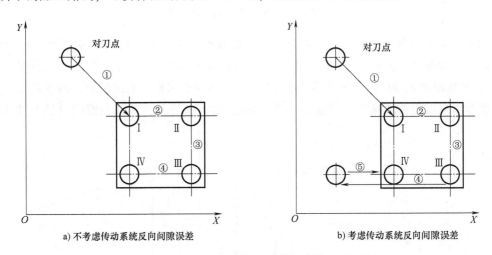

a) 不考虑传动系统反向间隙误差　　　　b) 考虑传动系统反向间隙误差

图 6-12　镗孔加工路线示意图

在加工一般精度要求的孔系时，通常首先将刀具在 XY 平面内通过快速定位，运动到孔中心线的位置上，然后刀具再沿 Z 向（轴向）运动进行加工。通过优化 XY 平面内的加工路线，可提高定位效率，缩短空行程时间。如图 6-13 所示，图 6-13b 所示路线较图 6-13a 所示短，节省加工时间。

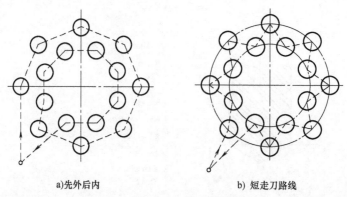

a)先外后内   b) 短走刀路线

图 6-13   钻孔加工路线的优化

4. 车削加工路线的确定

（1）最短的车削加工路线   图 6-14 给出了三种不同的粗车切削进给路线。其中图 6-14a 是利用数控系统具有的封闭式复合循环功能控制车刀沿着工件轮廓进行进给的路线，刀具切削总行程最长，一般只用于单件小批量生产；图 6-14b 所示为三角形固定循环进给路线；图 6-14c 所示矩形循环进给路线最短。因此在同等切削条件下，图 6-14c 所示的切削时间最短，刀具损耗最少，适用于大批量生产。

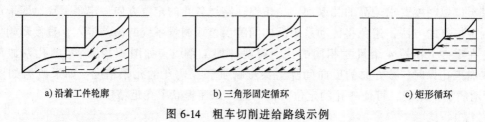

a)沿着工件轮廓   b)三角形固定循环   c)矩形循环

图 6-14   粗车切削进给路线示例

（2）车螺纹的加工路线   在数控机床上车螺纹时，沿螺距方向的 Z 向进给和机床的旋转保持严格的速度比关系，因此应避免在进给机构加速或减速过程中切削。为此要有引入距离 δ_1 和超越距离 δ_2 如图 6-15a 所示，δ_1 和 δ_2 的数值与机床拖动系统的动态特性有关，与螺纹的螺距和螺纹的精度有关。一般 δ_1 为 2~5mm，对大螺距和高精度的螺纹取较大的值；δ_2

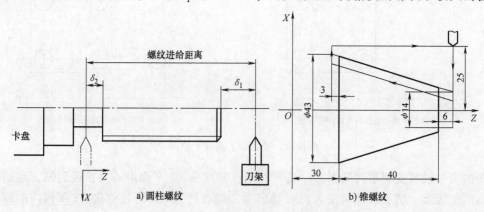

a)圆柱螺纹   b)锥螺纹

图 6-15   切削螺纹时引入的距离

一般取 δ_1 的 1/4 左右，若螺纹收尾处没有退刀槽时，一般按 45°退刀收尾，对于锥螺纹也要有引入距离 δ_1，和超越距离 δ_2，为了保证加工的质量，应在锥面延长线上画出 δ_1 与 δ_2 如图 6-15b 所示。

5. 平面铣削的加工路线

（1）铣削外表面轮廓的加工路线　铣削平面零件时，一般采用立铣刀侧刃进行切削。为减少接刀痕迹保证零件表面质量，对刀具的切入和切出程序需要精心设计。如图 6-16 所示，铣削外表面轮廓时，铣刀应沿零件轮廓曲线的延长线上切入和切出零件表面，而不应沿法向直接切入零件，以避免在加工表面产生划痕，保证零件轮廓光滑。

（2）铣削内轮廓的加工路线　铣削封闭的内轮廓表面时，若内轮廓曲线允许外延，则应沿切线方向切入、切出。若内轮廓曲线不允许外延，刀具只能沿内轮廓曲线的法向切入、切出，此时刀具的切入、切出点应尽量选在内轮廓曲线两几何元素的交点处。当内部几何元素相切无交点时，为防止进刀后在轮廓拐角处留下刀口，即过切，刀具切入、切出点应远离拐角（图 6-17）。

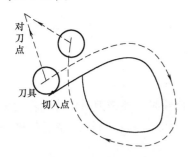

图 6-16　刀具的切入切出

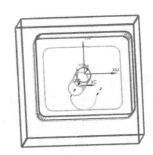

图 6-17　内部几何元素相切无交点刀具切入切出

图 6-18a 和图 6-18b 分别为采用行切法和环切法加工凹槽的走刀路线，其中行切法又可分为横切法（轨迹为水平线）与纵切法（路线为竖直线）。环切法中刀具加工路线计算比较复杂，如轮廓为直线圆弧系统组成，稍简单一些；若轮廓为曲线组合，则比较复杂。图 6-18c 为先用行切法加工去除大部分材料，最后图 6-18d 环切光整轮廓表面，三种方法中图 6-18a 方案最差，但计算简单，图 6-18b 方案效果较好但计算复杂，图 6-18c 加上图 6-18d 方案结合二者优点最好。

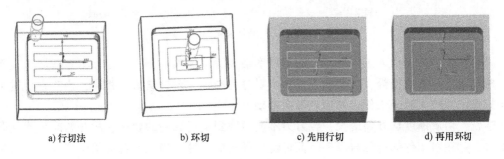

| a）行切法 | b）环切 | c）先用行切 | d）再用环切 |

图 6-18　凹槽的加工路线

6. 铣削曲面的加工路线

在机械加工中，常会遇到各种平面及曲面轮廓零件，如凸轮、模具、叶片螺旋桨等。由于这类零件型面复杂，需用多坐标联动加工。

对于曲面的加工常采用球头刀进行"行切法"加工，即刀具与零件轮廓的切点轨迹是一行一行的，行间距按零件加工精度要求而确定。图6-19a沿引导线加工的加工方案时，每次沿引导线加工，刀位点计算简单、程序少，加工过程符合面的形成。当采用图6-19b所示的加工方案时，其加工路线符合这类零件数据给出情况，便于加工后检验、准确度高，但程序较复杂。图6-19c沿曲面边界加工主要用于工件刚度小，有利于减少工件在加工过程中的变形。

a) 沿引导线加工　　　　　　b) 沿截面线加工　　　　　　c) 沿曲面边界加工

图6-19　曲面的加工路线

7. 顺铣和逆铣

当铣刀与工件接触部分的旋转方向和工件进给方向相同时，即铣刀对工件的作用力在进给方向上的分力与工件进给方向相同时称之为顺铣（见图6-20a）；当铣刀与工件接触面的旋转方向和切削进给方向相反时称为逆铣（见图6-20b）。

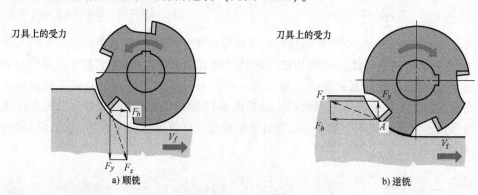

a) 顺铣　　　　　　　　　　　　　　b) 逆铣

图6-20　顺铣和逆铣

顺铣：铣刀刀刃切入工件之初，切屑厚度最大，逐渐减小到0。后刀面与已加工表面挤压、摩擦小，刀刃磨损慢，表面质量好。水平分力与工作台进给方向相同，当工作台进给丝杠与螺母间隙较大时，工作台易出现轴向窜动。

逆铣：切屑厚度从0到最大，因刀刃不能刃磨到绝对锋利的状态，故开始时不能立即切入工件，存在对工件的挤压与摩擦。但可铣带硬皮的工件。当工作台进给丝杆螺母机构有间隙时，工作台也不会窜动。

当工件表面无硬皮，机床进给机构无间隙时，应选用顺铣。当工件表面有硬皮，机床的进给机构有间隙时，应采用逆铣。精铣时，尤其是工件材料为铝镁合金、钛合金或耐热合金的情况下，应尽量采用顺铣，可以提高零件的表面质量。

6.3 数控加工编程中的数值计算

数控编程的主要工作就是把加工过程中刀具移动的位置按一定的顺序和方式编写成加工程序，输入机床控制系统，操纵加工过程。刀具移动位置是根据零件图纸，按照已经确定的加工路线和允许的加工误差计算出来的。这一工作称为数控加工编程中的数值计算。

数控加工编程中的数值计算主要包括：零件轮廓中几何元素的基点、插补线段的节点、刀具中心位置、辅助计算等内容。

1. 零件轮廓中几何元素基点的计算

基点就是构成零件轮廓的各相邻几何元素之间的交点或切点，例如两直线的交点、直线与圆弧的交点或切点、圆弧与二次曲线的交点或切点等等。一般来说，基点的坐标根据图纸给定的尺寸，利用一般的解析几何或三角函数关系不难求得。如图 6-21 所示，基点 A、B、C、D、E 各点的坐标值可通过三角函数关系计算得出。

2. 零件轮廓中几何元素节点的计算

数控加工中把除直线与圆弧之外可以用数学方程式 $y=f(x)$ 表达的平面轮廓曲线，称为非圆曲线。在满足

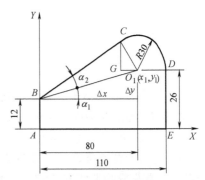

图 6-21 由直线和圆弧组成的轮廓

允许的编程误差条件下，用若干直线段或圆弧段去逼近给定的非圆曲线，相邻逼近线段的交点或切点称为节点。用直线段或圆弧段去逼近给定的非圆曲线如图 6-22 所示。

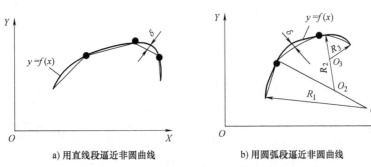

a) 用直线段逼近非圆曲线　　　　b) 用圆弧段逼近非圆曲线

图 6-22 用直线段或圆弧段插补非圆曲线

（1）用直线段逼近非圆曲线时节点的计算 用直线段逼近非圆曲线时节点的计算一般有切线逼近法、弦线逼近法和割线逼近法等，其中割线逼近法逼近误差较小；弦线逼近法由于节点落在曲线上，计算较为简单。弦线逼近的主要方法有等间距法、等步长法和等误差法。

1）等间距法是使一坐标的增量相等，然后求出曲线上相应的节点，将相邻节点连成直线，用这些直线段组成的折线代替原来的轮廓曲线的方法，如图 6-23 所示。它计算简单，坐标增量可取大可取小，取得越小则加工精度越高，同时节点会增多，相应的编程量也会增加。如图 6-23 所示，沿 X 轴方向取等间距长，根据已知曲线的方程 $y=f(x)$，可由 x_i、x_{i+1} 求得 y_i、y_{i+1}，即 $y_i=f(x_i)$、$x_{i+1}=x_i+\Delta x$、$y_{i+1}=f(x_{i+1})$。如此求得的一系列点就是节点。

由于要求曲线 $y=f(x)$ 与相邻两节点连线间的法向距离小于允许的程序编制误差 δ_{max}，Δx 值不能任意设定。一般先取 $\Delta x = 0.1$ 进行试算并校验曲线各段误差 $\delta_{实}$。

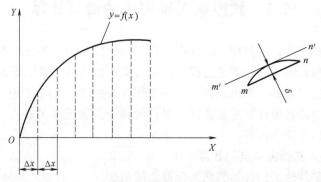

图 6-23　等间距法逼近

2）等弦长法就是使每个程序段曲线的弦长度相等。如图 6-24 所示，由于零件轮廓曲线 $y=f(x)$ 的曲率各处不等，因此首先求出该曲线的最小曲率半径 R_{min}，由 R_{min} 及 δ_{max} 确定允许的步长 l，然后从曲线起点 A 开始，按等步长 l 依次截取曲线，得 B、C、D 节点，则 $AB = BC = \cdots = l$ 即为所求各直线段。

3）等误差法就是每一个逼近误差都相等。如图 6-25 所示，设所求零件的轮廓方程为 $y=f(x)$，首先求出曲线起点 A 的坐标 $(x_A，y_A)$，以点 A 为圆心，以 δ_{max} 为半径作圆，作该圆和已知曲线公切的直线，切点分别为 P $(x_P，y_P)$，T $(x_T，y_T)$，求出此切线的斜率；过点 A 作 PT 的平行线交曲线于点 B，再以点 B 为起点用同样方法求出点 C，依次进行，这样即可求出曲线上的所有节点。由于平行线间距离恒为 δ_{max}，因此，任意相邻两节点间的逼近误差为等误差。

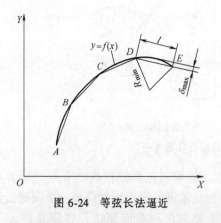

图 6-24　等弦长法逼近

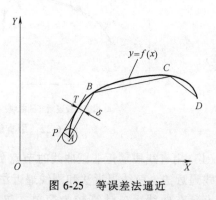

图 6-25　等误差法逼近

（2）用圆弧逼近零件轮廓的节点计算　轮廓曲线 $y=f(x)$ 也可以用圆弧来逼近，并使逼近误差小于或等于允许误差。用圆弧逼近法去逼近零件的轮廓曲线时，要求出每段圆弧的圆心、起点和终点的坐标，以及圆弧的半径。

用圆弧逼近曲线的方法有三点作圆法、相切圆法、曲率圆法等。其中，三点作圆法、相切圆法都要先用直线逼近方法求出各节点，再通过已知节点求出圆，计算较繁琐。三点作圆法是通过已知的三个节点求圆，并作为一个圆弧插补程序段；相切圆法是通过已知的四个节点分别作出两个相切的圆，编出两个插补程序段，这种方法逼近轮廓的相邻各圆弧是相切的。

曲率圆法在决定轮廓曲线上的逼近节点的坐标值时，是使各段圆弧与各相应轮廓曲线间的逼近误差 δ 相同，如图 6-26 所示。从曲线起点 (X_n, Y_n) 作与曲线内切的曲率圆，求出曲率圆中心 (ζ_n, η_n)，再以曲率圆中心为圆心，以曲率半径 R_n 加（减）δ 的为半径，所作的圆与 $y=f(x)$ 的交点为下一个节点 (X_{n+1}, Y_{n+1})，计算逼近圆弧中心 (ζ_m, η_m)，使逼近圆弧通过相邻两节点，逼近圆弧半径为曲率圆半径 R_n。重复前述步骤，即可求得曲线上的所有节点坐标值及圆弧的圆心坐标。

双圆弧法是指在两个相邻的节点间用两段相切的圆弧逼近曲线的方法。采用双圆弧法对列表曲线进行处理时，除需已知被逼近曲线段的两个给出列表点外，还必须有其两侧的两个列表点（即不少于给出四个列表点），并根据这四个列表点的相互关系，确定逼近的几何元素是直线还是圆弧，如图 6-27 所示为外切双圆弧法逼近。

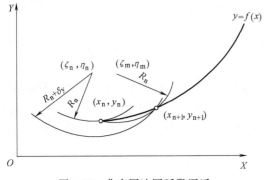

图 6-26　曲率圆法圆弧段逼近

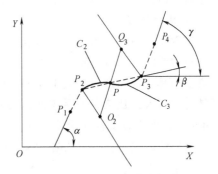

图 6-27　外切双圆弧元素逼近

（3）列表曲线平面轮廓的数学处理方法　列表曲线是指已经给出曲线上某些点的坐标，但没有给出曲线的方程，机械加工中很多轮廓曲线是用这种离散的列表点来描述的。当给出的列表曲线已经密到不影响曲线的精度时，可直接在相邻列表点间用直线段或圆弧段编程。但实际情况中，往往给出的只是很少的几点，为保证精度，就要增加新的节点（也称为插值）。

处理列表曲线的一般方法是采用二次拟合法。即先根据已知列表点导出插值方程（第一次曲线拟合），用数学方程式逼近列表曲线；然后再根据插值方程进行插值点加密求得新的节点（用直线段或圆弧段来逼近插值方程曲线，称为二次拟合），从而编制逼近曲线段的程序。

3. 刀具中心位置的计算

根据计算所得零件轮廓各基点的坐标及圆心坐标，再利用数控系统刀具补偿功能（G41、G42），并输入刀具半径，即可编制出相应的零件加工程序，完成零件的加工。当数控系统不具备刀具半径自动补偿功能，且用圆形车刀或铣刀加工时，就不能直接按零件轮廓尺寸提供的基点坐标值编程，而要经过一定的数学运算，以补偿刀具半径的影响。

对于没有刀具半径自动补偿功能的数控系统，其零件加工程序的编制最常采用刀具中心轨迹基点来编程。具体求法是，首先分别写出零件轮廓曲线各程序段的等距线方程（距离为刀具半径 r），再求出各相邻程序段等距线的基点或节点坐标，即求解等距线方程的公共解。如图 6-28 所示，点 A'、B'、C'、D'、E' 即为刀具中心轨迹的基点。刀具中心轨迹是零件轮廓的等距线，两线的法向距离即为刀具半径 r。

加工时，当刀具由零件轮廓的一个几何表面向相邻的几何表面加工时，存在刀具中心轨迹的过渡问题。常用的过渡方式有：由零件轮廓表面的等距线的交（切）点（即基点）直接过渡，或基点用圆弧过渡。

当零件轮廓两相邻表面相交而不相切时，除可以采用直接过渡外，还可以采用圆弧过渡。基点处采用圆弧过渡时，其刀具的运动距离小于采用直接过渡时刀具的运动距离，故加工效率较高。

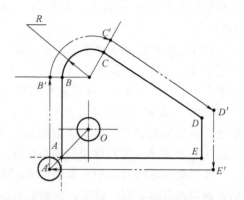

图 6-28　刀具中心与工件轮廓

在数控车削加工中，为了对刀的方便，总是以"假想刀尖"点来对刀。由于刀尖圆弧的影响，假如不对刀尖圆弧半径进行补偿，在车削锥面或圆弧面时，会产生欠切削的情况。

4. 辅助计算

辅助程序段是指刀具从对刀点到切入点或从切出点返回到对刀点而特意安排的程序段。切入点位置的选择应依据零件加工余量而定，适当离开零件一段距离。切出点位置的选择，应避免刀具在快速返回时发生撞刀。使用刀具补偿功能时，建立刀具补偿的程序段应在加工零件之前写入，加工完成后应取消刀具补偿。某些零件的加工，要求刀具"切向"切入和"切向"切出。以上程序段的安排，在绘制走刀路线时应明确地表达出来。数值计算时，按照走刀路线的安排，计算出各相关点的坐标。

6.4　数控加工工艺文件的编制

编写数控加工工艺文件是数控加工工艺分析结果的具体表现。这些工艺文件既是数控加工和产品验收的依据，也是操作者要遵守和执行的规程，同时还是以后产品零件加工生产在技术上的工艺资料的积累和储备。它是编程员在编制数控加工程序单时做出的相关技术文件。

目前工艺文件内容和格式尚无统一的国家标准，各企业可根据自身的特点和需求定制出相应的工艺文件。数控加工工艺文件除包括机械加工工艺过程卡、机械加工工艺卡、数控加工工序卡、数控加工刀具卡等。另外，为方便编程也可以将各工步的加工路线绘成文件形式的加工路线图。

1. 机械加工工艺过程卡

机械加工工艺过程卡是以工序为单位，简要地列出整个零件加工所经过的工艺路线（包括毛坯制造、机械加工和热处理等），它是制订其他工艺文件的基础，也是生产准备、编排作业计划和组织生产的依据。在这种卡片中，由于各工序的说明不够具体，故一般不直接指导工人操作，而多作为生产管理方面使用。但在单件小批生产中，由于通常不编制其他较详细的工艺文件，因此就以这种卡片指导生产。

2. 机械加工工艺卡片

机械加工工艺卡片是以工序为单位，详细地说明整个工艺过程的一种工艺文件。它是用来指导工人生产和帮助车间管理人员和技术人员掌握整个零件加工过程的一种主要技术文件，是广泛用于成批生产的零件和小批生产的重要零件中。机械加工工艺卡片内容包括零件的材料、毛坯种类、工序号、工序名称、工序内容、工艺参数、操作要求以及采用的设备和工艺装备等。

3. 数控加工工序卡

数控加工工序卡与普通加工工序卡有较大区别，数控加工一般采用工序集中的原则，每一道工序可划分为多个工步，工序卡不仅应包含每一工步的加工内容，还应包含其程序号、使用的刀具编号、刀具补偿号及切削用量等内容见表6-14。

表6-14 数控加工工序卡

工序号	工序内容	刀具号	刀具规格/（mm）	主轴转速/（r/min）	进给速度/（mm/min）	背吃刀量/（mm）	备注
1	粗铣、半精铣顶面	T01	端面铣刀（φ30）	1215	352	2.25	
2	粗铣、半精铣内外腔	T02	平面立铣刀（φ8）	1356	335	2.25	2刃
3	精铣外顶面	T03	平面立铣刀（φ5）	480	151	0.5	4刃
4	精铣内顶面	T03	平面立铣刀（φ5）	460	150	0.5	
5	精铣内腔底面	T03	平面立铣刀（φ5）	500	182	0.5	
6	精铣外腔底面	T03	平面立铣刀（φ5）	500	182	0.5	
7	精铣外腔侧壁面	T03	平面立铣刀（φ5）	503	201	0.5	
8	精铣内腔侧壁面	T03	平面立铣刀（φ5）	503	201	0.5	
9	钻φ3mm中心孔	T04	中心钻（φ3）	1012	103	1.5	钻深2.5mm
10	钻4-φ9.8mm至尺寸	T05	麻花钻（φ9.8）	1105	215	4.9	钻通
11	铰φ10mm孔到尺寸	T06	铰刀（φ10）	172	42	0.1	

4. 数控加工刀具卡

数控加工时，对刀具的要求十分严格，一般要在机外对刀仪上，事先调整好刀具直径长度。刀具卡主要反映刀具编号、刀具结构、尾柄规格、组合件名称代号、刀片型号和材料等，它是组装刀具和调整刀具的依据，数控刀具卡见表6-15。

表6-15 数控刀具卡

序号	刀具号	刀具名称	刀具规格/（mm）	刀长/（mm）	备注
1	T01	端面铣刀	φ30	50	—
2	T02	平面立铣刀	φ8	30	2刃,粗加工用
3	T03	平面立铣刀	φ5	30	4刃,精加工用
4	T04	中心钻	φ3	20	打定位孔
5	T05	麻花钻	φ9.8	35	打孔
6	T06	铰刀	φ10	30	铰四个φ10mm的孔

6.5 高速加工及其加工路线

6.5.1 高速切削技术与高速加工

高速切削技术，是以比常规加工高数倍的切削速度对零件进行切削加工的一项先进制造技术。高速切削理论是 1931 年德国物理学家 C. J. Salomom 在"高速切削原理"一文中给出了著名的"Salomom 曲线"——对应于一定的工件材料存在一个临界切削速度,此点切削温度最高,超过该临界值,切削速度增加,切削温度反而下降。20 世纪 80 年代以来,各工业发达国家投入了大量的人力和物力,研究开发了高速切削设备及相关技术,20 世纪 90 年代以来该技术的发展更为迅速。美国、德国、法国等处于领先地位,英国、日本、瑞士等亦追踪而上。高速切削已成为当今制造业中一项快速发展的新技术,在工业发达国家,高速切削已成为一种新的切削加工理念。

一般认为高速切削加工(简称"高速加工")是指采用超硬材料的刀具,通过极大地提高切削速度和进给速度,来提高材料切除率、加工精度和加工表面质量的现代加工技术。以切削速度和进给速度界定:高速加工的切削速度和进给速度为普通切削的 5~10 倍。以主轴转速界定:高速加工的主轴转速大于或等于 10000r/min。高速加工切削速度范围因不同的工件材料而异,见表 6-16,高速加工切削速度范围随加工方法不同也有所不同,见表 6-17。

表 6-16 高速加工各种材料的切削速度范围

材料	切削速度范围/(m/min)
钢和铸铁及其合金	500~1500
淬硬钢(35~65HRC)	100~400
铝及其合金	2000~4000
耐热合金	90~500
钛合金	150~1000

表 6-17 加工方法与切削速度范围

加工方法	切削速度/(m/min)
车削(塑料、铝合金、铜)	700~7000
铣削(铸铁、钢)	300~6000

1. 高速加工的关键技术

高速主轴系统:高速主轴由于转速极高,主轴零件在离心力作用下容易产生振动和变形,高速运转产生的摩擦热和大功率内装电动机产生的热量会引起热变形和高温,所以必须严格控制。

快速进给系统:高速切削时,为了保持刀具每齿进给量基本不变,随着主轴转速的提高,进给速度也必须大幅度地提高。目前切削进给速度一般为 30~60m/min,最高达 120m/min,要实现并准确控制这样高的进给速度,对机床导轨、滚珠丝杠、伺服系统、工作台结构等提出了新的要求。

高速切削对刀具材料的要求:高速切削时速度和自动化程度高,要求刀具应具有很高的可靠性,并要求刀具的寿命高,质量一致性好,切削刃的重复精度高,耐热性高、抗热冲击性能和高温力学性能好。此外,刀具还必须具有很好的断屑、卷屑和排屑性能。

2. 高速切削的特点

1)随着切削速度提高,单位时间内材料切除率增加,切削加工时间减少,切削效率提高 3~5 倍,加工成本可降低 20%~40%。

2)随切削速度提高,切削力可减少 30%以上,工件变形也会减小。对大型框架件、刚性差的薄壁件和薄壁槽形零件的高精度高效加工,高速铣削是目前最有效的加工方法。

3）高速切削加工时，切屑以很高的速度排出，切削热大部分被切屑带走。切削速度提高越大，带走的热量越多，传给工件的热量大幅度减少，使工件整体温升较低，工件的热变形相对较小。因此，有利于减小加工零件的内应力和热变形，提高加工精度，适合于热敏感材料的加工。

4）转速的提高，使切削系统的工作频率远离机床的低阶固有频率，加工中鳞刺、积屑瘤、加工硬化、残余应力等也受到抑制。因此，高速切削加工可大大降低加工表面粗糙度，加工表面质量可提高 1~2 个等级。

5）高速切削可加工硬度为 45~65HRC 的淬硬钢铁件，如高速切削加工淬硬后的模具可减少甚至取代放电加工和磨削加工，满足加工质量的要求。因此可以加快产品开发周期，大大降低制造成本。

6.5.2　高速加工的刀具加工路线

高速切削不仅提高了对机床、夹具、刀具和刀柄的要求，同时也要求改进刀具加工路线（也称刀具轨迹，刀轨），因为若加工路线不合理，在切削过程中就会引起切削负荷的突变，从而给零件、机床和刀具带来冲击，降低加工质量，甚至损伤刀具。在高速切削中，由于切削速度和进给速度都很快，这种损害比普通切削中产生的损害要严重得多，因此，必须研究适合高速切削的加工路线，将切削过程中切削负荷的突变降至最低。可以说，高速切削机床只有规划了合理的高速加工路线才能真正获得最大效益。

为了消除切削过程中切削负荷的突变，加工路线应满足以下基本要求：采用等体积切削的方式，即切削过程中切削力恒定；尽量减少空行程；尽量减少进给速度的损失。

为了满足上述基本要求，应注意下面的加工路线设计原则：

1）进刀时采用螺旋或弧进刀，使刀具逐渐切入零件，以保证切削力不发生突变，延长刀具寿命。图 6-29 所示为螺旋进刀，主要用于挖槽加工。图 6-30 所示为圆弧进刀，多用于内腔加工。

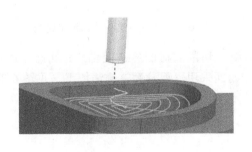 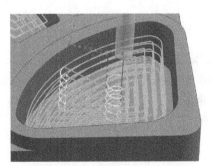

a) 螺旋进刀单层加工路线　　　　　　　　b) 螺旋进刀多层加工路线

图 6-29　螺旋进刀加工路线

2）无切削方向突变，即加工路线是无尖角的，在普通加工路线的尖角处用圆弧或其他曲线来取代，在相邻两行加工路线间附加圆弧转接，以形成光滑的侧向移动，如图 6-31 所示。这样有两点好处：一是现代高速机床的控制系统都有程序段前视和尖角自动减速功能，即在到达尖角前，将自动降低进给速度，这样虽然减小了冲击，且避免了过切，但却损失了进给速度。若加工路线是无尖角的，自然也就避免了这种情况的发生；二是在尖角处切削负

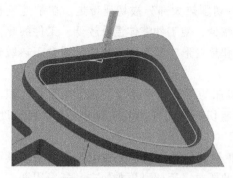

a) 圆弧进刀单层加工路线

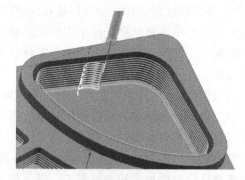

b) 圆弧进刀多层加工路线

图 6-30　圆弧进刀加工路线

荷会突然加大，引起冲击。加工路线是无尖角的时候这种问题同样不存在。

3）粗加工时采用等高线加工路线，加工余量均匀的加工路线可取得好的效果。图 6-32 所示为采用等高线法的加工路线，刀具沿 X 轴或 Y 轴方向平动，完成金属的切除，这样可保证高速加工中切削余量均匀，对加工稳定性，尤其是刀具寿命的延长有利。

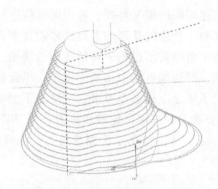

图 6-31　加工路线是无尖角的

图 6-32　采用等高线法的加工路线

4）对陡峭壁面与非陡峭壁面的精加工，为防止切削载荷的急剧变化，先在陡峭面用 Z 向等高线层切法加工（见图 6-33），然后在非陡峭面采用表面轮廓轨迹法加工（见图 6-34），可提高切削效率，同时使零件表面的粗糙度均匀。

5）薄壁件的精加工采用 Z 向等高线层切法，以保证切削过程的平稳、快速。

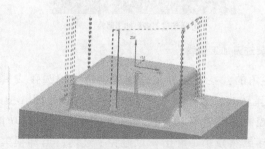

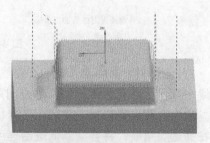

图 6-33　陡峭面用 Z 向等高线层切法加工

图 6-34　非陡峭面采用表面轮廓轨迹法加工

6.6 数控加工程序的编制

6.6.1 数控程序编制的概念

数控加工是指在数控机床上进行零件加工的一种工艺方法。数控机床加工零件时，首先要根据零件图样，按规定的代码及程序格式将零件加工的全部工艺过程、工艺参数、位移数据等以数字信息的形式记录在控制介质上（如磁带、U 盘等），然后输送给数控装置，控制数控机床加工。从零件图样到制成控制介质的全部过程称为数控加工程序编制，简称数控编程。

数控编程的内容包括：分析零件图样、确定加工工艺过程、数值计算、编写零件加工程序、制作控制介质、程序校验和试切削等。数控编程的一般步骤如图 6-35 所示。

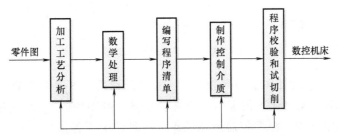

图 6-35 数控编程的步骤

数控加工指令程序的编制通常有三种途径：①手工编程；②用数控语言进行辅助编程；③用 CAD/CAM 软件进行计算机自动编程。在航空、航天、军事、科研、高精度医疗设备和高精密模具等国家重视的行业中的各种复杂曲面或者异形零件，如图 6-36 所示的航空发动机叶片，加工曲面复杂，常规三轴机床无法加工或难以加工，需要用到五轴加工中心对其进行加工。

图 6-36 航空发动机

复杂零件的加工程序极其复杂，很难进行手工编程，并且存在加工干涉区和加工盲区，因此加工前必须使用 CAD/CAM 软件进行仿真，自动生成相应的加工程序，经后处理生成加工文件。要掌握数控加工指令程序的编制技术，熟悉手工编程至关重要，因为不论是用数控语言进行辅助编程，或是利用 CAD/CAM 软件进行自动编程，输出的源序或刀位文件都必须经过后置处理系统转换成机床控制系统规定的加工指令程序格式。所以，本章将重点讲解手工编程方法。

6.6.2 数控机床的坐标系统

在数控机床上加工零件，必须建立相对的坐标系，才能明确刀具与工件的相对位置。为了简化数控编程并使数控系统规范化，国际标准化组织（ISO）对数控机床规定了标准坐标系。

1. 机床坐标系

为了保证数控机床的运动、操作及程序编制的一致性，数控标准统一规定了机床坐标系和运动方向，编程时采用统一的标准坐标系。

（1）坐标系建立的基本原则

1）坐标系采用笛卡儿直角坐标系、右手法则，如图 6-37 所示，基本坐标轴为 $+X$、$+Y$、$+Z$ 直角坐标，相应于各坐标轴的旋转坐标分别记为 A、B、C。

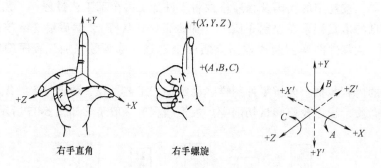

图 6-37　右手直角坐标系统

2）采用假设工件固定不动、刀具相对工件移动的原则。由于机床的结构不同，有的是刀具运动，工件固定不动，这种情况下各坐标轴正方向判断如图 6-37 中实线所示；有的是工件运动，刀具固定不动，根据相对运动关系，这种情况下各坐标轴正方向判断如图 6-37 中虚线所示。为编程方便，一律规定工件固定，刀具运动。

3）采用使刀具与工件之间距离增大的方向为该坐标轴的正方向，反之则为负方向，即取刀具远离工件的方向为正方向。旋转坐标轴 A、B、C 的正方向确定方法如图 6-37 所示，即按右手螺旋法则确定。

（2）各坐标轴的确定　确定机床坐标轴时，一般先确定 Z 轴，然后确定 X 轴和 Y 轴。

Z 轴：规定与机床主轴轴线平行的标准坐标轴为 Z 轴。Z 轴的正方向是刀具与工件之间距离增大的方向。

X 轴：一般为水平内平行于工件装夹平面的轴。对于刀具旋转的机床，若 Z 轴为水平时，沿刀具主轴向工件看，X 轴正方向指向右方；若 Z 轴为垂直时，面对主轴向立柱看，X 轴正方向指向右方。对无主轴的机床（如刨床），X 轴正方向平行于切削方向。

Y 轴：垂直于 X 及 Z 轴，按右手法则确定其正方向。

图 6-38、图 6-39 所示为数控车床加工中心的坐标系。

（3）机床坐标系的原点　机床坐标系的原点也称机床原点、参考点或零点，这个原点是机床上固有的点，机床一经设计和制造出来，机床原点就已经被确定下来，是数控机床进行加工运动的基准参考点。

1）数控车床的原点在数控车床上，机床原点一般取在卡盘端面与主轴中心线的交点处，如图 6-40 所示。同时，通过设置参数的方法，也可将机床原点设定在 X、Z 坐标的正方向极限位置上。

2）数控铣床的原点在数控铣床上，机床原点一般取在 X、Y、Z 坐标的正方向极限位置上，如图 6-41 所示。

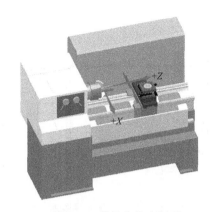

图6-38 数控车床坐标系

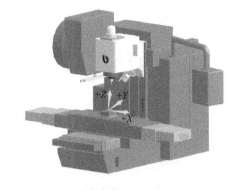

图6-39 数控加工中心坐标系

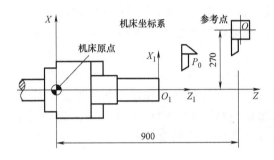

图6-40 数控车床机床原点与参考点

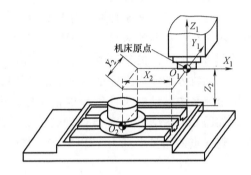

图6-41 数控铣床机床原点与参考点

3）机床起动时，通常要进行机动或手动回零，就是回到机床原点。

4）数控机床的机床原点一般在直线坐标或旋转坐标回到正向的极限位置。

（4）**机床参考点** 机床参考点是用于对机床运动进行检测和控制的固定位置。一般由机床制造厂家在每个进给轴上用限位开关精确调整好，并将坐标值输入数控系统中。因此参考点对机床原点的坐标是一个已知数。

通常在数控铣床上机床原点和机床参考点是重合的；而在数控车床上机床参考点是离机床原点最远的极限点，如图6-41所示。

数控机床开机时，必须先确定机床原点，而确定机床原点的运动就是刀架返回参考点的操作，这样通过确认参考点就确定了机床原点。只有机床参考点被确认后，刀具（或工作台）移动才有基准。

2. 编程坐标系

编程坐标系是编程人员根据零件图样及加工工艺等建立的坐标系。

编程坐标系一般供编程使用，确定编程坐标系时不必考虑工件毛坯在机床上的实际装夹位置。如图6-42所示，其中 O_2 为编程坐标系原点。

编程原点是根据加工零件图样及加工工艺要求选定的编程坐标系的原点。

编程原点应尽量选择在零件的设计基准或工艺基准上，编程坐标系中各轴的方向应该与所使用的数控机床相应的坐标轴方向一致。图6-43所示为车削零件的编程原点。

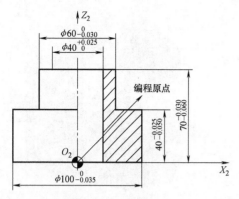

图 6-42　编程坐标系

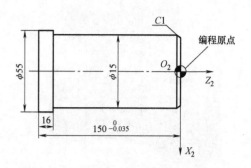

图 6-43　车削零件编程原点

3. 绝对坐标与增量坐标

所有坐标值均从坐标原点计量的坐标系称为绝对坐标系。在这个坐标系中移动的尺寸称为绝对坐标，也叫绝对尺寸，所用的编程指令称为绝对坐标指令。如图 6-44 所示，从 A 点运动到 B 点，B 点的绝对坐标是 $X30\ Y40$。

运动轨迹的终点坐标是相对于起点计量的坐标系称为增量坐标系，也叫相对坐标系。在这个坐标系中移动的尺寸称为增量坐标，也叫增量尺寸，所用的编程指令称为增量坐标指令。如图 6-45 所示，从 A 点运动到 B 点，B 点的增量坐标是 $X20\ Y20$；如果从 B 点运动到 A 点，则 A 点的增量坐标为 $X-20\ Y-20$，其中负号表示 A 点在 B 点的负方向。

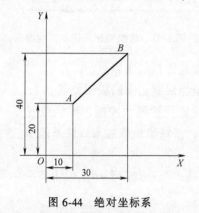

图 6-44　绝对坐标系

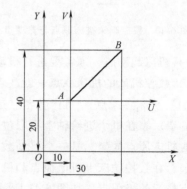

图 6-45　相对坐标系

6.6.3　数控加工程序的结构

数控系统种类繁多，因此所使用的数控程序语言规格和格式也不尽相同。目前国际通用的有国际标准化组织的 ISO 标准和美国电子工业协会的 EIA 标准。我国根据 ISO 标准制定了 GB/T 8870.1—2012、JB/T 13215—2017 等标准，不同标准之间有一定差异。由于国内外 FANUC 数控系统应用较多，本章将介绍 FANUC 系统指令代码及数控加工程序的编制方法。当针对具体数控系统编程时，应严格按机床编程手册中的规定进行程序编制。

数控程序的最小单元是字符，包括字母 A~Z、符号、数字 0~9 三类。其中，26 个字母称为地址码，用作程序功能指令识别的地址；符号主要用于数学运算及程序格式的要求；数字可以组成一个十进制数或与字母组成一个代码。

1. 程序的格式

一个完整的加工程序由程序名、程序内容和程序结束指令三部分组成。现以 FANUC 系统为例（见表 6-18），介绍程序的组成。

表 6-18 FANUC 系统编程举例

	程　序	注　释
	O0001	程序号
N10	G90 G54 X35 Y45 Z50	绝对坐标编程,快速定位到 G54 坐标系下指定点坐标
N20	S600 M03	主轴正转,转速为 600r/min
N30	M08	切削液开
N40	G43 H01 G00 Z5	建立刀具长度补偿,使用 H01 补偿地址,到进刀平面
N50	G01 Z0 F80	下刀至工件表面 Z0 位置
…	…	…
N120	G01 Z5 F120	抬刀至退刀平面
N130	M09	切削液关
N140	M05	主轴停转
N150	G49 G00 Z100	取消刀具长度补偿,抬刀至返回平面
N160	M02	程序结束

（1）程序号　在程序的开头要有程序号，即为零件加工程序的编号，以便进行程序检索。FANUC 系统采用英文字母 O 开头及其后若干位（最多 4 位）十进制数表示，O 为程序号地址码，其后数字为程序的编号。不同的数控系统，程序号地址码所用字符可不相同，如 P、% 等。

（2）程序内容　由许多程序段组成，每个程序段是一个完整的加工工步单元，它以 N（程序段号）指令开头，LF 指令结尾。

（3）程序结束　M02 作为整个程序结束指令，有些数控系统可能还规定了一个特定的开头和结束的符号，如 %，EM 等。

2. 程序段的格式

程序内容里每一行为一程序段，每一程序段用于描述准备功能、刀具位置、坐标位置、工艺参数和辅助功能等，目前最常采用的是地址可变程序格式。程序段格式见表 6-19。

表 6-19　程序段格式

N—	G—	X—Y—Z—	…	F—	S—	T—	M—	LF—
程序段号	准备功能	位置代码	其他坐标	进给速度	主轴转速	刀具号	辅助功能	行结束

例如：N10 G01 X80.5 Z-35 F60 S300 T01 M03

该程序段命令机床用 1 号刀具以 300r/min 的速度正转，并以 60mm/min 的进给速度通过直线插补运动至 X80.5mm　Z-35mm 处。

程序段由若干字组成，字是由字母和数字组成。组成程序段的每一个字都有其特定的功能和意义。常用的地址码及其含义见表 6-20。

表 6-20　常用地址码及其含义

机能	地址码	说明
程序段号	N	程序段号地址
坐标字母	X、Y、Z、U、V、W、P、Q、R	直线坐标轴
	A、B、C、D、E	旋转坐标轴
	R	圆弧半径
	I、J、K	圆弧中心坐标
准备功能	G	机床动作方式指令
辅助功能	M	机床辅助动作指令
补偿功能	H、D	补偿值地址
切削用量	S	主轴转速功能
	F	进给功能
刀具功能	T	刀具功能

3. 主程序和子程序

一次装夹加工多个形状相同或刀具运动轨迹相同的零件，即一个零件有重复加工部分的情况下，为了简化加工程序，把重复轨迹的程序段独立编成一段程序进行反复调用，这段重复轨迹的程序称为子程序，而调用子程序的程序称主程序。

子程序的调用方法如图 6-46 所示。需要注意的是，子程序还可以调用另外的子程序。从主程序中被调用出的子程序称一重子程序，共可调用四重子程序。

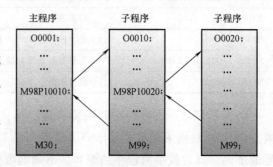

图 6-46　子程序调用

6.7　数控系统常用功能

一般程序段由准备功能、坐标功能、进给功能、刀具功能和辅助功能组成。

1. 准备功能

准备功能字 G 代码或 G 指令，用来规定刀具和工件的相对运动轨迹（即指令插补功能）、机床坐标系、坐标平面、刀具补偿、坐标偏置等多种加工操作。我国根据 ISO 标准制定了 GB/T 8807.1—2012、JB/T 13215—2017 等标准，规定 G 代码由字母 G 及其后面的两位数字组成，从 G00 到 G99 共有 100 种代码，表 6-21 为 FANUC 0i 数控铣床系统常用的 G 代码的定义。

2. 坐标功能

用来设定机床各坐标的位移量。它一般使用 X、Y、Z、U、V、W、P、Q、R、A、B、C、D、E 等地址符为首，在地址符后紧跟 "+"（正）或 "−"（负）及一串数字，该数字一般以系统脉冲当量为单位。一个程序段中有多个尺寸字母时，一般按上述地址符顺序排列。

表 6-21 FANUC 0i 数控铣床系统常用的 G 代码的定义

代码	组	定义	代码	组	定义	代码	组	定义
* G00		快速点定位	* G40		取消刀具半径补偿	G82		钻孔循环
G01	01	直线插补	G41		刀具半径左补偿	G83		啄式钻孔循环
G02		顺时针圆弧插补	G42		刀具半径右补偿	G84		攻螺纹循环
G03		逆时针圆弧插补	G43		刀具长度正补偿	G85	09	镗孔循环
G04	00	暂停延时	G44	08	刀具长度负补偿	G86		镗孔循环
* G17		选择 XY 平面	* G49		取消刀具长度补偿	G87		背镗循环
G18	02	选择 XZ 平面	G52	00	局部坐标系设置	G88		镗孔循环
G19		选择 YZ 平面	G54~59	14	零点偏置	G89		镗孔循环
G20	06	寸制单位				* G90	03	绝对坐标编程
* G21		米制单位	G73		高速深孔钻削固定循环	G91		相对坐标编程
G27		参考点返回检查	G74		左旋攻螺纹循环	G92	00	工件坐标系设定
G28	00	返回参考点	G76	09	精镗循环	* G98	10	返回初始点
G29		从参考点返回	* G80		钻孔循环取消	G99		返回 R 点
G30		返回第二参考点	G81		钻孔循环			

注：1. 表内 00 组为非模态指令；其他组为模态指令。

2. 标有 * 的指令为默认指令，即数控系统通电启动后的默认状态。

3. 进给功能

进给功能也称 F 功能，由地址码 F 及其后续的数值组成，该功能字用来指定刀具相对工件运动的速度。进给功能字应写在相应轴尺寸字之后，对于几个轴合成运动的进给功能字，应写在最后一个尺寸字之后。

F 功能指令用于控制切削进给量，在程序中有两种使用方法。

（1）每分钟进给量 G94 编程格式：G94 F_。F 后面的数字表示的是每分钟进给量，单位为 mm/min（系统默认）。例如，G94 F100 表示进给量为 100mm/min。

（2）每转进给量 G95 编程格式：G95 F_。F 后面的数字表示的是主轴每转进给量，单位为 mm/r。例如，G95 F0.2 表示进给量为 0.2mm/r。

4. 主轴功能

该功能字用来指定主轴速度，单位为 r/min，它以地址符"S"为首，后跟一串数字，可通过直接法或代码法指定进给速度。

编程格式：S_M_。

例如，用直接指定法时，S1500 M03 表示主轴正转，转速为 1500r/min。

5. 刀具功能

刀具功能也称 T 功能，由地址码 T 及后续的若干位数字组成，用于更换刀具时指定刀具或显示待换刀号。编程格式：T_。在加工中心上，T 后面跟两位数字，两位数字表示刀具号，如 T02 表示选用 2 号刀具；在数控车床上，T 后面跟四位数字，前两位是刀具号，后两位是刀具补偿号，如 T0202 指令，02 为刀具号（选择 2 号刀具），第 2 个 02 为刀具补偿值所在的组号（调用 2 号刀具补偿值）。刀具补偿用于对换刀、刀具磨损、编程等产生的误差进行补偿。

以上 F 功能、T 功能、S 功能均为模态代码。

6. 辅助功能

主要用于数控机床的开关量控制，如主轴的正、反转，切削液开、关，工件的夹紧、松开，程序结束等。M 代码从 M00～M99 共 100 种。M 代码也有模态代码与非模态代码两种。表 6-22 为几种常用的 M 代码及其功能。

表 6-22　几种常用的 M 代码及其功能

M 代码	功能	备　　注
M00	程序暂停	按循环启动按钮,可以再启动
M01	选择停止	程序是否停止取决于机床操作面板上的跳步开关
M02	程序结束	程序结束后不返回到程序开头位置
M03	主轴顺时针转	从主轴尾端向主轴前端看为转向顺时针
M04	主轴逆时针转	从主轴尾端向主轴前端看为转向逆时针
M05	主轴停止	
M06	换刀	
M08	切削液开	
M09	切削液关	
M30	程序结束	程序结束后,自动返回到程序开头位置
M98	子程序调用	M98 P L(P:程序地址 L:调用次数)
M99	子程序返回	

6.8　数控车削程序编制

数控车床主要用于加工轴类、套类和盘类等回转体零件，可以通过程序控制自动完成端面、内外圆柱面、锥面、圆弧面、螺纹等内容的切削加工；并可进行切槽，切断，钻、扩、铰孔等加工。

6.8.1　数控车削编程特点

数控车床由于具有高效率、高精度和高柔性的特点，在机械制业中得到日益广泛的应用，成为目前应用最广泛的数控机床之一，但是要充分发挥数控车床的作用，关键是编程，我们需要掌握其编程中的特点与技巧，编制出合理、高效的加工程序，保证加工出符合图纸要求的合格工件，同时能使数控车床的功能得到合理的应用与充分发挥，使数控车床能安全、可靠、高效地工作。数控车床编程特点如下：

1）坐标。使用代码 X 和 Z，按增量编程时使用代码 U 和 W。切削圆弧时，使用 I 和 K表示圆弧起点相对圆心的相应坐标增量值或者使用半径 R 值代替 I、K 值。

2）通常采用直径编程方式。X 轴的指令值取零件图样上的直径值。当用增量值编程时向实际位移量的两倍值表示，并附上方向符号（正向可以省略）。

3）可采用绝对值编程、增量值编程或两者混用。在一个程序段中，根据图样上标注的尺寸，可以采用绝对值编程、增量值编程。对于 FANUC 系统还可以采用二者混合编程的方法。

4）不同形式固定循环功能。数控车床的数控系统通常具备各种不同形式的固定循环，如内、外圆柱面固定循环，内、外锥面固定循环，端面固定循环，内、外螺纹固定循环及组合面切削循环等。

5）具有刀尖圆弧半径自动补偿功能。大多数数控车床的数控系统都具有刀尖圆弧半径自动补偿功能。

6.8.2 数控车削常用指令

1. 基本指令

（1）快速点定位指令（G00） 该指令使刀架以机床厂设定的最快速度按点位控制方式从刀架当前点快速移动至目标点。该指令没有运动轨迹的要求，也不需规定进给速度。

指令格式：G00 X_Z_；或 G00 U_W_；

【例 6-1】 快速进刀（G00）编程，如图 6-47 所示。

解：程序：G00 X50.0 Z6.0；或 G00 U-70.0 W-84.0；

执行该段程序，刀具快速由当前位置按实际刀具路径移动至指令终点位置。

（2）直线插补指令（G01） 该指令用于使刀架以给定的进给速度从当前点直线或斜线移动至目标点，即可使刀架沿 X 轴方向或 Z 轴方向做直线运动，也可以两轴联动方式在 X、Z 轴内作任意斜率的直线运动。

指令格式：G01 X_Z_F_；或 G01 U_W_F_；

注意：F 为模态指令，若 F 值给定，后续 F 值在该程序不变，可省略；若坐标轴数值没有变化，本段程序可不写该轴坐标。

【例 6-2】 外圆柱切削编程，如图 6-48 所示。

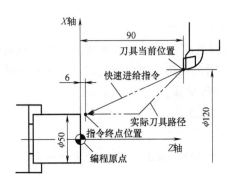

图 6-47 G00 指令运用

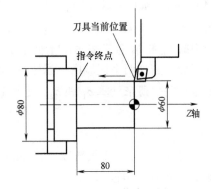

图 6-48 G01 指令运用

解：程序：

G01	X60.0	Z-80.0	F0.4；
或 G01	U0.0	W-80.0	F0.4；
或 G01	X60.0	W-80.0	F0.4；
或 G01	U0.0	Z-80.0	F0.4；（混合）

　　或 G01　W-80.0　　F0.4；

　　或 G01　Z-80.0　　F0.4；

　　（3）圆弧插补指令（G02、G03）　该指令用于刀架作圆弧运动以切出圆弧轮廓。沿垂直于待加工面的坐标轴由正方向向负方向看，刀架沿顺时针方向作圆弧插补的为 G02，而刀架沿逆时针方向作圆弧插补的为 G03。

　　指令格式：G02 X_ Z_ I_ K_ F_；或 G02 X_ Z_ R_ F_ ；

　　　　　　　G03 X_ Z_ I_ K_ F_；或 G03 X_ Z_ R_ F_ ；

　　上述指令中，X 和 Z 是圆弧的终点坐标，用增量坐标 U、W 也可以，圆弧的起点是当前点；I 和 K 分别是圆心坐标相对于起点坐标在 X 方向和 Z 方向的坐标差，也可以用圆弧半径 R 确定，R 值通常是指小于 180° 的圆弧半径。

　　【例 6-3】　顺时针圆弧插补，如图 6-49 所示。

　　解：用（I、K）指令：

　　G02　X50.0　Z-10.0　I20.　K15.　F0.4；（圆心相对于起点）

　　或 G02　U30.0　W-10.0　I20.　K15.　F0.4；

　　用（R）指令：

　　G02　X50.0　Z-10.0　R25　F0.4；

　　或 G02　U30.0　W-10.0　R25　F0.4；

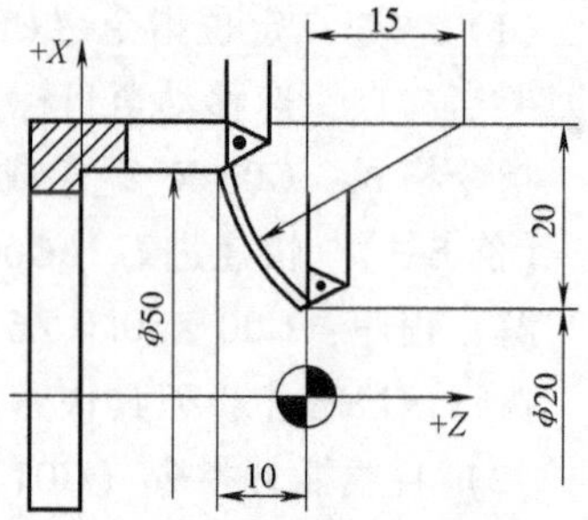

图 6-49　G02 指令运用

　　需要说明的是，当圆弧位于多个象限时，该指令可连续执行，如果同时指定了 I、K 和 R 值，则 R 指令优先 I、K 值无效；进给速度 F 的方向为圆弧切线方向，即线速度方向。

　　（4）螺纹切削指令（G32）　用于切削圆柱螺纹，圆锥螺纹和端面螺纹。

　　指令格式：G32 X_ Z_ F_；

　　【例 6-4】　圆柱螺纹切削，如图 6-50 所示。

　　解：程序：G32　Z-40.0　F3.5；或 G32　W-45　F3.5；

　　图中的 δ_1 和 δ_2 分别表示由于伺服系统的滞后所造成在螺纹切入和切出时所形成的不完全螺纹部分。在这两个区域内，螺距是不均匀的，因此在决定螺纹长度时必须加以考虑，一般应根据有关手册来计算 δ_1 和 δ_2，也可利用下式进行估算：

$$\delta_1 = nL \times 3.605/1800$$

$$\delta_2 = nL/1800$$

　　以上两式中，n 为主轴转速（r/min），L 为螺距导程（mm）。该式为简化算法，计算时假定螺纹公差为 0.01mm。

　　在切削螺纹之前最好通过 CNC 屏幕演示切削过程，以便取得较好工艺参数。另外，在切削螺纹过程中，不得改变主轴转速，否则将切出不规则螺纹。

　　（5）暂停指令（G04）　该指令可使刀具作短时间（n 秒）的停顿，以进行光整加工。主要用于车削环槽、盲孔和自动加工螺纹等场合，如图 6-51 所示。

　　指令格式：G04 P_；

　　指令中 P 后的数值表示暂停时间。

　　（6）自动回原点指令（G28）　该指令使刀具由当前位置自动返回机床原点或经某一中

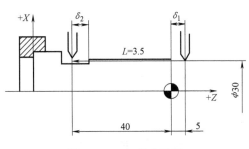

图 6-50　G32 指令运用

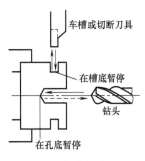

图 6-51　暂停指令 G04

间位置再返回到机床原点，如图 6-52 所示。

指令格式：G28→X(U)_Z(W)_T00;

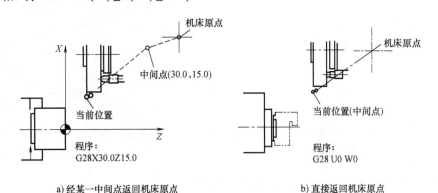

a) 经某一中间点返回机床原点　　　b) 直接返回机床原点

图 6-52　自动返回原点指令 G28

指令中的坐标为中间点坐标，其中 X 坐标必须按直径给定。直接返回机床原点时，只需将当前位置设定为中间点即可。刀具复位指令 T00 必须写在 G28 指令的同一程序段或该程序段之前。刀具以快速方式返回机床原点。

（7）工件坐标系设定指令（G50）　该指令用以设定刀具出发点（刀尖点）相对于工件原点的位置，即设定一个工件坐标系，有的数控系统用 G92 指令。该指令是一个非运动指令，只起预置寄存作用，一般作为第一条指令放在整个程序的前面。

指令格式：G50 X_ Z_;

指令中的坐标即为刀具出发点在工件坐标系下的坐标值。

【例 6-5】　工件坐标系设定，如图 6-53 所示。

解：程序：G50 X200 Z150;

工件坐标系是编程者设定的坐标系，其原点即为编程原点。用该指令设定工件坐标系之后，刀具的出发点到编程原点之间的距离就是一个确定的绝对坐标值了。刀具出发点的坐标应以参考刀具（外圆车刀或端面精加工车刀）

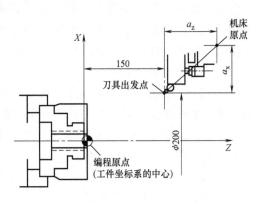

图 6-53　工件坐标系设定指令 G50

的刀尖位置来设定，该点的设置应保证换刀时刀具与工件夹具之间没有干涉。在加工之前，通常应测量出机床原点与刀具出发点之间的距离，以及其他刀具与参考刀具刀尖位置之间的距离。

2. 刀具半径补偿

目前数控车床都具备刀具半径自动补偿功能。编程时只需按工件的实际轮廓尺寸编程即可，不必考虑刀具的刀尖圆弧半径的大小；加工时由数控系统将刀尖圆弧半径加以补偿，便可加工出所要求的工件。

（1）刀尖圆弧半径的概念　任何一把刀具，不论制造或刃磨得如何锋利，在其刀尖部分都存在一个刀尖圆弧，如图 6-54 所示，它的半径值是个难于准确测量的值，安装实物如图 6-55 所示。

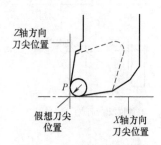

图 6-54　刀尖圆弧半径图

图 6-55　数控车刀刀片安装实物

编程时，若以假想刀尖位置为切削点，则编程很简单。但任何刀具都存在刀尖圆弧，当车削圆柱面的外径、内径或端面时，刀尖圆弧的大小并不起作用；但当车倒角、锥面、圆弧或曲面时，就将影响加工精度。图 6-56 表示了以假想刀尖位置编程时过切削及欠切削现象。

编程时若以刀尖圆弧中心编程，可避免过切和欠切现象，但计算刀位点比较麻烦，并且如果刀尖圆弧半径值发生变化，还需改动程序。

数控系统的刀具半径补偿功能正是为解决这个

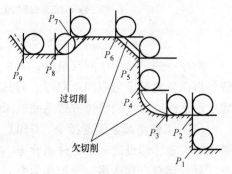

图 6-56　过切削及欠切削

问题所设定的。它允许编程者以假想刀尖位置编程，然后给出刀尖圆弧半径，由系统自动计算补偿值，生产刀具路径，完成对工件的加工。

（2）刀具半径补偿的实施

1）G40——解除刀具半径指令。该指令用于解除各个刀具半径补偿功能，应写在程序开始的第一个程序段或需要取消刀具半径的程序段。

2）G41——刀具半径左补偿指令。在刀具运动过程中，当刀具按运动方向在工件左侧时，用该指令进行刀具半径补偿。

3）G42——刀具半径右补偿指令。在刀具运动过程中，当刀具按运动方向在工件右侧时，用该指令进行刀具半径补偿。

图 6-57 表示了根据刀具与工件的相对位置及刀具的运动方向如何选用 G41 或 G42 指令。

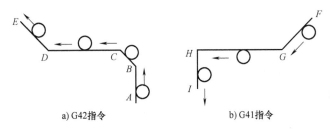

a) G42指令   b) G41指令

图 6-57 刀具半径补偿命令

6.8.3 车削加工固定循环功能指令

在数控车床上对外圆柱、内圆柱、端面、螺纹等表面进行粗加工时，刀具往往要多次反复地执行相同的动作，直至将工件切削到所要求的尺寸。于是在一个程序中可能会出现很多基本相同的程序段，造成程序冗长。为了简化编程工件，数控系统可以用一个程序段来设置刀具作反复切削，这就是循环功能。

固定循环功能包括单一固定循环和复合固定循环功能。

1. 单一固定循环指令

单一固定循环指令常有以下几种指令。

外径、内径切削循环指令 G90。可完成外径、内径及锥面粗加工的固定循环。

（1）切削圆柱面 指令格式为：G90 X(U)_ Z(W)_ F_；

如图 6-58 所示，刀具从循环起始点开始按矩形循环，最后又回到循环起点。图中虚线表示快速运动，实线表示按 F 指定的进给速度运动。X 和 Z 表示圆柱面切削终点坐标值，U、W 为圆柱面切削终点相对循环起点的增量值。其加工顺序按①、②、③、④进行。

【**例 6-6**】 用 G90 指令编程，工件和加工过程如图 6-59 所示，程序如下：

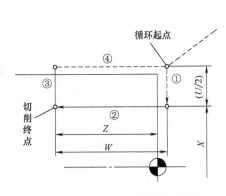

图 6-58 G90 指令切削圆柱面循环

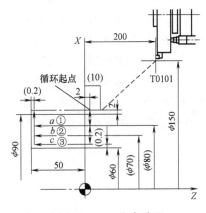

图 6-59 G90 指令编程

解：G50   X150.0 Z200.0   S800；

G00   X94.0   Z10.0   T0101   M03；   循环起点

　　　Z2.0；

G90   G01   X80.0   Z-49.8   F0.25；   循环①

X70.0；   循环②

X60.4；   循环③

G00   X150.0   Z200.0   T0100；   返回

M30

（2）切削锥面　指令格式：G90　X(U)_　Z(W)_　I_　F_；

如图 6-60 所示，X（U）、Z（W）的意义同前。I 值为锥面大、小径的半径差，其符号的确定方法是：锥面起点坐标大于终点坐标时为正，反之为负。

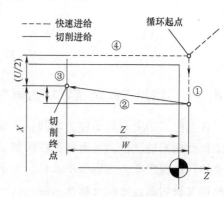

图 6-60　G90 切削锥面

2. 复合固定循环指令

该指令应用在切除非一次加工才能加工到规定尺寸的场合，主要在粗车和多次切螺纹的情况下使用，如用棒料毛坯车削阶梯相差较大的轴，或切削铸、锻件的毛坯余量时，都有一些多次重复进行的动作。利用复合固定循环功能，只要编出最终加工路线，给出每次切除的余量或循环次数，机床就能按照程序要求自动地重复切削直到完成加工为止。

车削复合固定循环主要有以下几种：

（1）内、外径粗车复合循环 G71　适用于圆柱毛坯料粗车外径和圆筒毛坯料粗车内径。

指令格式：

G71　U $\underline{\Delta d}$ R $\underline{e}$；

G71　P $\underline{ns}$ Q $\underline{nf}$ U $\underline{\Delta u}$ W $\underline{\Delta w}$ F $\underline{f}$ S $\underline{s}$ T $\underline{t}$；

式中　Δd——背吃刀量；

　　　e——每次 X 向退刀量（半径值，无正负号）；

　　　ns——精加工轮廓程序段中开始程序段的段号；

　　　nf——精加工轮廓程序段中结束程序段的段号；

　　　Δu——X 轴向精加工余量；

　　　Δw——Z 轴向精加工余量；

f、s、t——F、S、T 代码。

该指令执行如图 6-61 所示的粗加工和精加工路线，其中精加工路径为 $A \rightarrow A' \rightarrow B$ 的轨迹。

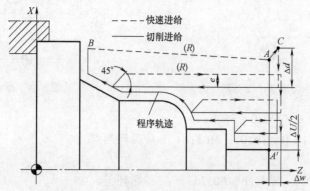

图 6-61　内、外径粗车循环 G71 指令

（2）端面粗车复合循环 G72　它适用于圆柱棒料毛坯端面方向粗车，为从外径方向往轴心方向车削端面循环。端面粗车循环的切削轨迹平行于 X 轴，但循环指令与 G71 指令完全相同。图 6-62 为 G72 粗车外径加工路线。

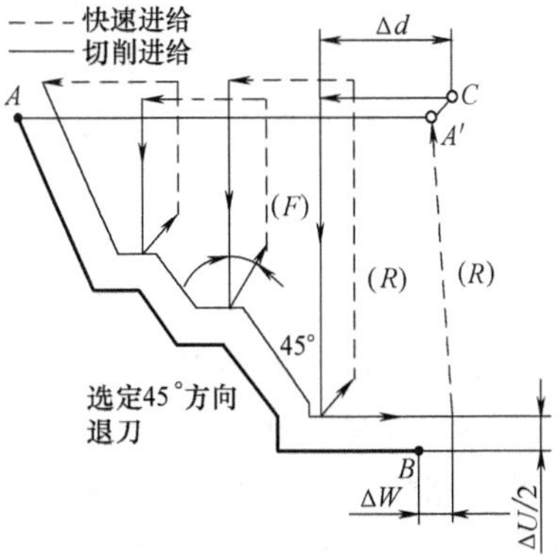

指令格式：

G72　W Δd R e；

G72　P ns Q nf U Δu W Δw F f S s T t；

式中　Δd——背吃刀量；

e——每次 Z 向退刀量（半径值，无正负号）；

ns——精加工轮廓程序段中开始程序段的段号；

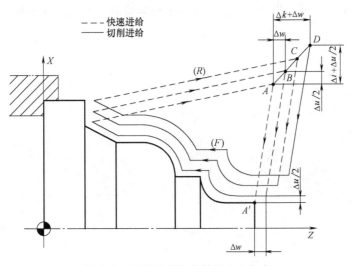

图 6-62　端面粗车复合循环 G72 指令

nf——精加工轮廓程序段中结束程序段的段号；

Δu——X 轴向精加工余量；

Δw——Z 轴向精加工余量；

f、s、t——F、S、T 代码。

（3）固定形状粗车固定循环 G73　G73 指令与 G71、G72 功能类似，只是走刀路线是按工件精加工轮廓进行循环。对已经有精加工轮廓外形的铸、锻毛坯粗车，可以省时，提高效率，而且对轮廓没有单调性要求。封闭切削循环是一种复合固定循环，如图 6-63 所示。

图 6-63　固定形状粗车循环 G73 指令

指令格式：

G73　U Δi W Δk R Δd；

G73　P ns Q nf U Δu W Δw F f S s T t；

式中　ns——精加工轮廓程序段中开始程序段的段号；

nf——精加工轮廓程序段中结束程序段的段号；

Δi——X 轴向总退出距离（半径值），是毛坯单边总余量；

Δk——Z 轴向总退出距离，可以理解是 Z 的毛坯总余量；

Δu——X 轴向精加工余量（直径值）；

Δw——Z 轴向精加工余量；

Δd——粗车循环次数；

f、s、t——F、S、T 代码。

（4）精车循环 G70　当用 G71、G72、G73 粗车工件后，必须用 G70 来指定精车循环，切除粗加工中留下的余量。在精车循环 G70 状态下，$ns—nf$ 程序中指定的 F、S、T 有效；当 $ns—nf$ 程序中不指定的 F、S、T 时，粗车循环中指定的 F、S、T 有效。

指令格式：G70 P $\underline{ns}$　Q $\underline{nf}$；

式中　ns——精加工轮廓程序段中开始程序段的段号；

nf——精加工轮廓程序段中结束程序段的段号。

精加工时，G71、G72、G73 程序段中的 F、S、T 指令无效，只有在 $ns—nf$ 程序段中的 F、S、T 才有效。

例：在 G71、G72、G73 程序应用例中的 nf 程序段后再加上"G70　P ns　Q nf"程序段，并在 $ns—nf$ 程序段中加上精加工适用的 F、S、T，就可以完成从粗加工到精加工的全过程。注意：若在粗加工循环以前和在 G71、G72、G73 指令中指定了 F、S、T，则 G71、G72、G73 指令中的 F、S、T 优先有效。在 N(ns)~N(nf)程序中指定的 F、S、T 无效。精加工循环结束后，刀具返回到循环起始点 A。

3. 螺纹切削复合固定循环指令

使用螺纹切削复合循环指令 G76，只需一个程序段就可以完成整个螺纹加工。其进刀方式如图 6-64 所示。

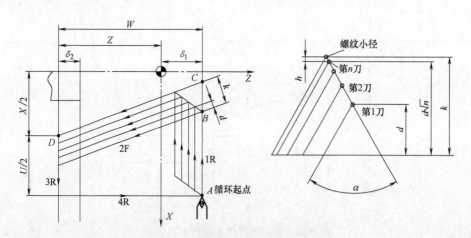

图 6-64　螺纹切削复合固定循环指令

指令格式：

G76 P $\underline{m}$　$\underline{r}$　$\underline{\alpha}$ Q $\underline{\Delta d_{\min}}$ R $\underline{d}$；

G76 X $\underline{U}$ Z $\underline{W}$ R $\underline{i}$ P $\underline{k}$ Q $\underline{\Delta d}$ F $\underline{f}$；

式中　m——精加工重复次数；

r——倒角量，螺纹收尾长度，其值为螺纹导程 L 的倍数；

α——刀尖角度（螺纹牙型角），用两

位数制定，如 30°，60°；

Δd_{min}——最小切削深度；

　d——精加工余量；

　U——螺纹底径值；

　W——螺纹 Z 向终点位置坐标；

　i——螺纹部分半径值；

　k——螺纹高度；

Δd——第一次切削深度；

　f——螺纹导程。

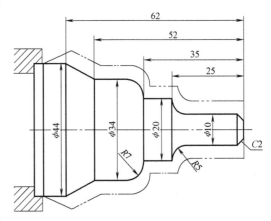

图 6-65　G73 零件成形加工

【例 6-7】 用 G73 循环指令编制图 6-65 所示零件的加工程序：X、Z 方向粗加工余量分别为 3mm、0.9mm，粗加工次数为 3，X、Z 方向的精加工余量分别为 0.6mm、0.1mm。其中双点画线部分为工件毛坯。

解： 加工程序如表 6-23 所示。

表 6-23　G73 零件成形加工程序

程　　序	注　　释
O0001	程序名
N1 G97 G98 G21；	初始化(固定转速；每分钟进给；米制单位)
N2 M03 S800 T0101；	主轴正转，转速 800r/min，换 1 号刀
N3 G00 X47 Z2；	快进至循环起点位置
N4 G73 U3 W0.9 R3；	封闭粗车循环，X 向退刀量 3mm，Z 向退刀量 0.9mm，循环三次
N5 G73 P6 Q14 U0.6 W0.1 F120；	精车路线 N6～N14，X、Z 方向的精加工余量分别为 0.6mm、0.1mm
N6 G00 X0 Z6；	精加工轮廓开始，到倒角延长线处
N7 G01 X10 Z-2 F80；	精加工 $C2$ 倒角
N8 Z-20；	精加工 $\phi10$ 外圆
N9 G02 X20 W-5 R5；	精加工 $R5$ 圆弧
N10 G01 Z-35；	精加工 $\phi20$ 外圆
N11 G03 X34 W-7 R7；	精加工 $R7$ 圆弧
N12 G01 Z-52；	精加工 $\phi34$ 外圆
N13 U10 W-10；	精加工锥面
N14 X47；	退出已加工表面，精加工轮廓结束
N15 G70 P6 Q14；	精加工复合循环切削
N16 G00 X100 Z100；	返回程序起点位置
N17 M30；	程序结束

6.8.4　典型零件数控车床编程与加工实例

【例 6-8】 如图 6-66 所示阶梯轴工件，毛坯直径为 40mm，材料为 45 钢。

解：

（1）确定刀具　1号刀为90°粗车刀；3号刀为90°精车刀。

（2）装夹方式　用三爪自定心卡盘装夹 $\phi40$ 毛坯外圆，使工件伸出卡盘 60mm。

（3）设置工件零点　以毛坯右端面中心为工件坐标系零点建立工件坐标系。

（4）根据图样确定加工路线

1）取1号刀车端面，粗车外圆，留 0.2mm 精车余量。

2）精车外圆到最终尺寸。

（5）编制程序

1）尺寸计算。认真计算刀具运动的起点和终点坐标（说明：长度公差一般取一半；外圆公差取中差偏下；孔取中差偏上）。

2）程序见表6-24。

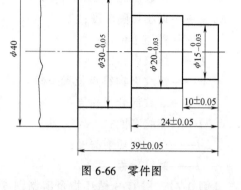

图 6-66　零件图

表 6-24　阶梯轴加工程序

程　序	注　释
O0001	程序名
N10 G99 G21 G97；	初始化(每转进给；米制单位；固定转速)
N20 M03 S600 M08；	主轴正转，速度 600r/min，冷却液开
N30 T0101；	取 1 号刀，粗车刀
N40 G00 X42.0 Z0；	快速点定位，准备车端面
N50 G01 X-1.0 F0.2；	以 0.2mm/r 的速度车端面
N60 G00 Z2.0；	退刀
N70 G00 X42.0；	退刀并定位到 X42 处准备粗车外圆
N80 G71 U2 R1；	外径粗车循环，给定加工参数，背吃刀量 2mm，退刀量 1mm
N90 G71 P100 Q170 U0.4 W0.2 F0.3；	精车路线 N100~N170，X、Z 方向的精加工余量分别为 0.4mm、0.2mm
N100 G00 X15；	快速定位到倒角起点位置
N110 G01 Z0；	工进到切削位置
N120 Z-10；	车削 $\phi15$ 的圆柱面
N130 X20；	车削 $\phi20$ 的端面
N140 Z-24；	车削 $\phi20$ 的圆柱面
N150 X30；	车削 $\phi30$ 的端面
N160 Z-39；	车削 $\phi30$ 的圆柱面
N170 X42；	移出加表面
N180 M05 M00；	程序暂停，主轴停转
N190 G00 X100.0 Z100.0；	快速退刀
N200 M03 S1000 T0303；	重启主轴，换 3 号刀
N210 G70 P100 Q170；	精加工循环
N220 G00 X100.0 Z100.0 M09；	快速返回换刀位置，冷却液关
N230 M30；	程序结束

（6）加工操作

1）装夹刀具，并建立刀具补偿，设定好工件坐标原点。

2）输入程序检查并模拟加工。

3）单步加工，试切削，测量并修改有关数据。

4）自动运行加工。

5）检验。

【例 6-9】　如图 6-67 所示，复杂零件的加工。

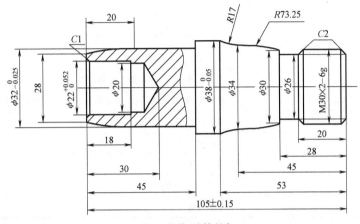

图 6-67　复杂零件的加工

解：（1）确定刀具　1 号刀为 90°粗车刀；2 号刀为切断刀（刀宽 4mm，刀具补偿设置在左刀尖处）；3 号刀为 60°外螺纹刀；4 号刀为镗刀。φ20mm 锥柄麻花钻。

（2）装夹方式　用三爪自定心卡盘装夹，此图工件需要掉头加工。

（3）设置工件零点　以毛坯右端面中心为工件坐标系零点建立工件坐标系。

（4）工艺路线

1）先加工左端。棒料伸出卡盘外约 65mm，找正后夹紧。

2）把 20mm 锥柄麻花钻装入尾座，移动尾座使麻花钻切削刃接近端面后锁紧，主轴以 600r/min 转动，手动转动尾座手轮，钻 φ20mm 的底孔。

3）用 1 号刀，采用 G71 进行零件左端部分的轮廓循环粗加工。

4）用 1 号刀，采用 G70 进行零件左端部分的轮廓精加工。

5）用 4 号刀镗 $\phi 22^{+0.052}_{0}$mm 的内孔并倒角。

6）卸下工件，用铜皮包住已加工过的 φ32mm 外圆，调头使零件上 φ32mm 到 φ38mm 台阶端面与卡盘端面紧密接触后夹紧，准备加工零件的右端。手动车端面控制零件总长。如果坯料总长在加工前已控制在 105.5~106mm 之间，且两端面较平整，则不必进行此操作。

7）用 1 号刀，采用 G71 进行零件右端面部分的轮廓循环粗加工。

8）用 1 号刀，采用 G70 进行零件右端面部分的轮廓精加工。

9）用 2 号刀，采用 G75 进行切槽循环加工。

10）用 3 号刀，采用 G76 进行螺纹循环加工。

（5）编制程序

1）尺寸计算。认真计算刀具运动的起点、终点坐标。

2）程序一：零件左端部分加工程序见表6-25。

表 6-25　零件左端部分加工程序

程　序	注　释
O0001	程序名
N5 G54 G98 G21；	用 G54 指定工件坐标系、每分进给、米制单位
N10 M03 S800；	主轴正转,转速为 800r/min
N15 T0101；	换 1 号刀,导入刀具刀补
N20 G00 X42.0 Z0；	快速到达端面的径向外
N25 G01 X18.0 F50；	车削端面,由于已钻孔,所以在 X 方向进给 18mm 即可
N30 G00 X41.0 Z2.0；	快速到达轮廓循环起点
N35 G71 U2 R1；	外径粗车循环,给定加工参数,背吃刀量 2mm,退刀量 1mm
N40 G71 P45 Q70 U0.5 W0.1 F100；	精车路线 N45～N70,X、Z 方向的精加工余量分别为 0.5mm、0.1mm
N45 G00 X28.0；	快速定位到倒角起点位置
N50 G01 Z0；	工进到切削位置
N55 X32.0 Z-30.0；	车削圆锥
N60 Z-45.0；	车削 ϕ32 的外圆柱面
N65 X38.0；	车削台阶
N70 Z-55.0；	车削 ϕ38 的圆柱
N75 G00 X100.0；	沿径向快速退出
N80 Z200.0；	沿轴向快速退出
N85 M05；	主轴停转
N90 M00；	程序暂停
N95 M03 S1000；	主轴重新起动,转速为 1000r/min
N100 T0101；	重新调用 1 号刀补,加入刀补
N105 G00X42.0 Z2.0；	快速运动到循环起始点
N110 G70 P45 Q70 F50；	从 N45～N70 对轮廓进行精加工
N115 G00 X100.0；	沿径向快速退出
N120 Z200.0；	沿轴向快速退出
N125 M05；	主轴停转
N130 M00；	程序暂停。用于精加工后的测量
N135 M03 S800；	主轴正转,转速为 800r/min
N140 T0404；	换 4 号刀,导入刀具刀补
N145 G00 X21.5 Z2.0；	快速移动到孔外侧
N150 G01 Z-18.0 F100；	粗镗内孔至 ϕ21.5
N155 X19.0；	抬刀离开切削面
N160 G00 Z2.0；	快速移动到孔外侧
N165 Z200.0；	沿轴向快速退出
N170 M05；	主轴停转

（续）

程　　序	注　　释
N175 M00；	程序暂停。测量粗镗后的内孔直径
N180 M03 S1200；	主轴正转,转速为1200r/min
N185 T0404；	重新调用4号刀补,可引入刀具偏移量或磨损量
N190 G00 X22.0 Z2.0；	快速移动到孔外侧
N195 G01 Z-18.0 F50；	精镗ϕ22的内孔
N200 X19.0；	抬刀,离开切削面
N205 G00 Z2.0；	快速移动到孔外侧
N210 Z200.0；	沿轴向快速退出
N215 M05；	主轴停转
N220 M00；	程序暂停。用于精加工后的零件测量
N225 M03 S800；	主轴正转,转速为800r/min
N230 G00 X24.0 Z2.0；	快速移动到孔外侧,准备对孔口倒角
N235 G01 Z0 F50；	以50mm/min进给倒孔口
N240 X22.0 Z-1.0；	倒角
N245 Z2.0；	退出
N250 G00 X100.0 Z200.0；	快速退出
N255 T0101；	换1号刀
N260 M30；	程序结束

3）程序二：零件右端部分加工。

O00002

N5 G54 G98 G21；

N10 M03 S800；

N15 T0101；

N20 G00 X42.0 Z0；

N25 G01 X-0.5 F50；

N30 G00 X41.0 Z2.0；

N35 G71 U1.5 R2；

N40 G71 P45 Q80 U0.5 W0.1 F100；

N45 G01 X26.0；

N50 Z0；

N55 X29.8 Z-2.0；

N60 Z-28.0；

N65 X30.0；

N70 G03 X34.0 Z-45.0 R73.25；

N75 G02 X38.0 Z-53.0 R17；

N80 G00 X100.0；

N85 Z200.0;

N90 M05;

N95 M00;

N100 M03 S1000;

N105 T0101;

N110 G00 X42.0 Z2.0;

N115 G70 P45 Q80 F50;

N120 G00 X100.0;

N125 Z200.0;

N130 M05;

N135 M00;

N140 M03 S800;

N145 T0202;

N150 G00 X31.0 Z-24.0;

N155 G75 R0.1;

N160 G75 X26.0 Z-28.0 P500 Q3500 R0 F50;

N165 G00 X40.0;

N170 Z-22.0;

N175 G01 X30.0 F50;

N180 X26.0 Z-22.0;

N185 G00 X100.0;

N190 X200;

N195 M03 S600;

N200 T0303;

N205 G00 X31.0 Z4.0;

N210 G76 P020160 Q100 R50;

N215 G76 X27.402 Z-23.0 R0 P1299 Q450 F2;

N220 G00 X100.0;

N225 Z200.0;

N230 M05;

N235 M00;

N240 T0101;

N245 M30;

（6）加工操作

1）装夹刀具，并建立刀具补偿，设定好工件坐标原点。

2）输入程序检查并模拟加工。

3）单步加工，试切削，测量并修改有关数据。

4）自动运行加工。

5）检验。

6.9　数控铣床与加工中心程序编制

6.9.1　数控铣床与加工中心编程的特点

1. 数控铣床编程特点

数控铣削是机械加工中最常用的方法之一，数控铣床不仅可以用于加工箱体、壳类零件，还可以加工各种复杂的曲线、曲面以及模具型腔等平面或立体零件，掌握数控铣床加工特点，根据零件结构特点编制合理的数控加工程序对提高生产效率有重要的意义。数控铣床编程特点如下：

1）适用范围广，加工精度高。数控铣床可加工各类平面、台阶、沟槽、成形表面、曲面等，也可进行钻孔、铰孔和镗孔。加工的尺寸公差等级一般为 IT7～IT9，表面粗糙度 Ra 值为 $0.4～3.2\mu m$。

2）具有多种插补方式。数控铣床除具有直线插补和圆弧插补，还具有抛物线插补、极坐标插补和螺旋线插补等多种插补功能，可提高数控铣床的加工精度和效率。

3）编程功能丰富。可充分利用数控铣床丰富的功能，简化编程过程。如刀具长度补偿、刀具半径补偿和固定循环、对称加工等功能。

4）计算机辅助自动编程。对于非圆曲线、空间曲线和曲面的轮廓铣削加工数学处理比较复杂，一般采用计算机辅助自动编程。

2. 加工中心编程特点

数控加工中心是从数控铣床发展而来，适用于加工复杂零件的高效、高精度自动化机床。工件在一次装夹中可完成多道工序的加工，同时还备有刀具库，并且有自动换刀功能。加工程序的编制，是决定加工质量的重要因素。加工中心丰富的功能，决定了加工中心程序编制的复杂性。加工中心的编程特点如下：

1）需进行合理的工艺分析和工艺设计。由于加工工序内容及刀具种类多，多在一次装夹后完成粗、精加工，因此必须周密合理地安排各工序加工顺序。

2）根据加工批量等情况确定换刀方式。对加工批量10件以上且换刀频繁的零件，宜采用自动换刀。对加工批量很小且使用加工刀具种类不多的零件，宜采用手动换刀。

3）刀具多采用机外预调。为提高机床效率，尽量采用刀具机外预调，并将测量数据填到刀具卡片中，以便操作者确定刀具补偿参数。

4）子程序功能的使用。当零件加工工序内容较多时，为方便程序调试和加工顺序的调整可将各工步内容安排到子程序中，主程序主要完成换刀及子程序的调用。

5）自动换刀。加工中心区别于数控铣床的特点在于具有自动换刀功能。

6.9.2　子程序的格式及应用

编程时，为了简化程序的编制，当一个工件上有相同的加工内容时，常用调用子程序的方法进行编程。调用子程序的程序称为主程序。数控系统按主程序的指令运行，但在主程序中遇见调用子程序的指令时，数控系统将开始按子程序的指令运行；在子程序中遇见调用结束指令时，自动返回到调用该子程序的主程序，并重新按主程序的指令运行。

指令格式：M98 P_ L_ ；

          …

          M99；

指令说明：P_为要调用的子程序号；L_为重复调用子程序的次数，若只调用一次子程序可省略不写，系统允许重复调用次数为 1~9999 次；M99 表示子程序结束。

例：M98 P1234 L3；

表示程序号为 1234 的子程序被连续调用 3 次。

【例 6-10】 在一块平板上加工 6 个边长为 20mm，倒角圆为 5mm 的图形，尺寸如图 6-68 所示，每边的槽深为 5mm，工件上表面为 Z 向零点。其程序的编制就可以采用调用子程序的方式来实现（编程时不考虑刀具补偿）。

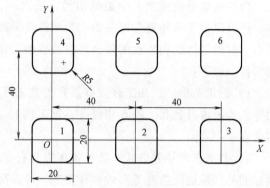

图 6-68 平板零件图

解：平板零件加工主程序见表 6-26。

表 6-26 平板零件加工主程序

程　序	注　释
O0001	程序名
N10 G54 G90；	进入工件加工坐标系
N20 M03 S1000 F200；	主轴起动
N30 G00 Z5；	快进到工件表面上方
N40 X-10 Y0；	到 1 号图形的左边中点处
N50 M98 P0020；	调 0020 号切削子程序切削图形
N60 G90 G01 X30 Y0；	到 2 号图形左边中点处
N70 M98 P0020；	调 0020 号切削子程序切削图形
N80 G90 G01 X70 Y0；	到 3 号图形左边中点处
N90 M98 P0020；	调 0020 号切削子程序切削图形
N100 G90 G01 X-10 Y40；	到 4 号图形的左边中点处
N110 M98 P0020；	调 0020 号切削子程序切削图形
N120 G90 G01 X30 Y40；	到 5 号图形左边中点处
N130 M98 P0020；	调 0020 号切削子程序切削图形
N140 G90 G01 X70 Y40；	到 6 号图形左边中点处
N150 M98 P0020；	调 0020 号切削子程序切削图形
N160 G28；	返回参考点
N170 M05；	主轴停
N180 M30；	程序结束

平板零件加工子程序见表 6-27。

表 6-27 平板零件加工子程序

程　序	注　释
O0020；	子程序名
N10 G01 Z-5 F200；	切削深度 5mm
N20 G91 Y5；	切换全增量编程模式,加工直线段
N30 G02 X5 Y5 R5；	加工左上角 R5 的倒圆
N40 G01 X10；	加工正方形上部的直线段
N50 C02 X5 Y-5 R5；	加工右上角 R5 的倒圆
N60 G01 Y-10；	加工正方形右部的直线段
N70 G02 X-5 Y-5 R5；	加工右下角 R5 的倒圆
N80 G01 X-10；	加工正方形下部的直线段
N90 G02 X-5 Y5 R5；	加工左下角 R5 的倒圆
N100 G01 Y5；	加工正方形左部的直线段
N110 G90 G00 Z100；	快速抬刀
N120 M99；	结束子程序,返回主程序

6.9.3 数控铣削与加工中心特殊功能指令

1. 工件坐标系预置寄存指令 G92

在采用绝对坐标指令编程时，必须先建立一个坐标系（又称为编程坐标系），用来确定绝对坐标系原点设在距对刀点的某个位置，从而确定工件坐标系与机床坐标系之间的位置逻辑关系，可用 G92 实现，如图 6-69 所示。

格式：G92 X_Y_Z_；

则图 6-69 可表达为：

G92 X30.0 Y30.0 Z25.0；

注意：

1）G92 为一个非运动指令；

2）它只在绝对坐标编程时才有意义；

3）设定的坐标系在机床重开机时消失。

2. 工件坐标系选择指令 G54~G59

可用 G54~G59 指令来设定 6 个工件坐标系。该指令需在程序执行前，测量出工件坐标系原点相对于机床坐标系原点在 X、Y、Z 各轴方向的偏置值，将其输入到数控系统的工件坐标系偏置值寄存器中。

系统在执行数控程序时，则从寄存器中读取该偏置值，在设定好的工件坐标系中按照数控指令坐标值运动。

在图 6-70 中，用 G54 设定工件坐标系的程序段如下：

N5 G90 G54 G00 X100.0 Y50.0 Z200.0

其中 G54 为设定工件坐标系，其原点与机床坐标系原点的偏置值已输入到数控系统的寄存器器中，其后执行 G00 X100.0 Y50.0 Z200.0 时，刀具就快速移动到系中 X100.0 Y50.0 Z200.0 位置上。

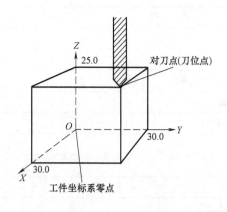

图 6-69 G92 指令

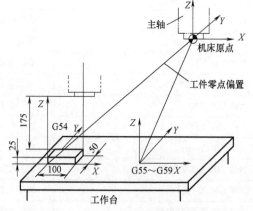

图 6-70 工件坐标系选择指令

3. 快速点定位 G00 指令

1) 指令功能：刀具以机床规定的速度（快速）运动到目标点。

2) 指令格式：G00 X_Y_Z_;

程序中 X_Y_Z_ 表示目标点的坐标。

注意：

1) G00 指令快速移动时地址 F 下编程的进给速度无效。

2) G00 一经使用持续有效，直到被同组 G 代码（G01、G02、G03⋯）取代为止。

3) G00 指令刀具运动速度快，容易撞刀，只能使用于退刀及空中运动的场合，能减少运动时间，提高效率。

4) 向下运动时，不能以 G00 切入工件，一般应离工件有 5~10mm 的安全距离，不能在移动过程中碰到机床、夹具等。

4. 直线插补 G01 指令

1) 指令功能：刀具以给定的进给速度运动到目标点。

2) 指令格式：G01 X_Y_Z_F_;

程序中：X_Y_Z_ 表示目标点的坐标；

F_表示刀具进给速度大小。

注意：

1) G01 指令用于直线切削加工，必须给定刀具进给速度。

2) G01 一经使用持续有效，直到被同组 G 代码（G00、G02、G03⋯）取代为止。

3) 刀具空间运行或退刀时用此指令则运动时间长，效率低。

移动方式（G00 和 G01），如图 6-71 所示。G00 指令刀具运动路线可以用参数选择为非插补定位轨迹和直线插补定位轨迹两者之一。非插补定位时，刀具轨迹一般是折线（如图 6-71a 虚线所示）；直线插补定位时，刀具轨迹同直线插补（G01）一样。

5. 圆弧插补指令

1) 指令功能：使刀具按给定进给速度沿圆弧方向进行切削加工，可以命令刀具在各坐

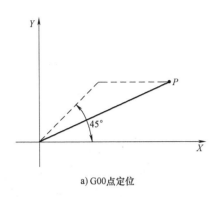

a) G00点定位　　　　　　　　　　　　b) G01直线插补

图 6-71　移动方式

标平面内切削圆弧内外轮廓。

2）指令代码：

G02：顺时针圆弧插补指令。

G03：逆时针圆弧插补指令。

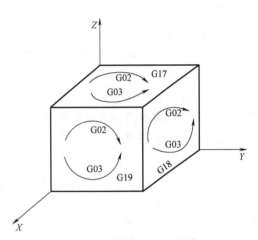

使用右手笛卡儿坐标系确定 X 轴、Y 轴和 Z 轴，X 轴与 Y 轴组成的平面为 XY 平面，用 G17 表示；同理，X 轴与 Z 轴、Y 轴与 Z 轴组成的平面分别为 XZ 和 YZ 平面，用 G18、G19 表示。在加工平面确定的情况下，G17、G18、G19 可省略。在 G17、G18 和 G19 平面内沿垂直于待加工面的坐标轴由正方向向负方向看，刀具相对于工件的转动方向是顺时针的为 G02，反之则为 G03，如图 6-72 所示。

图 6-72　顺圆与逆圆的判断

① 圆弧插补指令格式一：G02/G03 X_Y_Z_R_F_；

X_Y_Z_表示在 G90 时为圆弧终点在工件坐标系中的坐标，在 G91 时为圆弧终点相对于圆弧起点的位移量；

R_表示圆弧半径；

F_表示圆弧插补速度。

用半径 R 指定圆心位置时，由于在同一半径 R 的情况下，从圆弧的起点到终点有两个圆弧（优弧和劣弧）的可能性，如图 6-73 所示。因此，在编程时，规定圆心角小于或等于 180°圆弧时 R 值为正，如图 6-73 中圆弧①；圆心角大于 180°圆弧时 R 值为负，如图 6-73 中圆弧②。

用 G90、G91 分别对图 6-74 所示劣弧$\overset{\frown}{a}$和优弧$\overset{\frown}{b}$编程。

圆弧$\overset{\frown}{a}$：

G90　G02　X0　Y30　R30　F300；

G91　G02　X30　Y30　R30　F300；

圆弧$\overset{\frown}{b}$：

G90 G02 X0 Y30 R-30 F300；

G91 G02 X30 Y30 R-30 F300；

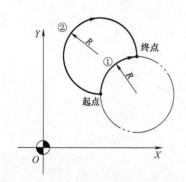

图6-73 优弧和劣弧的 R 值的正负

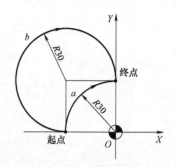

图6-74 圆弧编程图例

② 圆弧插补指令格式二：G02/G03 X_Y_Z_I_J_K_F_；

X_Y_Z_表示在 G90 时为圆弧终点在工件坐标系中的坐标，在 G91 时为圆弧终点相对于圆弧起点的位移量。

I_J_K_分别表示圆心相对于圆弧起点的 X、Y、Z 的有向距离，如图 6-75 所示。无论绝对编程还是增量编程都是以增量方式指定；

F_表示圆弧插补速度。

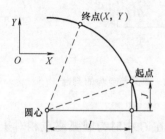

图6-75 圆弧编程图例

仍以图 6-74 为例，用 G90、G91 分别对劣弧 $\widehat{a}$ 和优弧 $\widehat{b}$ 编程（I、J、K 编程）。

圆弧 $\widehat{a}$：

G90 G02 X0 Y30 I30 J0 F300；

G91 G02 X30 Y30 I30 J0 F300；

圆弧 $\widehat{b}$：

G90 G02 X0 Y30 I0 J30 F300；

G91 G02 X30 Y30 I0 J30 F300；

整圆编程时不能用 R，只能用 I、J、K 编程。

以图 6-76 为例：用 G90、G91 对图中的整圆编程。

从点 A 顺时针一周：

G90　G02　X30　Y0　I-30　J0　F300；

G91　G02　X0　Y0　I-30　J0　F300；

从点 B 逆时针一周：

G90　G03　X0　Y-30　I0　J30　F300；

G91　G03　X0　Y0　I0　J30　F300；

6. 刀具补偿

利用数控系统的刀具补偿功能，包括刀具半径及长度补偿，编程时不需要考虑刀具的实际尺寸，而按照零件的轮廓计算坐标数据，有效简化了数控加工程序的编制。

（1）刀具半径补偿　铣削加工的刀具半径补偿分为刀具半径左补偿（G41）和刀具半径右补偿（G42），一般使用非零的 D 代码确定刀具半径补偿值寄存器号，用 G40 取消刀具半径补偿。刀具补偿有一个建立、执行及撤销的过程，有一定的规律性和格式要求。

1）刀具半径补偿的建立，如图 6-77 所示，刀具沿 $S \to O \to B \to C \to D \to O$ 顺序切削时，实际切入点、切出点分别为 A 和 E，而变成过程不需计算 A、E 点坐标，只需建立刀具半径补偿即可，刀具半径补偿的运动指令使用 G00 或 G01 与 G41 或 G42 的组合，并指定刀具半径补偿值寄存器号。

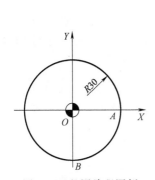

图 6-76　整圆编程图例

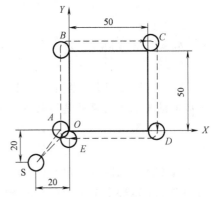

图 6-77　刀具半径补偿指令的应用

程序如下：

N1 G00 G90 X-20 Y-20；（刀具运动到开始点 S）

N2 G17 G01 G41 X0 Y0 D01 F200；（在 A 点切入工件，建立刀具左补偿，刀具半径补偿值存储在 01 号寄存器中）

或 N2 G17 G01 G42 X0 Y0 D01 F200；（在 E 点建立刀具右补偿）

2）刀具半径补偿的执行。除非用 G40 取消，否则，一旦刀具半径补偿建立后就一直有效，刀具始终保持正确的刀具中心运动轨迹。

程序如下：

N3 X0 Y50；（$A \to B$）

N4 X50 Y50；（$B \to C$）

N5 X50 Y0 ；（$C \to D$）

N6 X0 X0；（$D \to E$）

或 N3 X50 Y0；（$E \to D$）

N4 X50 Y50；（$D{\rightarrow}C$）

N5 X0 Y50；（$C{\rightarrow}B$）

N6 X0 Y0；（$B{\rightarrow}A$）

3）刀具半径补偿的撤销。当工件轮廓加工完成，要从切出点 E 或 A 回到开始点 S，这时就需要取消刀具半径补偿，恢复到未补偿的状态，程序如下：

N7 G01 G40 X-10 Y-10；

需要说明的是，G41 或 G42 必须与 G40 成对使用，否则程序不能正确执行。

（2）刀具长度补偿　刀具长度补偿由准备功能 G43、G44、G49 以及 H 代码指定。用 G43、G44 指令指定偏置方向，其中 G43 为刀具长度正向偏置，G44 为刀具长度负向偏置。H 为控制系统存放刀具长度补偿量寄存器单元的代码。

G43、G44、G49 均为模态代码，可相互注销，G49 为缺省值。

刀具长度补偿使用格式如下：

G43 G00/G01 Z_H_；

G44 Z H；

G49 Z；

执行 G43 时：Z 实际值 = Z 指令值 +（H××），如图 6-78a 所示；

执行 G44 时：Z 实际值 = Z 指令值 −（H××），如图 6-78b 所示。

（3）刀具补偿的运用　当数控加工程序编制好后，可以灵活地利用刀具补偿值来适应加工中出现的各种情况。一般情况下，刀具补偿值是刀具的实际尺寸，如铣刀的半径，铣刀的长度。如果需要在工件的轮廓方向或高度方向留余量，就可以在现有的刀具补偿值的基础上加上余量作为新的刀具补偿值输入，重新执行程序即可。

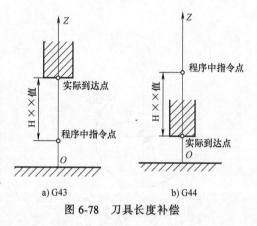

a) G43　　　　b) G44

图 6-78　刀具长度补偿

7. 镜像指令 G51.1、G50.1

（1）镜像功能　当零件轮廓相对于某一个坐标轴具有对称形状时，可以用子程序先对零件轮廓的一部分编程，再利用镜像功能和子程序，加工出零件的对称部分，这就是镜像功能。在镜像功能中，当某一个坐标轴的镜像有效时，该坐标轴执行与编程方向相反的切削运动。

（2）镜像指令 G51.1、G50.1

指令格式：G51.1 X_Y_Z_；

　　　　　　M98 P_；

　　　　　　G50.1 X_Y_Z_；

以上指令格式中，G51.1 表示建立镜像；X_Y_Z_表示镜像位置；M98 表示调用子程序，P_表示调用子程序的序号。

在 G17 指令后的镜像指令，只能在 XY 平面上镜像；在 G18 指令后的镜像指令，只能在 XZ 平面上镜像；在 G19 指令后的镜像指令，只能在 YZ 平面上镜像。G51.1 指令的功能是建立镜像，其镜像位置就是该指令坐标轴后的坐标值。如：G51.1 X0，其镜像位置就是 Y 轴。用 G51.1 指令建立镜像后，要用 M98 指令调用对称轮廓的子程序，才能实现镜像加工，镜像加工完成后，要用指令 G50.1 来取消这一次的镜像。如果还需要镜像加工，则要重复使用 G51.1、M98、G50.1 指令。

【例 6-11】 使用镜像功能编制如图 6-79 所示轮廓的加工程序。设刀具起点距工件上表面 10mm，切削深度 2mm。

解：镜像功能加工程序见表 6-28。

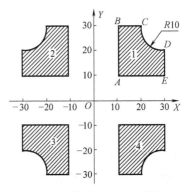

图 6-79 镜像功能加工零件

表 6-28 镜像功能加工程序

程 序	注 释
O0001	主程序名
N10 G54 X0 Y0 Z10；	建立工件坐标系
N20 G90 G17 M03 S1000；	XY 平面，绝对值编程，起动主轴
N30 M98 P0100；	调用子程序号为 0100 的子程序，加工 1
N40 G51.1 X0；	以 Y 轴镜像，镜像位置为 X=0
N50 M98 P0100；	调用子程序号为 0100 的子程序，加工 2
N60 G50.1 X0；	取消 Y 轴镜像
N70 G51.1 X0 Y0；	以原点为镜像点
N80 M98 P0100；	调用子程序号为 0100 的子程序，加工 3
N90 G50.1 X0 Y0；	取消 X、Y 轴镜像
N100 G51.1 Y0；	以 X 轴镜像，镜像位置为 Y=0
N110 M98 P0100；	调用子程序号为 0100 的子程序，加工 4
N120 G50.1 Y0；	取消 X 轴镜像
N130 M05；	主轴停止
N140 M30；	程序结束
O0100	子程序名
N10 G90 G41 G00 X10 Y8 D01；	刀具快速沿 X 轴运动至 10mm，沿 Y 轴运动至 8mm，调用刀具半径左补偿
N20 Y10；	刀具沿 Y 轴移动 2mm，到达点 A 上方
N30 G01 Z-2 F100；	刀具向下切入 12mm，进给速度 100mm/min
N40 Y30；	沿 Y 轴切削 20mm，至点 B
N50 X20；	沿 X 轴切削 10mm，至点 C
N60 G03 X30 Y20 R10；	逆圆弧插补，圆弧终点坐标增量 10mm，Y-10mm，半径 10mm，至点 D
N70 G01 Y10；	沿 -Y 轴切削 10mm，至点 E
N80 X10；	沿 -X 轴切削 20mm，至点 A
N90 G00 Z10；	快速抬刀至起点高度
N100 G40 X0 Y0；	返回起始位置
N110 M99；	子程序结束

8. 缩放指令 G50、G51

当加工轮廓相对于缩放中心具有缩放形状时，可以利用缩放功能和子程序，对加工轮廓进行缩放。其指令格式为：

G51 X_Y_Z_P_；

M98 P_；

G50；

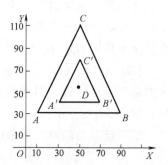

以上指令格式中：G51 表示建立缩放；X_Y_Z_表示缩放中心的坐标值；P_表示缩放倍数；G50_表示取消缩放。

【例 6-12】 如图 6-80 所示轮廓零件，已知三角形 ABC 的顶点为 A（10，30），B（90，30），C（50，110），三角形 $A'B'C'$ 是缩放后的图形，其缩放中心为 D（50，50），缩放倍数为 0.5 倍。设刀具起点距工件上表面 10mm，使用缩放功能指令加工，参考数控程序如下。

解：如图 6-80 所示：设缩放中心在（35，35），按同一倍数 2 将内圈图形放大为外圈图形。

参考程序见表 6-29（主程序）。

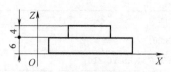

图 6-80 缩放功能加工零件

表 6-29 缩放功能加工主程序

程　　序	注　　释
O0001	程序名
N10 G00 X0 Y0 Z15；	刀具到达起刀点
N20 G17 G90 M03 S1000；	XY 平面,绝对值编程,起动主轴
N30 G01 Z0 F300；	刀具长度正补偿,刀具移动工件外圈表面
N40 M98 P0200；	调用子程序 O0200,加工三角形 ABC
N50 G01 Z4；	刀具移动工件内圈上表面
N60 G51 X50 Y50 P500；	缩放中心为点 D(50,50),缩放倍数 0.5
N70 M98 P0200；	调用子程序 O0200,加工三角形 $A'B'C'$
N80 G50；	取消缩放
N90 Z100；	取消刀具长度补偿
N100 M05；	主轴停转
N110 M30；	程序结束

参考程序（子程序）见表 6-30。

表 6-30 缩放功能加工子程序

程　　序	注　　释
O0200	子程序名
N10 G42 G00 X10 Y30 D01；	刀具半径右补偿,快速移动到 XOY 平面的加工起点
N20 G01 X90 F300；	加工 $A{\rightarrow}B$ 或 $A'{\rightarrow}B'$
N30 X50 Y110；	加工 $B{\rightarrow}C$ 或 $B'{\rightarrow}C'$

（续）

程　　序	注　　释
N40 X10 Y30;	加工 C→加工始点或 C'→加工始点
N50 Z15;	提刀
N60 G40 G00 X0 Y0;	取消刀具半径补偿,返回工件中心
N70 M99;	子程序返回

9. 旋转变换指令 G68、G69

当加工轮廓相对于旋转中心为某一旋转角度时，可以利用旋转功能对工件轮廓进行旋转，加工出工件的旋转部分。其指令格式为：

G17（或 G18、G19）G68　X_Y_R_;

M98　P_;

G69;

在上面的指令格式中，G68 表示建立旋转；X_Y_表示由 G17、G18 或 G19 定义的旋转中心坐标值；R_表示旋转角度；G69 表示取消旋转。

在有刀具补偿的情况下，先进行坐标旋转，后进行刀具补偿；在有缩放功能的情况下，先进行缩放，后进行旋转功能。

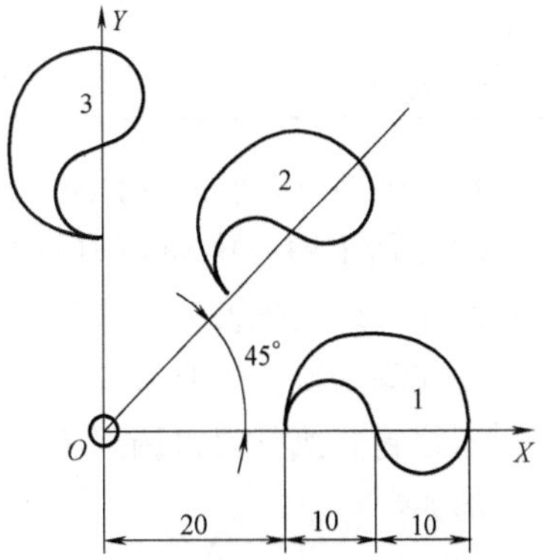

图 6-81　旋转功能加工零件

【例 6-13】　如图 6-81 所示轮廓零件，设刀具起点距工件上表面 30mm，切削深度为 5mm，使用旋转功能指令加工，数控加工操作见前文所述，参考数控程序如下。

解：参考程序见表 6-31（主程序）。

表 6-31　旋转功能加工主程序

程　　序	注　　释
O0001	程序名
N10 G90 G54 G00 Z100;	调用 G54 坐标系,刀具定位 Z 轴正方向 100mm
N20 X0 Y0 Z10;	快速移动到点 O 上方 10mm 处
N30 M03 S1000;	起动主轴
N40 G43 G01 Z−5 F200 H01;	刀具长度正补偿
N50 M98 P0300;	调用子程序 O0300,加工 1
N60 G68 X0 Y0 R45;	旋转 45°
N70 M98 P0300;	调用子程序 O0300,加工 2
N80 G69;	取消旋转
N90 G68 X0 Y0 R90;	旋转 90°
N100 M98 P0300;	调用子程序 O0300,加工 3
N110 G69;	取消旋转
N120 G49 G00 Z100;	取消刀具长度补偿,快速抬刀至工件上表面 100mm 处
N130 M05;	主轴停转
N140 M30;	程序结束

参考程序见表 6-32（子程序）。

表 6-32 旋转功能加工子程序

程　　序	注　　释
O0300	子程序名
N10 G41 X20 Y-5 D01;	刀具半径左补偿,移至切入点
N20 Y0;	到轮廓 1 的起点
N30 G02 X40 Y0 R10;	顺圆弧插补
N40 G02 X30 Y0 R5;	顺圆弧插补
N50 G03 X20 Y0 R5;	逆圆弧插补
N60 G01 Y10;	快速向下移出 10mm
N70 G40 X0 Y0;	取消刀具半径补偿,回起刀点
N80 M99;	子程序返回

10. 加工中心换刀（M06）

CNC 加工中心中使用刀具功能 T 时，并不发生实际换刀，程序中必须使用辅助功能 M06 时才可以实现换刀，换刀功能的目的就是调换主轴和等待位置上的刀具。而铣削系统的 T 功能则是旋转刀具库并将所选择的刀具放置到等待位置上，也就是发生实际换刀的位置，当控制器执行紧跟调用 T 功能的程序段时，开始搜索下一刀具。

例如：

N81 T01;

N82 M06;

N83 T02;

程序段 N81 中，编号为 1 的刀具被放置到等待位置，下一个程序段 N82 激活实际换刀程序，将 T01 刀安装到主轴上，并准备加工，紧跟着实际换刀的是程序 N83 中的 T02，该程序段使系统搜寻下一刀具（T02），并将之移动到等待位置。

也可以在同一程序段中编写换刀指令和搜索下一刀具，这可以在一定程度上缩短程序，这种方法使程序中的每把刀具都可以减少一个程序段：

N81 T01;

N82 M06 T02;

在程序调用换刀指令 M06 前，通常要创造安全的使用条件，大部分机床的控制面板上有一个指示灯，可以据此判断刀具是否在换刀位置。

只有在具备下列条件时才可以安全地进行自动换刀：

1) 所有机床轴已经回零。

2) 主轴安全退回。

3) 刀具的 X 轴和 Y 轴位置必须在非工作区域。

4) 必须使用 T 功能提前选择下一刀具。

6.9.4　固定循环指令

固定循环功能主要用于孔的加工，包括钻孔、扩孔、锪孔、铰孔、镗孔、攻丝等，这些加工操作的工艺顺序是固定不变的，变化的只是坐标尺寸、移动速度和主轴转速等，为了简化编程，系统开发者将这类加工过程编写成固定格式的子程序，用 G 指令来调用。因此，固定循环本质上是一种标准化级别较高的子程序调用，使用起来可以大大简化程序。

固定循环的原理基本一致，使用格式仍不统一，不同数控系统有不同的规定，下面主要介绍 FANUC 0i 数控系统的固定循环。常用铣削固定循环见表 6-33。

表 6-33　FANUC 0i 数控系统的固定循环

G 代码	孔加工动作(-Z 方向)	在孔底的动作	刀具返回方式(+Z 方向)	用途
G73	间歇进给	无	快速	高速往复排屑钻深孔
G74	切削进给	暂停→主轴正转	切削进给	攻左旋螺纹
G76	切削进给	主轴定向停止→刀具移动	快速	精镗孔
G80	无	无	无	取消固定循环
G81	切削进给	无	快速	钻孔
G82	切削进给	暂停	快速	锪孔、镗阶梯孔
G83	间歇进给	无	快速	往复排屑钻深孔
G84	切削进给	暂停→主轴反转	切削进给	攻右旋螺纹
G85	切削进给	无	切削进给	精镗孔
G86	切削进给	主轴停止	快速	镗孔
G87	切削进给	主轴停止	快速	反镗孔
G88	切削进给	暂停→主轴停止	手动操作	镗孔
G89	切削进给	暂停	切削进给	精镗阶梯孔

1. 固定循环中的三个平面及三个点

1）初始平面，初始点所在的与 Z 轴垂直的平面，其是为安全下刀而规定的一个平面。该平面到零件表面的距离可以任意设定在一个安全的高度上。

2）R 点平面，又称 R 参考平面，是刀具由快速进给转为切削进给的高度平面，距工件表面距离的取值需要考虑工件表面尺寸的变化（一般取 2～5mm）。

3）孔底平面，对于盲孔主要指孔底的 Z 轴高度。对于通孔，刀具一般要伸出工件底平面一段距离。

4）相对于三个平面的是三个点，即初始点 B、参照点 R 以及孔底点 Z，如图 6-82 所示。

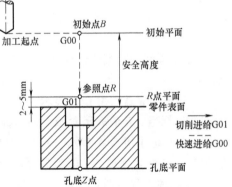

图 6-82　固定循环的三个平面和三个点

2. 孔加工循环的固定动作

如图 6-83 所示，孔加工循环的固定循环有六个动作为①→②→③→④→⑤→⑥。

3. 固定循环的格式

指令格式：G90/G91 G98/G99 G73～G89 X_Y_Z_R_Q_P_F_K_

其中 X_Y_表示孔在 XY 平面坐标值（与 G90 或 G91 的选择有关）；

Z_表示指定孔底平面位置（与 G90 或 G91 的选择有关）；

R_表示点 R 的 Z 坐标值（与 G90 或 G91 的选择有关）；

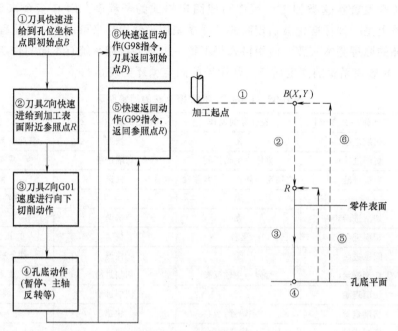

图 6-83　固定循环动作

Q_表示每次进给深度（G73、G83），刀具位移量（G76、G86）；

P_表示刀具在孔底暂停时间，单位 ms；

F_表示切削进给速度；

K_表示固定循环的重复次数。

说明：

① G98，刀具切削完返回到初始点 B；G99，刀具切削完返回到参照点 R。如图 6-84 所示。

② 固定循环的数据表达形式可以用绝对坐标（G90）和相对坐标（G91）表示，如图 6-85 所示。

其中图 6-85a 是采用 G90 表示：X、Y 为孔位点在 X、Y 平面内的绝对坐标值；Z 值为孔底的绝对坐标值；R 值表示参照点的坐标值。

图 6-85b 是采用 G91 表示：X、Y 为孔位点在 X、Y 平面相对加工起点的坐标值；Z 值为孔底相对点 R 的坐标值；R 值为参照点相对于初始点 B 的坐标值。

4. 深孔加工固定循环（G73、G83）

指令格式：G98（G99）G73（G83）X_Y_Z_R_F_Q_K_

其中 G98 表示返回初始平面（默认代码），如图 6-86a 所示；

G99 表示返回点 R 所在平面，如图 6-86b 所示；

G73 表示以间歇进给、重复运动的方式进行深孔加工固定循环，如图 6-86 所示；

G83 表示以间歇进给完成深孔加工固定循环，但每次间歇进给后钻头退回到点 R 所在平面，如图 6-86 所示；

X_Y_表示孔位坐标（G00）。

Z_表示钻孔深度（G01）。

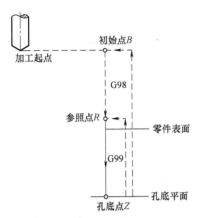

图 6-84 固定循环中的 G98、G99

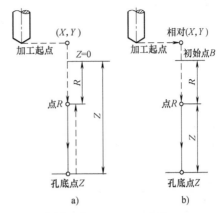

图 6-85 固定循环中 G90、G91 表示 X、Y、Z、R 值

R_表示快速下降至 R 点（G00）。

Q_表示每次进给深度，图中用 q 表示。

K_表示固定循环的次数。

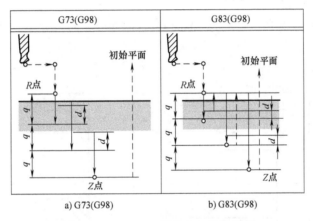

图 6-86 G73、G83 深孔加工固定循环

【例 6-14】 如图 6-87 所示孔类零件，材料为 45 钢，加工刀具为 $\phi 8.5 \text{mm}$ 高速钢钻头。

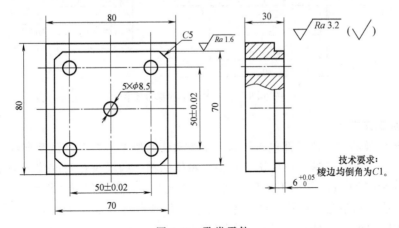

图 6-87 孔类零件

参考程序见表6-34。

表 6-34 孔类零件加工程序

程　序	注　释
O0001	程序号
N10 G54 G17 G80;	快进到安全位置
N20 M03 S800;	主轴正转
N30 G00 Z10;	快进至起刀点
N40 G90 G73 X0 Y0 Z-35 R3 Q3 F40 K5;	孔加工复合循环
N50 X25 Y25;	
N60 Y-25;	
N70 Y25;	取消孔加工循环
N80 X-25;	切换至绝对坐标
N90 G00 X0 Y0 Z100;	主轴停止
N100 M30;	程序结束

6.9.5　加工中心综合编程实例

加工如图 6-88 所示零件，毛坯为 80mm×80mm×20mm 的长方块，材料为硬铝合金，单件生产。

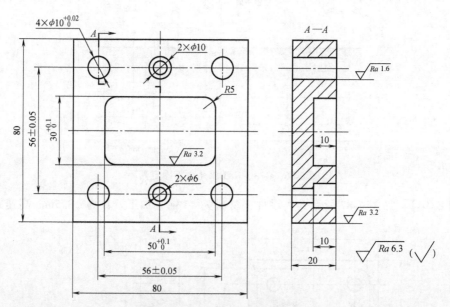

图 6-88　加工中心编程综合实例

1. 确定加工工艺

（1）分析零件图样　该零件包含平面、型腔和孔的加工，表面粗糙度全部为 $Ra3.2\mu m$。根据零件的要求应用键槽铣刀（立铣刀）粗、精铣凹槽；两沉头孔精度较低采用钻孔+铣孔工艺加工；$4×\phi10^{+0.022}_{0}mm$ 孔采用钻孔（含钻中心孔）+铰孔工艺保证精度；若图样不要求加工上表面，该面只钻孔、镗孔、铰孔等，则在工件装夹时应用百分表校平该表面，而后再加工。这样才能保证孔、槽的深度尺寸及位置精度。

（2）工艺分析

1）确定加工方案。合理选择切削用量，粗加工深度，预留精加工余量。切削速度可以适当提高，但垂直下刀进给量应小。具体工艺路线安排如下：铣端面→钻中心孔→粗铣内槽→精铣内槽→钻 $2 \times \phi 6mm$ 的通孔→钻底孔→铰孔。

2）确定装夹方案。该零件为单件生产，且外形为长方体，可选用平口虎钳装夹。

3）确定加工工艺。加工工艺见表 6-35。

表 6-35　数控加工工序卡片

数控加工工艺卡片			产品名称	零件名称	材料		零件图号	
					硬铝合金			
工序号	程序编号	夹具名称	夹具编号	使用设备			车间	
		虎钳						
工步号	工步内容		刀具号	主轴转速 /(r/min)	进给速度 /(mm/min)	背吃刀量 /mm	侧吃刀量 /mm	备注
1	粗铣端面		T01	500	100	0.5		
2	精铣端面		T01	800	80	0.5		
3	钻中心孔		T02	1000	50	1.5		
4	用 $\phi 10mm$ 键槽铣刀铣 $2 \times \phi 10mm$ 孔及粗铣内槽		T03	800	100	5	11.7	
5	用 $\phi 10mm$ 键槽铣刀精铣内槽		T04	1000	80	0.2	0.2	
6	钻 $2 \times \phi 6mm$ 的通孔		T05	1000	50	1.5		
7	用 $\phi 9.7mm$ 的麻花钻钻 $4 \times \phi 10^{+0.022}_{0}mm$ 的底孔		T06	800	60	4.5		
8	用 $\phi 10H8$ 的机用铰刀铰 $4 \times \phi 10^{+0.022}_{0}mm$ 的孔		T07	1200	60	0.3		

4）刀具及切削参数的确定。刀具及切削参数见表 6-36。

表 6-36　数控加工刀具卡

数控加工 刀具卡片			工序号	程序编号	产品名称	零件名称	材料	零件图号
							45 钢	
序号	刀具号	刀具名称	刀具规格/mm		补偿值/mm		刀补号		备　注
			直径	长度	半径	长度	半径	长度	
1	T01	面铣刀	50mm	实测	51			H01	硬质合金
2	T02	中心钻	$\phi 2mm$	实测	3			H02	高速钢
3	T03	键槽铣刀	$\phi 10mm$	实测	10.3			H03	高速钢
4	T04	立铣刀（4 齿）	$\phi 10mm$	实测	10		D04	H04	硬质合金
5	T05	麻花钻	$\phi 6mm$	实测	6			H05	高速钢
6	T06	麻花钻	$\phi 9.7mm$	实测	9.8			H06	高速钢
7	T07	机用铰刀	$\phi 10H8$	实测				H07	高速钢
备注：D02 的实际半径补偿值根据测量结果调整。									

2. 参考程序

选择工件中心为工件坐标系 XY 原点，工件的上表面为工件坐标系 $Z=1$ 的平面。参考程序见表 6-37。

表 6-37　参考程序

程　序	注　释
O0001	程序名
N001 G17 G21 G40 G49 G54 G80 G90 G94;	程序初始化
N002 G91 G28 Z0;	回参考点
N003 T01 M06;	选用 1 号刀具
N004 M03 S500;	主轴启动
N005 M08;	切削液开
N006 G90 G54 G00 X-80 Y20;	建立工件坐标系，刀具快速移动到(X-80 Y20)处
N007 G43 Z5 H01;	调用 1 号刀具长度补偿
N008 G01 Z0.5 F100;	沿 Z 轴进给到 0.5mm 处，进给速度 100mm/min
N009 X80;	沿 X 轴进给到 80mm 处
N010 G00 Z5;	刀具沿 Z 轴快速抬起到 5mm 处
N011 X-80 Y-20;	刀具快速移动到(X-80 Y-20)处
N012 G01 Z0.5;	
N013 X80;	
N014 G00 Z5;	
N015 G00 X-80 Y20;	
N016 M03 S800;	
N017 G01 Z0 F80;	
N018 X80;	
N019 G00 Z5;	
N020 G00 X-80 Y-20;	
N021 G01 Z5;	
N022 X80;	
N023 G00 Z50;	
N024 M05 M09;	主轴停转，切削液关
N025 G91 G28 Z0;	回参考点
N026 T02 M06;	选用 2 号刀具
N027 G90 G54 G00 X-28 Y28;	快速移动到(X-28 Y-28)处
N028 S1000 M03 M08;	主轴启动，切削液开
N029 G43 H02 G00 Z5;	调用 2 号刀具长度补偿
N030 G99 G81 Z-3 R5 F100;	调用钻孔循环，钻中心孔
N031 X0 Y28;	在(X0 Y28)处钻中心孔
N032 X28 Y28	在(X28 Y28)处钻中心孔

（续）

程　序	注　释
N033 X28 Y-28	在（X28 Y-28）处钻中心孔
N034 X0 Y-28；	在（X0 Y-28）处钻中心孔
N035 G98 X-28 Y-28；	在（X-28 Y-28）处钻中心孔
N036 G80 G00 Z100；	取消钻孔循环，快速抬刀
N037 M05 M09；	主轴停转，切削液关
N038 G91 G28 Z0；	回参考点
N039 T03 M06；	选用3号刀具
N040 G90 G54 G00 X0 Y28；	定位
N041 M03；	
N042 M08；	
N043 G43 H03 Z5；	调用3号刀具长度补偿
N044 G01 Z-10 F100；	铣孔深10mm
N045 G04 X2；	暂停2s
N046 Z5；	抬刀至（Z5）处
N047 G00 Y-28；	刀具快速移动至（Y-28）处
N048 G01 Z-10；	铣孔深10mm
N049 G04 X2；	暂停2s
N050 Z05；	抬刀至（Z5）处
N051 G00 X10 Y10；	粗铣内轮廓，快速运动至（X10 Y10）处
N052 G01 Z-5 F100；	刀具沿Z轴向以100mm/min的速度移动至Z-5处
N053 X11；	
N054 Y2；	
N055 X-11；	
N056 Y-2；	
N057 X11；	
N058 Y0；	
N059 X19；	
N060 Y10；	
N061 X-19；	
N062 Y-10；	
N063 X19；	
N064 Y0；	
N065 Z5；	
N066 G00 Z50；	
N067 X10；	
N068 Z0；	

（续）

程　　序	注　　释
N069 G01 Z-10 F100；	
N070 X11；	
N071 Y2；	
N072 X-11；	
N073 Y-2；	
N074 X11；	
N075 Y0；	
N076 X19；	
N077 Y10；	
N078 X-19；	
N079 Y-10；	
N080 X19；	
N081 Y0；	
N082 Z0；	
N083 G00 Z100；	快速抬刀
N084 M05 M09；	主轴停转,切削液关
N085 G91 G28 Z0；	回参考点
N086 T04 M06；	选用 4 号刀具
N087 G90 G54 G00 Z10；	快速移动到(X-20 Y5)处
N088 S1000 M03 M08；	主轴启动,切削液开
N089 G43 H04 Z1；	调用 4 号刀具长度补偿
N090 G00 X0 Y0；	精铣内轮廓
N091 G41 Y-15 F80 D04；	刀具左偏,调用 4 号刀具半径补偿
N092 Y-15；	
N093 X20；	
N094 G03 X25 Y-10 R5；	
N095 G01 Y10；	
N096 G03 X20 Y15 R5；	
N097 G01 X-20；	
N098 G03 X-25 Y10 R5；	
N099 G01 Y-10；	
N100 G03 X-20 Y-15 R5；	
N101 G01 X0；	
N102 G40 G01 Y5；	取消刀具半径补偿
N103 Z0；	刀具移动至(Z0)处
N104 G00 Z100；	快退至(Z100)处

（续）

程　　序	注　　释
N105 M05 M09;	主轴停转,切削液关
N106 G91 G28 Z0;	回参考点
N107 T05 M06;	选用 5 号刀具
N108 G90 G54 G00 X0 Y28;	
N109 S1000 M03 M08;	
N110 G43 H05 Z5;	调用 5 号刀具长度补偿
N111 G99 G81 Z-24 R5 Q5 F80;	调用钻孔循环,钻孔
N112 G98 X0 Y-28;	在(X0 Y-28)处钻孔
N113 G80 G00 Z150;	取消钻孔循环,刀具快退至(Z150)
N114 M05 M09;	主轴停转,切削液关
N115 G28;	回参考点
N116 T06 M06;	换 6 号刀具
N117 G90 G54 G00 X-28 Y28;	
N118 S800 M03 M08;	
N119 G43 H06 Z5;	调用 6 号刀具长度补偿
N120 G99 G81 Z-24 R5 Q5 F100;	调用钻孔循环,钻孔
N121 X28 Y28;	在(X28 Y28)处钻孔
N122 X28 Y-28;	在(X28 Y-28)处钻孔
N123 G98 X-28 Y-28;	在(-X28 Y-28)处钻孔
N124 G80 G00 Z100;	取消钻孔循环,刀具快退至(Z100)
N125 M05 M09;	主轴停转,切削液关
N126 G91 G28 Z0;	回参考点
N127 T07 M06;	换 7 号刀具
N128 G90 G54 G00 X-28 Y28;	
N129 S1200 M03 M08;	
N130 G43 H07 Z5;	调用 7 号刀具长度补偿
N131 G99 G85 Z-23 R5 F80;	调用钻孔循环,铰孔
N132 X28 Y28;	在(X28 Y28)处铰孔
N133 X28 Y-28;	在(X28 Y-28)处铰孔
N134 G98 X-28 Y-28;	在(-X28 Y-28)处铰孔
N135 G80 G00 Z150;	取消钻孔循环,刀具快退至 Z150
N136 M30;	程序结束

知识拓展：自动编程

自动编程根据输入方式的不同，可分为语言数控自动编程、语音数控自动编程和图形数控自动编程等。语言数控自动编程指用数控语言将加工零件的几何尺寸、工艺要求、切削参数、刀具参数及辅助信息等编写成零件源程序后，输入到计算机中，再由计算机进行自动处理转化得到零件数控加工程序。语音数控自动编程是采用语音识别器，将编程人员发出的加工指令声音信息转变为加工程序。

图形数控自动编程是基于某一 CAD/CAM 软件或 CAM 软件，通过人机交互方式将零件的图形信息、工艺参数设定信息输入计算机，或将由其他 CAD 软件建立的零件几何模型信息通过数据格式转换后输入到计算机中，自动生成刀具轨迹，并且验证刀具轨迹和切削效果。

UG NX10.0 软件的 CAM 模块广泛应用于航空、航天、汽车、通用机械和电子等工业领域，以 UG NX10.0 软件平台加工凹槽类零件，编程过程包括几何体建立、MCS_ MILL、安全平面、WORKPIECE、设置刀具、指定切削区底面、刀轴、方法、切削模式、步距、底面毛坯厚度、每刀切削深度、切削参数、非切削参数、生成导轨及验证最后生成所需的程序。

1）创建或导入几何体，之后进入 CAM 模块，如图 6-89 和图 6-90 所示。

图 6-89　部件

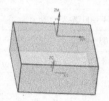

图 6-90　毛坯

2）进入几何视图，依次设置 MCS_ MILL 和安全平面如图 6-91 所示，之后设定 WORK-PIECE 中的部件和毛坯。

3）进入机床视图，设置刀具 D15R1 如图 6-92 所示。

图 6-91　MCS_MILL 设置

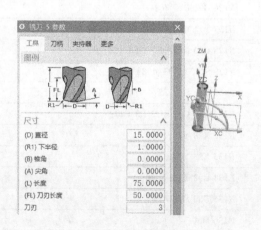

图 6-92　刀具设置

4）进入程序顺序视图，创建平面铣（mill_planar）中工序 FLOOR_WALL，指定切削区底面、刀轴、方法、切削模式、步距、底面毛坯厚度、每刀切削深度等参数如图 6-93 所示。

5）设定切削参数项中包括：连接、空间范围、策略、余量、拐角等参数如图 6-94

所示。

图 6-93 工序主要参数设置

图 6-94 切削参数设置

6）设定非切削参数项中包括：转移/快速、起点、进刀、退刀、避让等参数如图 6-95 所示。

7）指定主轴速度、进给率参数如图 6-96 所示。

图 6-95 非切削参数设置

图 6-96 主轴速度、进给率设置

8）生成刀轨并且通过确认导轨可视化确认导轨如图 6-97 所示。

9）通过定制的后处理生成所要求的程序如图 6-98 所示。

a) 生成导轨   b) 切削效果

图 6-97   刀轨生成及切削效果

a) 后处理选择

```
N0010 G40 G17 G90 G70
N0020 G91 G28 Z0.0
N0030 T00 M06
N0040 G00 G90 X1.2238 Y-.8661 S1000 M03
N0050 G43 Z-.4724 H00
N0060 G01 X1.2808 Y-.7799 Z-.5001 F9.8 MC
N0070 X1.3684 Y-.724 Z-.5278
N0080 X1.4707 Y-.7055 Z-.5555
N0090 X1.5723 Y-.7272 Z-.5832
N0100 X1.6581 Y-.7857 Z-.6109
N0110 X1.7154 Y-.8725 Z-.6386
N0120 X1.7323 Y-.9744 Z-.6663
N0130 Y-1.2398
N0140 X-1.5354
N0150 Y-.8574
N0160 X1.7323
N0170 Y-.475
```

b) 部分程序

图 6-98   程序的生成

本 章 小 结

    为保证零件加工质量，提高生产效率，降低生产成本，充分考虑数控加工工艺的制定，对其认真分析。数控加工工艺主要包括加工方法与加工方案的确定、工序与工步的划分、零件的定位与安装、刀具与工具的选用、切削用量与工艺工路线的确定等。为数控加工程序的编制奠定基础。

    本章以 FANUC 数控系统的编程规则为主，重点分析了数控车削、数控铣削和加工中心编程所需的常用指令及用法，而固定循环、轮廓循环等循环指令可使程序结构简化，减少编程工作量。最后通过对复杂零件的工艺分析和编程编制，进行了综合应用。

思 考 与 练 习

1. 填空题

（1）数控加工指令程序的编制通常有三种途径：_____、_____ 和 _____。

（2）机床坐标系建立的基本原则是坐标系采用_____坐标系、右手法则；采用假设_____固定不动、_____相对工件移动的原则；采用使刀具与工件之间距离增大的方向为该坐标轴的_____，反之则为_____，取刀具远离工件的方向为正方向。

（3）一个完整的加工程序由_____、_____和_____三部分组成。

（4）车削编程的快速点定位指令是_____。

（5）准备功能 G 代码，简称_____、_____或_____。G 代码分为_____和_____两类。

2. 简答题

（1）试说明机床原点、机床参考点及编程原点的关系。

（2）数控铣床加工，刀具补偿有哪几种，分别用什么指令实现？

（3）数控车削编程特点有哪些？

（4）数控铣削与加工中心编程特点有哪些？

（5）孔加工固定循环的一般动作？

3. 编程题

（1）如图 6-99 所示的轴类零件，试编写其外圆精加工程序，其中点 $A(0,3)$ 为刀具加工起点。

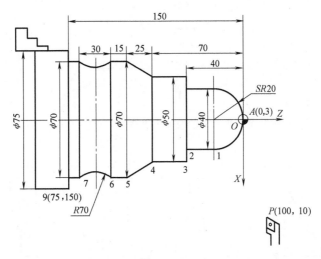

图 6-99

（2）已知零件如图 6-100 所示，给定棒料直径 50mm，试编写该零件精加工程序。

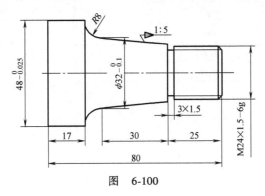

图 6-100

（3）如图 6-101 所示，在该零件上加工孔，孔的尺寸和编程坐标系如图所示。加工该零件所用刀具如下：1）中心钻，刀具编号为 T01，刀具长度补偿号为 H01；2）φ13 钻头，刀具编号为 T02，刀具长度补偿号为 H02；3）φ20 钻头，刀具编号为 T03，刀具长度补偿号为 H03；4）φ36 钻头，刀具编号为 T04，刀具长度补偿号为 H04；5）镗孔刀，刀具编号为 T05，刀具长度补偿号为 H05。

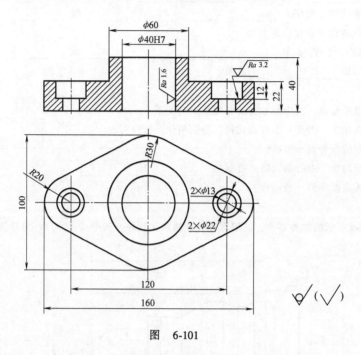

图 6-101

（4）如图 6-102 所示，试编写完成零件的数控加工程序。

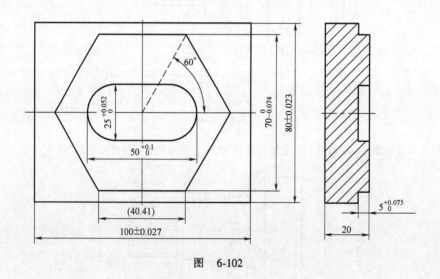

图 6-102

附 录

数控技术常用术语中英文对照表

术 语	对应英文
绝对尺寸/绝对坐标值	Absolute dimension/Absolute coordinates
绝对编程	Absolute Programming
交流伺服电动机	AC Servo Motor
地址	Address
加工中心机刀库	A. T. C. System
自动换刀装置	Automatic Tool Changer
自动编程	Automatic Programming
轴	Axis
程序段	Block
程序段格式	Block Format
笛卡儿(直角)坐标系	Cartesian Coordinates
字符	Character
圆弧插补	Circular Interpolation
顺时针圆弧	Clockwise Arc
闭环位置控制系统	Closed Loop Position Control System
闭环系统	Closed Loop System
数控弯折机	CNC Bending Presses
数控镗床	CNC Boring Machines
数控钻床	CNC Drilling Machines
数控电火花线切削机	CNC EDM Wire-cutting Machines
数控电火花机	CNC Electric Discharge Machines
数控雕刻机	CNC Engraving Machines
数控磨床	CNC Grinding Machines
数控铣床	CNC Milling Machine
数控系统	CNC System
补偿	Compensation
计算机数字控制	Computerized Numerical Control, CNC
刀具半径补偿	Cutter Diameter Compensation

（续）

术 语	对应英文
直流伺服电动机	DC Servo Motor
钻削	Drilling
主轴驱动	Drive of Spindle
误差	Error
进给率	Feed Rate
进给功能	Feed Function
进给保持	Feed Hold
进给驱动	Feed Driver
进给传动系统	Feed Drive System
精加工	Finish
固定循环	Fixed Cycle
齿轮	Gear
加工程序	Machine Program
卧式加工中心	Machining Centers, Horizontal
立式加工中心	Machining Centers, Vertical
指令码/机器码	Instruction Code/Machine Code
接口	Interface
插补	Interpolation
直线插补	Line Interpolation
直线电动机	Linear Motor
机床控制单元	Machine Control Unit(MCU)
机床坐标原点	Machine Coordinate Origin
机床坐标系	Machine Coordinate System
加工程序	Machine Program
加工中心	Machining Center
机床原点	Machine Zero
主传动系统	Main Transmission System
手工零件编程	Manual Part Programming
机械结构	Mechanical Structure
数控机床	Numerical Control Machine Tools
数控技术	Numerical Control Technology
开环系统	Open Loop System
倍率	Override
位置检测单元	Position Detector
准备功能	Preparatory Function
编程	Programming

（续）

术　语	对应英文
程序停止	Program Stop
参考位置	Reference Position
分辨率	Resolution
粗加工	Rough Cutting
伺服	Servo
伺服机构	Servo-Mechanism
伺服系统	Servo System
软件结构	Software Structure
主轴	Spindle
主轴转速	Spindle Speed
主轴准停	Spindle Stop
步进电动机	Stepping Motor
子程序	Sub-Program
攻螺纹	Tapping
公差	Tolerance
换刀装置	Tool Changer
刀具补偿	Tool Compensation
刀具功能	Tool Function
刀具长度偏置	Tool Length Offset
刀库	Tool Magazine
刀具偏置	Tool Offset
刀具轨迹	Tool Path
刀具轨迹进给速度	Tool Path Feed Rate
螺纹	Thread
磨损补偿	Wear Compensation
工件	Work Piece
工件坐标原点	Workpiece Coordinate Origin
工件坐标系	Workpiece Coordinate System
零点偏置	Zero Offset

参 考 文 献

[1] 明兴祖，熊显文. 数控加工技术 [M]. 2 版. 北京：化学工业出版社，2015.

[2] 王树逵，齐济源. 数控加工技术 [M]. 北京：清华大学出版社，2009.

[3] 王令其，张思弟. 数控加工技术 [M]. 2 版. 北京：机械工业出版社，2014.

[4] 易红. 数控技术 [M]. 北京：机械工业出版社，2005.

[5] 张萍. 数控加工工艺与编程技术基础 [M]. 北京：北京理工大学出版社，2015.

[6] 卢胜利，王睿鹏，祝玲. 现代数控系统——原理、构成与实例 [M]. 北京：机械工业出版社，2006.

[7] 李莉芳，周克媛，黄伟. 数控技术及应用 [M]. 北京：清华大学出版社，2012.

[8] 王彪，张兰. 数控加工技术 [M]. 北京：中国林业出版社，2006.

[9] 文怀兴. 数控机床与加工技术 [M]. 北京：化学工业出版社，2017.

[10] 连碧华. 数控技术及应用 [M]. 杭州：浙江大学出版社，2016.

[11] 王永章. 数控技术 [M]. 北京：高等教育出版社，2001.

[12] 林宋，田建君. 现代数控机床 [M]. 北京：化学工业出版社，2003.

[13] 张志义，李海连. 数控应用技术 [M]. 北京：机械工业出版社，2018.

[14] 李东君，吕勇. 数控加工技术 [M]. 北京：机械工业出版社，2018.

[15] 马宏伟. 数控技术 [M]. 北京：电子工业出版社，2014.

[16] 王怀明，程广振. 数控技术及应用 [M]. 北京：电子工业出版社，2011.

[17] 杜国臣. 机床数控技术 [M]. 北京：北京大学出版社，2006.

[18] 林宋，张超英，陈世乐. 现代数控机床 [M]. 北京：化学工业出版社，2011.

[19] 武文革. 现代数控机床 [M]. 北京：国防工业出版社，2016.

[20] 龚仲华. 现代数控机床设计典例 [M]. 北京：机械工业出版社，2014.

[21] 崔元刚，李刚，张江波. 数控机床技术应用 [M]. 北京：北京理工大学出版社，2014.

[22] 杨义勇. 现代数控技术 [M]. 北京：清华大学出版社，2015.

[23] 唐友亮，余勃. 数控技术 [M]. 北京：北京大学出版社，2013.

[24] 蔡厚道. 数控机床构造 [M]. 北京：北京理工大学出版社，2016.

[25] 杜国臣. 机床数控技术 [M]. 北京：机械工业出版社，2016.

[26] 李莉芳，周克媛，黄伟. 数控技术及应用 [M]. 北京：清华大学出版社，2012.

[27] 明兴祖，陈书涵. 数控技术 [M]. 北京：化学工业出版社，2012.

[28] 樊军庆. 实用数控技术 [M]. 北京：机械工业出版社，2009.

[29] 林宋，白传栋，马梅. 现代数控机床及控制 [M]. 北京：化学工业出版社，2015.

[30] 杜国臣. 机床数控技术 [M]. 北京：北京大学出版社，2016.

[31] 杨继昌，李金伴. 数控技术基础 [M]. 北京：化学工业出版社，2005.

[32] 严爱珍. 机床数控原理与系统 [M]. 北京：机械工业出版社，1999.

[33] 冯勇. 现代计算机数控系统 [M]. 北京：机械工业出版社，1996

[34] 王爱玲. 现代数控机床 [M]. 2 版. 北京：国防工业出版社，2009.

[35] 陈蔚芳. 机床数控技术及应用 [M]. 4 版. 北京：科学出版社，2019.

[36] 胡占齐，杨莉. 机床数控技术 [M]. 3 版. 北京：机械工业出版社，2019.

[37] 周文玉. 数控加工技术 [M]. 北京：高等教育出版社，2010.

[38] 黄家善，陈兴武. 计算机数控系统 [M]. 2 版. 北京：机械工业出版社，2018.

[39] 任玉田，包杰，喻逸君，等. 新编机床数控技术 [M]. 北京：北京理工大学出版社，2008.

[40] 赵燕伟. 现代数控技术与装备 [M]. 北京：科学出版社，2014.

[41] 朱晓春. 数控技术 [M]. 3 版. 北京：机械工业出版社，2019.

[42] 甘星明. 基于 RS274/NGC 的数控系统刀具补偿的设计与实现 [D]. 沈阳：中国科学院研究生院（沈阳计算技术研究所），2006.

[43] 钟小倩. 开放式数控系统加减速控制方法研究 [D]. 赣州：江西理工大学，2013.

［44］ 赵翔宇. 数控系统的加减速控制及在高速加工中的应用 ［D］. 兰州：兰州交通大学，2015.

［45］ 商允舜. CNC 数控系统加减速控制方法研究与实现 ［D］. 杭州：浙江大学，2006.

［46］ 赵光. CNC 插补过程中加减速控制算法的研究 ［D］. 青岛：山东科技大学，2004.

［47］ 肖钊. 面向 NURBS 刀具路径生成的刀位点分段方法及其应用 ［D］. 长沙：湖南大学，2011.

［48］ 文学红. 数控机床加工中刀具补偿的应用 ［J］. 机械制造与自动化，2004，33（1）：22-25.

［49］ 周奎. 数控车削加工中的刀具位置补偿 ［J］. 中国制造业信息化，2007，36（17）：49-52.

［50］ 田子欣，邢艳辉. 数控铣床加工中刀具半径补偿的应用 ［J］. 机械工程与自动化，2007（5）：146-147，149.

［51］ 邓忠. 基于 DSP 的数控铣床刀补控制研究 ［D］. 武汉：武汉理工大学，2009.

［52］ 孙涛. 刀具半径补偿指令的正确使用方法和特点 ［J］. 机械制造技术，2008，2（35）：47-53.

［53］ 田林红. 数控铣削加工中刀具补偿应用 ［J］. 精密制造与自动化，2015（2）：43-46.

［54］ 杨乐. 五轴联动数控系统刀具半径补偿研究 ［D］. 哈尔滨：哈尔滨工业大学，2006.

［55］ 方小明. 基于 FANUC 数控系统的刀具补偿算法研究 ［D］. 杭州：浙江工业大学，2012.

［56］ 石宏. 3-TPS 混联机床相关控制算法研究 ［D］. 沈阳：东北大学，2005.

［57］ 韩玉林，王晶. 铣削加工中心对刀方案及刀具长度补偿措施 ［J］. 制造业信息化，2011（1）：71-73.

［58］ 张香玲. 五坐标数控系统刀具长度补偿算法的研究与实现 ［D］. 北京：中国科学院研究生院，2008.

［59］ 黎明. 一种基于 PLC 的通用型刀具管理软件的研究与实践 ［D］. 北京：清华大学，2004.

［60］ 翟桫锦，陈迪蕾，王雪，等. 数控实训中刀具补偿的应用 ［J］. 机电教育创新，2019：132-133.

［61］ 毛云秀. 西门子系统刀具补偿功能的应用研究 ［J］. 制造业信息化，2015（3）：68-69.

［62］ 张宁菊，赵美林. 数控加工中的刀具补偿 ［J］. 机床与液压，2004（6）：168-181.

［63］ 数控工作室. （三）刀具半径补偿. 方向矢量和刀具半径矢量 ［EB/OL］. ［2021-01-31］. http：//www. busnc. com/ly/buchang/banjingshiliang. htm.

［64］ 孙哲，赵庆志，田晓文，等. C 功能刀具半径补偿的矢量算法研究与应用 ［J］. 山东理工大学学报（自然科学版），2011，25（4）：36-44.